"十二五"职业教育国家规划教材

经全国职业教育教材审定委员会审定

U0711087

网络安全原理与实务
（第2版）

Network Security Principle and Application
(2nd Edition)

◎ 主　编　邓春红

◎ 副主编　朱士明　刑李泉

◎ 参　编　查　宇　周　浩

　　　　　　杨德超　庄城山

北京理工大学出版社

BEIJING INSTITUTE OF TECHNOLOGY PRESS

内 容 简 介

本书内容的编写与实践案例的选取,注重以职业能力为中心,以培养应用型和技能型人才为根本,遵循认识、实践、总结和提高这样一个认知过程,通过提供一个真正的交互式学习方式来帮助读者学习网络和计算机安全知识与技能。

教材内容全面、实用性强,具有先进性、工具性、实践性和应用性的特点,可作为高等职业院校计算机网络安全技术课程的配套教材,也可作为网络管理员和计算机网络安全爱好者的参考书。

图书在版编目(CIP)数据

网络安全原理与实务/邓春红主编. —2 版. —北京:北京理工大学出版社,2014.6(**2021.8 重印**)

ISBN 978-7-5640-9386-0

Ⅰ. ①网… Ⅱ. ①邓… Ⅲ. ①计算机网络-安全技术-高等职业教育-教材 Ⅳ. ①TP393.08

中国版本图书馆 CIP 数据核字(2014)第 128823 号

出版发行/北京理工大学出版社有限责任公司
社　　址/北京市海淀区中关村南大街 5 号
邮　　编/100081
电　　话/(010)68914775(总编室)
　　　　　82562903(教材售后服务热线)
　　　　　68948351(其他图书服务热线)
网　　址/http://www.bitpress.com.cn
经　　销/全国各地新华书店
印　　刷/三河市天利华印刷装订有限公司
开　　本/787 毫米×1092 毫米　1/16
印　　张/16.5　　　　　　　　　　　　　　责任编辑/高　芳
字　　数/385 千字　　　　　　　　　　　　文案编辑/高　芳
版　　次/2014 年 6 月第 2 版　**2021 年 8 月第 5 次印刷**　责任校对/王　丹
定　　价/46.00 元　　　　　　　　　　　　责任印制/李志强

前言

随着网络高新技术的不断发展，社会经济建设与发展越来越依赖于计算机网络，与此同时，网络安全的威胁也日益严重。加快培养网络安全方面的应用型人才、广泛普及网络安全知识和掌握网络安全技术突显重要并迫在眉睫。本书的编写目的在于帮助学生和专业人士掌握网络和计算机安全方面的知识。

本书内容的编写与实践案例的选取，注重以职业能力为中心，以培养应用型和技能型人才为根本，遵循认识、实践、总结和提高这样一个认知过程，通过提供一个真正的交互式学习方式来帮助读者学习网络和计算机安全知识与技能。本书涵盖了美国计算机行业协会（CompTIA）安全管理员（Security＋）认证的考试科目，以及全国信息安全技术水平考试（NCSE）项目内容。

为了帮助读者全面了解和掌握计算机和网络安全知识，本书设计了许多专题来加强读者的学习。

◇ 本章学习目标：每章开始都有本章概念的详细列表。本列表为读者快速介绍本章所涉及的概念，提供了学习辅助。

◇ 图表：安全缺陷、攻击及防御的众多图表为读者直观地描述了安全组件、理论和概念。此外，丰富的图表也为读者提供实践和理论信息的详细资料和对比。

◇ 本章小结：每章结尾都有本章概念的总结。这些总结可以帮助读者复习本章的内容。

◇ 思考练习题：思考练习题包括了针对于本章内容的一系列复习问题。这些问题帮助读者检验和应用本章所学内容。回答这些问题可以加深对概念的理解，也对安全管理员考试有重要的帮助。

◇ 实践项目：虽然了解网络技术的理论知识是相当重要的，但也需要学习实践经验。因此，每章最后都为读者提供了若干个实践项目来了解安全软件和硬件的运行经验。这些项目包含了 Windows 和 Linux 操作系统及网上下载的软件。

　　本教材由安徽机电职业技术学院邓春红担任主编，并负责全书的统稿，由朱士明、刑李泉担任副主编。具体分工是：安徽机电职业技术学院查宇第 1 章，邓春红第 2、3 章，安徽电子信息职业技术学院周浩第 4 章，朱士明第 5、6 章，杨德超第 7 章，安徽工业职业技术学院庄城山第 8、9 章，讯利达电子科技有限公司刑李泉第 10 章。

　　在本书的编写过程中参考了相关文献和网站，在此向这些文献的作者和网站管理者深表感谢。由于作者水平有限，本书不足之处在所难免，欢迎广大读者批评指正。

编　者

2014. 2

✅ **本门课程面向对应岗位：**

本课程适用于从事计算机网络安全相关工作的技术或管理人员，如网络安全管理员、网络工程施工人员、信息系统安全工程师、信息安全工程管理/监理人员等，也适用于从事计算机网络安全产品销售与售后服务的技术人员。

✅ **相应岗位所需求的知识点：**

了解网络安全方面面临的威胁及安全机制，知道网络安全的攻击者及其攻击手段。熟悉信息安全建立的原则及其支柱，掌握网络构架安全、互联网、电子商务的安全设计与安全保护。对加密算法、公共密钥体系（PKI）要有深刻的了解，掌握安全管理和灾难恢复系统的应用方法。

✅ **参考授课计划或学习计划：**

序号	章节教学内容	参考学时	相关知识点
1	第1章网络安全基础	4	网络安全威胁及安全机制
2	第2章攻击者和攻击目标	6	攻击者及其攻击手段
3	第3章安全基准	8	信息安全建立的原则及其支柱
4	第4章网络构架安全	4	网络电缆设备和移动媒体的安全检测、加固及网络拓扑安全设计
5	第5章网页安全	6	电子邮件系统、万维网的安全保护，电子商务安全
6	第6章保护高级信息交流	8	文件传输协议（FTP）、远程登录系统、目录服务及无线网络的保护
7	第7章信息加密技术	8	信息摘要、对称加密和非对称加密等加密算法的使用和设计
8	第8章使用和管理密钥	6	公钥基础设施（PKI）的使用和数字证书的管理
9	第9章信息安全管理与灾难恢复	6	身份管理、权限管理、变更管理及灾难恢复计划
10	第10章实战应用与职业证书	4	入侵检测与防护系统、访问控制技术与防火墙系统作用与特点
合计		60	

Contents

目录

第1章 ■ Chapter 网络安全基础 1

　　根据中国互联网络信息中心（CNNIC）第33次《中国互联网络发展状况统计报告》统计：截至2013年12月，中国网民规模达6.18亿，互联网普及率为45.8%。综合近年来网民规模数据及其他相关统计，中国互联网普及率逐渐饱和，互联网发展主题从"数量"向"质量"转换，具备互联网在经济社会中地位提升、与传统经济结合紧密、各类互联网应用对网民生活形态影响力度加深等特点。如此庞大的计算机数量及各种网络应用的快速发展所带来的网络安全问题也将与日俱增。媒体经常报道一些有关网络安全威胁的令人震惊的事件，而且更多不知名的黑客正在互联网上制造着破坏。

　　例如，信息安全顾问李明曾在一家拥有700台计算机的财务机构中做过网络接入调查。他发现该财务机构存在严重的安全问题：个人密码过于简单；Windows系统没有升级；运行一些没有必要的程序或服务器；允许用户远程连接到办公计算机而没有任何保护，他甚至发现网络入侵者曾用远程服务器监视网络管理员，并进而登录副主席的计算机。入侵者获得了管理员的登录信息（他的用户名、密码都是3个相同的字母）并进入了网络。

　　李明分析了网络日志文件，并建立了入侵者的档案。他发现，入侵者们已经进入银行网络系统一个多月了，每次入侵都用不同的IP地址，除节假日或银行休息日外，每次都停留少于一个小时的时间。通过这些IP地址，李明追踪到了在欧洲的同一个网络服务器提供商。

　　针对这些安全问题，李明向该财务机构职工提出了若干建议。李明建议，运行一个网络测试来检查安全漏洞；把700台计算机全部更新成Windows最新版本；关闭不必要的服务器；建立和强化有效的用户密码政策及严格的远程登录规则。该机构全部采纳并实施。

　　本章内容结构如图1-0所示。

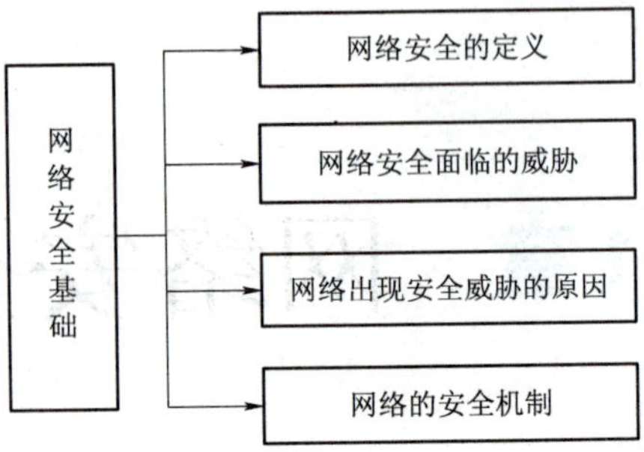

图1-0　本章内容结构图

本章学习目标 ○○○

◎ 明确信息安全面临的挑战；

◎ 掌握信息安全的定义；

◎ 了解信息安全的重要性；

◎ 掌握信息安全机制；

◎ 了解安全员认证考试；

◎ 描绘信息安全的职业规划。

1.1　网络安全所面临的挑战

不论国内还是国外，网络安全不断恶化的趋势都没有得到有效的遏制，它带给全球经济社会发展的负面影响越来越大。

我国发布的《2009年网络安全报告》显示，2009年网络威胁呈现多样化的特征。除传统的病毒、垃圾邮件外，危害更大的间谍软件、广告软件、网络钓鱼等纷纷加入到互联网安全破坏者的行列，成为威胁计算机网络安全的帮凶。尤其是间谍软件，其危害甚至超越传统病毒，已成为互联网安全最大的威胁。目前网络安全存在的主要威胁如图1-1所示。

当前网络安全事件的特点可归纳为以下几点：

（1）难以追踪入侵者。有经验的入侵者往往不直接攻击目标，而是利用所掌握的分散在不同网络运营商、不同国家或地区的跳板机发起攻击，使得对真正入侵者的追踪变得十分困难，需要大范围的多方协同配合。

（2）频繁发生拒绝服务攻击。入侵目标主机需要一定的技术和运气，因此很多攻击者选择使用分布式拒绝服务的攻击方法，严重干扰了目标的网络服务。由于这种攻击往往使用虚假的源地址，因此很难定位攻击者的位置。

（3）攻击者需要的技术水平逐渐降低但危害增大。由于在网络上很容易下载到攻击工

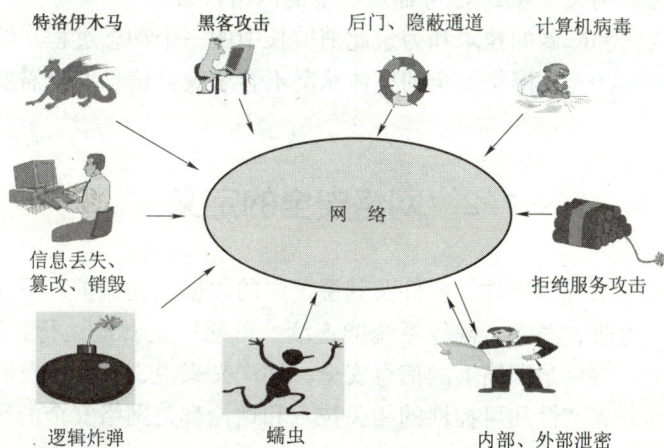

图 1-1 网络安全目前存在的威胁

具，而且一个新的操作系统漏洞被公布后，相应的攻击方法一般在两个月内就会被发布到互联网上。

(4) 攻击手段更加灵活，联合攻击急剧增多。网络蠕虫越来越发展成为传统病毒、蠕虫和黑客攻击技术的结合体，不仅具有隐蔽性、传染性和破坏性，还具有不依赖于人为操作的自主攻击能力。新一代网络蠕虫的攻击能力更强，并且和黑客攻击、计算机病毒之间的界限越来越模糊，带来更为严重的多方面的危害。

(5) 系统漏洞发现加快，攻击爆发时间变短。近年来，新的计算机系统安全漏洞不断被发现。网络攻击者热衷于攻击新发现的漏洞，在所有新攻击方法中，64% 的攻击针对一年之内发现的漏洞。2005 年，ZOTOB 爆发为漏洞利用过程创建了一个令人难以置信的记录——从漏洞发现到成功利用仅用了 5 天的时间，以至于很多网络管理员还来不及给系统打补丁。

(6) 垃圾邮件问题严重。电子邮件的安全问题层出不穷，垃圾邮件和病毒的勾结更加重了对网络安全的威胁。在垃圾邮件中不仅有毫无用处的信息，还有病毒和恶意代码。从传播的范围和速度来说，垃圾邮件是蠕虫病毒的"最佳搭档"。调查显示，蠕虫病毒制造的邮件已经占全球电子邮件通信量的 20%~30%，造成了严重的网络拥塞。

(7) 间谍软件、恶意软件威胁安全。间谍软件在用户不知情的情况下监控用户的网络连接，收集并发送有关用户访问的网址、IP 地址、用户计算机存储的信息。间谍软件一般隐藏在其他的应用软件中，用户在网上下载这些实用程序、游戏、媒体播放器和计费软件时，间谍软件就随之在用户的计算机中驻留，收集、监控并发送有关用户计算机的信息。另外，广告软件、密码窃听、恶意脚本程序等有害软件，在过去的几年里数量增长迅速。这些软件通过不同方式盗取用户的信息，并且威胁用户计算机的安全。

(8) 无线网络、移动电话渐成安全重灾区。在无线网络中被传输的信息没有加密或者加密很弱，很容易被窃取、修改和插入，存在较严重的安全漏洞，因此无线网络正在成为黑客的理想目标。而无线网络的安全标准在保护无线网络安全方面的作用如何，还需要经过时间检验。另外，手机病毒利用普通短信、彩信、上网浏览、下载软件与铃声等方式传播，还将攻击范围扩大到移动网关、WAP 服务器或其他的网络设备。

　　网络安全是在攻击和防御的技术和力量此消彼长中的一个动态过程。综上分析，当前的信息安全具有很多新的特点，网络安全的整体状况不容乐观，信息安全需要寻找更好的解决之道。

1.2　网络安全的定义

　　网络安全是指网络系统的硬件、软件及其系统中的数据受到保护，不受偶然的或者恶意的原因而遭到破坏、更改、泄露，确保系统能连续、可靠、正常地运行，网络服务不中断。网络安全从其本质上来讲就是网络上的信息安全。从广义来说，凡是涉及网络上信息的保密性、完整性、可用性、真实性和可控性的相关技术和理论都是网络安全的研究领域。

　　保密性：信息不泄露给非授权用户。

　　完整性：数据未经授权不能进行改变的特性。即信息在存储或传输过程中保持不被修改、不被破坏和不丢失的特性。

　　可用性：可被授权实体访问并按需求使用的特性。即当需要时能存取所需的信息。例如，网络环境下拒绝服务、破坏网络和有关系统的正常运行等都属于对可用性的攻击。

　　可控性：对信息的传播及内容具有控制能力。

　　网络安全包括物理安全、逻辑安全、操作系统安全、联网安全。

1.2.1　物理安全

　　物理安全是指用来保护计算机硬件和存储介质的装置和工作程序。物理安全包括多方面的内容。

1. 防盗

　　像其他的物体一样，计算机也是偷窃者的目标，如盗走软盘、主板等。计算机偷窃行为所造成的损失可能远远超过计算机本身的价值，因此必须采取严格的防范措施，以确保计算机设备不会丢失。

2. 防火

　　计算机机房发生火灾一般是由于电气原因、人为事故或外部火灾蔓延引起的。电气设备和线路因为短路、过载、接触不良、绝缘层破坏或静电等原因引起电打火而导致火灾。人为事故是指由于操作人员操作不慎，吸烟、乱扔烟头等，使充满易燃物质（如纸片、磁带、胶片等）的机房起火，当然也不排除人为故意放火。外部火灾蔓延是因外部房间或其他建筑物起火而蔓延到机房而引起火灾。

3. 防静电

　　静电是由物体间的相互摩擦、接触而产生的，计算机显示器也会产生很强的静电。静电产生后，由于未能释放而保留在物体内，会有很高的电位（能量不大），从而产生静电放电火花，造成火灾。还可能使大规模集成电器损坏，这种损坏可能是在不知不觉间造成的。

4. 防雷击

　　随着科学技术的发展，电子信息设备的广泛应用，对现代闪电保护技术提出了更高、更新的要求，利用传统的常规避雷针，已不能满足微电子设备的要求，而且带来很多弊端。利用引雷机理的传统避雷针防雷，不但增加雷击概率，而且产生感应雷，而感应雷是电子信息设备被损坏的主要杀手，也是易燃易爆品被引燃起爆的主要原因。

雷击防范的主要措施是，根据电气、微电子设备的不同功能及不同受保护程序和所属保护层确定防护要点做分类保护；根据雷电和操作瞬间过电压危害的可能通道从电源线到数据通信线路都应做多级层保护。

5. 防电磁泄露

电子计算机和其他电子设备一样，工作时要产生电磁发射。电磁发射包括辐射发射和传导发射。这两种电磁发射可被高灵敏度的接收设备接收并进行分析、还原，造成计算机的信息泄露。例如，从 20 世纪 80 年代开始，美国市场上出现了一种符合 TEMPEST 标准的军用通信设备，并逐渐形成商品化、标准化生产。TEMPEST 技术是综合性的技术，包括泄露信息的分析、预测、接收、识别、复原、防护、测试、安全评估等项技术，涉及多个学科领域。

屏蔽是防电磁泄露的有效措施，屏蔽主要有电屏蔽、磁屏蔽和电磁屏蔽三种类型。

1.2.2 逻辑安全

计算机的逻辑安全需要用口令字、文件许可、查账等方法来实现。防止计算机黑客的入侵主要依赖计算机的逻辑安全。

可以限制登录的次数或对试探操作加上时间限制；可以用软件来保护存储在计算机文件中的信息，该软件限制了用户存取非自己所有的文件，直到该文件的所有者明确准许其他人可以存取该文件时为止；限制存取的另一种方式是通过硬件完成，在接收到存取要求后，先询问并校核口令，然后访问列于目录中的授权用户标志号。此外，有一些安全软件包也可以跟踪可疑的、未授权的存取企图，例如，多次登录或请求别人的文件。

1.2.3 操作系统安全

操作系统是计算机中最基本、最重要的软件。同一计算机中可以安装几种不同的操作系统。如果计算机系统可提供给许多人使用，操作系统必须能区分用户，以便于防止他们相互干扰。例如，多数的多用户操作系统，不会允许一个用户删除属于另一个用户的文件，除非第二个用户明确地给予允许。

一些安全性较高、功能较强的操作系统可以为计算机的每一位用户分配账户。通常，一个用户有一个账户。操作系统不允许一个用户修改由另一个账户产生的数据。

1.2.4 联网安全

联网的安全性只能通过以下两方面的安全服务来达到：

（1）访问控制服务。用来保护计算机和联网资源不被非授权使用。

（2）通信安全服务。用来认证数据机要性与完整性，以及各通信的可信赖性。例如，基于互联网或 WWW 的电子商务就必须依赖并广泛采用通信安全服务。

1.3 网络安全面临的威胁

计算机网络所面临的威胁包括对网络中信息的威胁和对网络中设备的威胁。影响计算机网络的因素很多，有些因素可能是有意的，也可能是无意的；可能是人为的，也可能是非人为的；还可能是外来黑客对网络系统资源的非法使用等。

人为的无意失误，如操作员安全配置不当造成的安全漏洞，用户安全意识不强，用户口令选择不慎，用户将自己的账号随意转借给他人或与别人共享等都会对网络安全带来威胁。

人为的恶意攻击，是计算机网络面临的最大威胁，敌手的攻击和计算机犯罪就属于这一类。此类攻击又可以分为两种：一种是主动攻击，它以各种方式有选择地破坏信息的有效性和完整性；另一类是被动攻击，它是在不影响网络正常工作的情况下，进行截获、窃取、破译以获得重要机密信息。这两种攻击均可对计算机网络造成极大的危害，并导致机密数据的泄露。

网络软件的漏洞和"后门"：网络软件不可能是百分之百无缺陷和无漏洞的。这些漏洞和缺陷恰恰是黑客进行攻击的首选目标。曾经出现过的黑客攻入网络内部的事件大部分就是因为安全措施不完善所招致的苦果。另外，软件的"后门"都是软件公司的设计编程人员为了自便而设置的，一般不为外人所知，但一旦"后门"打开，其造成的后果将不堪设想。

总的来说，网络安全的威胁如图1-2所示。

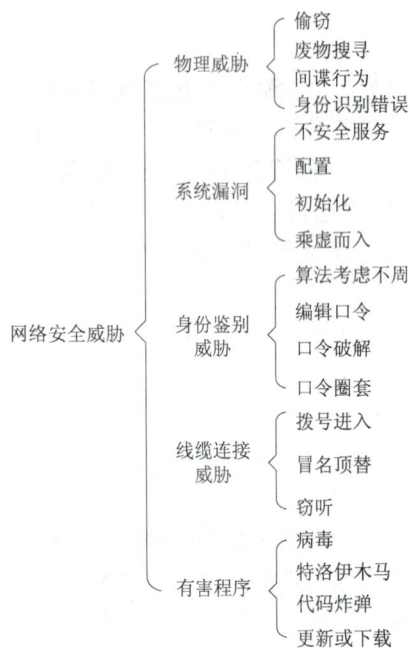

图1-2　网络安全威胁

1.3.1　物理威胁

1. 偷窃

网络安全中的偷窃包括偷窃设备、偷窃信息和偷窃服务等内容。如果他们想偷的信息在计算机里，那他们一方面可以将整台计算机偷走，另一方面可通过监视器读取计算机中的信息。

2. 废物搜寻

废物搜寻就是在废物（如一些打印出来的材料或废弃的软盘）中搜寻所需要的信息。在微型计算机上，废物搜寻可能包括从未删除有用东西的软盘或硬盘上获得有用资料。

3. 间谍行为

间谍行为是一种为了省钱或获取有价值的机密甚至采用一些不道德行为的商业过程。

4. 身份识别错误

非法建立文件或记录，企图把它们作为有效的、正式生产的文件或记录，如对具有身份鉴别特征物品如护照、执照、出生证明或加密的安全卡进行伪造，属于身份识别发生错误的范畴。这种行为对网络数据构成了巨大的威胁。

1.3.2　系统漏洞造成的威胁

1. 乘虚而入

例如，用户A停止了与某个系统的通信，但由于某种原因仍使该系统上的一个端口处于激活状态，这时，用户 B 通过这个端口开始与这个系统通信，这样就不必通过任何申请使用端口的安全检查了。

2. 不安全服务

有时操作系统的一些服务程序可以绕过机器的安全系统，互联网蠕虫就曾经利用了 BerkeLeyUNIX 系统中 3 个这样的可绕过机制。

3. 配置和初始化

如果不得不关掉一台服务器以维修它的某个子系统，当几天后重新启动该服务器时，可能会招致用户的抱怨，说他们的文件丢失了或被篡改了，这就有可能是在系统重新初始化时，安全系统没有被正确地初始化，从而留下了安全漏洞让人利用，类似的问题在特洛伊木马程序修改了系统的安全配置文件时也会发生。

1.3.3 身份鉴别威胁

1. 口令圈套

口令圈套是网络安全的一种诡计，与冒名顶替有关。常用的口令圈套通过一个编译代码模块实现，它运行起来和登录屏幕一模一样，被插入到正常登录过程之前，最终用户看到的只是先后两个登录屏幕，第一次登录失败了，所以用户被要求再输入用户名和口令。实际上，第一次登录并没有失败，它将登录数据，如将用户名和口令写入到一个数据文件中，留待攻击者查看。

2. 口令破解

破解口令就像是猜测密码锁的数字组合一样，在该领域中已形成许多能提高成功率的技巧。

3. 算法考虑不周

口令输入过程必须在满足一定条件下才能正常地工作，这个过程通过某些算法实现。在一些攻击入侵案例中，入侵者采用超长的字符串破坏了口令算法，成功地进入了系统。

4. 编辑口令

编辑口令需要依靠内部漏洞，如果公司内部的人建立了一个虚设的账户或修改了一个隐含账户的口令，这样，任何知道那个账户的用户名和口令的人便可以访问该机器了。

1.3.4 线缆连接威胁

网络线缆的不当连接对计算机数据造成了新的安全威胁。

1. 窃听

对通信过程进行窃听可达到收集信息的目的，这种电子窃听不需要窃听设备一定安装在线缆上，通过检测从连线上发射出来的电磁辐射就能拾取所要的信号。为了使机构内部的通信有一定的保密性，可以使用加密手段来防止信息被解密。

2. 拨号进入

拥有一个调制解调器和一个电话号码，每个人都可以试图通过远程拨号访问网络，尤其是拥有所期望攻击的网络的用户账户时，就会对网络造成很大的威胁。

3. 冒名顶替

通过使用别人的密码和账号时，获得对网络及其数据、程序的使用能力。这种办法实施起来并不容易，而且一般需要有机构内部的、了解网络和操作过程的人参与。

1.3.5　有害程序

1. 病毒

病毒是一种把自己的备份附着于机器中的另一程序上的一段代码。通过这种方式，病毒可以进行自我复制，并随着它所附着的程序在机器之间传播。

2. 代码炸弹

代码炸弹是一种具有杀伤力的代码，其原理是一旦到达设定的日期或钟点，或在机器中发生了某种操作，代码炸弹就被触发并开始产生破坏性操作。代码炸弹不必像病毒那样四处传播，程序员将代码炸弹写入软件中，使其产生了一个不能轻易找到的安全漏洞，一旦该代码炸弹被触发后，这个程序员便会被请回来修正这个错误，并赚一笔钱，这种高技术敲诈的受害者甚至不知道他们被敲诈了，即便他们有疑心也无法证实自己的猜测。

3. 特洛伊木马

特洛伊木马程序一旦被安装到机器上，便可按编制者的意图行事。特洛伊木马能够摧毁数据，有时伪装成系统上已有的程序，有时创建新的用户名和口令。

4. 更新或下载

不同于特洛伊木马，有些网络系统允许进行固件和操作系统更新，于是非法闯入者便可以解开这种更新方法，对系统进行非法更新。

1.4　网络出现安全威胁的原因

引起网络安全问题的原因，可以归纳为以下几种。

1.4.1　薄弱的认证环节

网络上的认证通常是使用口令来实现的，但口令有公认的薄弱性。网上口令可以通过许多方法破译，其中最常用的两种方法是把加密的口令解密和通过信道窃取口令。例如，UNIX 操作系统通常把加密的口令保存在一个文件中，而该文件普通用户即可读取。该口令文件可以通过简单的拷贝或其他方法得到。一旦口令文件被闯入者得到，他们就可以使用解密程序对口令进行解密，然后用它来获取对系统的访问权。

由于一些 TCP 或 UDP 服务只能对主机地址进行认证，而不能对指定的用户进行认证，所以，即使一个服务器的管理员只信任某一主机的一个特定用户，并希望给该用户访问权，也只能给该主机上所有用户访问权。

1.4.2　系统的易被监视性

用户使用 Telnet 或 FTP 连接他在远程主机上的账户，在网上传的口令是没有加密的。入侵者可以通过监视携带用户名和口令的 IP 包获取它们，然后使用这些用户名和口令通过正常渠道登录到系统。如果被截获的是管理员的口令，那么获取特权级访问就变得更容易了。成千上万的系统就是被通过这种方式侵入的。

1.4.3　易欺骗性

TCP 或 UDP 服务相信主机的地址。如果使用 IP Source Routing，那么攻击者的主机就可以冒充一个被信任的主机或客户。使用 IP Source Routing，采用如下操作可把攻击者的系统假扮成某一特定服务器的可信任的客户。

第一，攻击者要使用那个被信任的客户的 IP 地址取代自己的地址。

第二，攻击者构造一条要攻击的服务器和其主机间的直接路径，把被信任的客户作为通向服务器的路径的最后节点。

第三，攻击者用这条路径向服务器发出客户申请。

第四，服务器接受客户申请，就好像是从可信任客户直接发出的一样，然后给可信任客户返回响应。

第五，可信任客户使用这条路径将包向前传送给攻击者的主机。

许多 UNIX 主机接收到这种包后将继续把它们向指定的地方传送。许多路由器也是这样，但有些路由器可以配置以阻塞这种包。

一个更简单的方法是等客户系统关机后来模仿该系统。许多组织中 UNIX 主机作为局域网服务器使用，职员用个人计算机和 TCP/IP 网络软件来连接和使用它们。个人计算机一般使用 NFS 来对服务器的目录和文件进行访问（NFS 仅使用 IP 地址来验证客户）。一个攻击者几小时就可以设置好一台与别人使用相同名字和 IP 地址的个人计算机，然后与 UNIX 主机建立连接，就好像它是"真的"客户。这是非常容易实行的攻击手段，但应该是内部人员所为。网络的电子邮件是最容易被欺骗的，当 UNIX 主机发生电子邮件交换时，交换过程是通过一些由 ASCII 字符命令组成的协议进行的。闯入者可以用 Telnet 直接连到系统的 SMTP 端口上，手工输入这些命令。接收的主机相信发送的主机，那么有关邮件的来源就可以轻易地被欺骗，只需输入一个与真实地址不同的发送地址就可以做到这一点。这导致了任何没有特权的用户都可以伪造或欺骗电子邮件。

1.4.4　有缺陷的局域网服务和相互信任的主机

主机的安全管理既困难又费时。为了降低管理要求并增强局域网，一些站点使用了诸如 NIS 和 NFS 之类的服务。这些服务通过允许一些数据库（如口令文件）以分布式方式管理以及允许系统共享文件和数据，在很大程度上减轻了过多的管理工作量。但这些服务带来了不安全因素，可以被有经验的闯入者利用以获得访问权。如果一个中央服务器遭受到损失，那么其他信任该系统的系统会更容易遭受损害。

一些系统（如 rlogin）出于方便用户并加强系统和设备共享的目的，允许主机们相互"信任"。如果一个系统被侵入或欺骗，那么对闯入者来说，获取那些信任其他系统的访问权就很简单了。如一个在多个系统上拥有账户的用户，可以将这些账户设置成相互信任的。这样就不需要在连入每个系统时都输入口令。当用户使用 rlogin 命令连接主机时，目标系统将不再询问口令或账户，而且将接受这个连接。这样做的好处是用户口令和账户不需在网络上传输，所以不会被监视和窃听，弊端在于一旦用户的账户被侵入，那么闯入者就可以轻易地使用 rlogin 侵入其他账户。

1.4.5 复杂的设置和控制

主机系统的访问控制配置复杂且难于验证，因此偶然的配置错误会使闯入者获取访问权。一些主要的 UNIX 经销商仍然把 UNIX 配置成具有最大访问权的系统，这将导致未经许可的访问。

许多网上的安全事故原因是由于入侵者发现的弱点造成的：由于目前大部分的 UNIX 系统都是从 BSD 获得网络部分的代码，而 BSD 的源代码又可以轻易获得，所以闯入者可以通过研究其中可利用的缺陷来侵入系统。存在缺陷的部分原因是因为软件的复杂性，所以没有能力在各种环境中进行测试。有时候缺陷很容易被发现和修改，而另一些时候除了重写软件外几乎别无他法（如 Sendmail）。

1.4.6 无法估计主机的安全性

主机系统的安全性无法很好地估计：随着一个站点的主机数量的增加，确保每台主机的安全性都处在高水平的能力却在下降。只用管理一台系统的能力来管理如此多的系统就容易犯错误。另一因素是系统管理的作用经常变换并行动迟缓，这导致一些系统的安全性比另一些要低，这些系统将成为薄弱环节，最终将破坏整个安全链。

1.5 网络安全机制

在网络上采用哪些机制，才能维护网络的安全呢？

1.5.1 加密机制

加密是提供信息保密的核心方法。按照密钥的类型不同，加密算法可分为对称密钥算法和非对称密钥算法两种。按照密码体制的不同，又可以分为序列密码算法和分组密码算法两种。加密算法除了提供信息的保密性之外，它和其他技术结合，例如 hash 函数，还能提供信息的完整性。

加密技术不仅应用于数据通信和存储，也应用于程序的运行，通过对程序的运行实行加密保护，可以防止软件被非法复制，防止软件的安全机制被破坏，这就是软件加密技术。

1.5.2 访问控制机制

访问控制可以防止未经授权的用户非法使用系统资源，这种服务不仅可以提供给单个用户，也可以提供给用户组的所有用户。访问控制是通过对访问者的有关信息进行检查来限制或禁止访问者使用资源的技术，分为高层访问控制和低层访问控制。高层访问控制包括身份检查和权限确认，是通过对用户口令、用户权限、资源属性的检查和对比来实现的。低层访问控制是通过对通信协议中的某些特征信息的识别、判断，来禁止或允许用户访问的措施。如在路由器上设置过滤规则进行数据包过滤，就属于低层访问控制。

1.5.3 数据完整性机制

数据完整性包括数据单元的完整性和数据序列的完整性两个方面。

数据单元的完整性是指组成一个单元的一段数据不被破坏和增删篡改，通常是把包括有数字签名的文件用 hash 函数产生一个标记，接收者在收到文件后也用相同的 hash 函数处理一遍，看看产生的标记是否相同就可知道数据是否完整。

数据序列的完整性是指发出的数据分割为按序列号编排的许多单元时，在接收时还能按原来的序列把数据串联起来，而不会发生数据单元的丢失、重复、乱序、假冒等情况。

1.5.4　数字签名机制

数字签名机制主要解决以下安全问题。

（1）否认：事后发送者不承认文件是他发送的。

（2）伪造：有人自己伪造了一份文件，却声称是某人发送的。

（3）冒充：冒充别人的身份在网上发送文件。

（4）篡改：接收者私自篡改文件的内容。

数字签名机制具有可证实性、不可否认性、不可伪造性和不可重用性。

1.5.5　交换鉴别机制

交换鉴别机制是通过互相交换信息的方式来确定彼此的身份。用于交换鉴别的技术如下所述。

（1）口令。由发送方给出自己的口令，以证明自己的身份，接收方则根据口令来判断对方的身份。

（2）密码技术。发送方和接收方各自掌握的密钥是成对的。接收方在收到已加密的信息时，通过自己掌握的密钥解密，能够确定信息的发送者是掌握了另一个密钥的那个人。在许多情况下，密码技术还和时间标记、同步时钟、双方或多方握手协议、数字签名、第三方公证等相结合，以提供更加完善的身份鉴别。

（3）特征实物。例如 IC 卡、指纹、声音频谱等。

1.5.6　公证机制

网络上鱼龙混杂，很难说相信谁不相信谁。同时，网络的有些故障和缺陷也可能导致信息的丢失或延误。为了免得事后说不清，可以找一个大家都信任的公证机构，各方交换的信息都通过公证机构来中转。公证机构从中转的信息里提取必要的证据，日后一旦发生纠纷，就可以据此做出仲裁。

1.5.7　流量填充机制

流量填充机制提供针对流量分析的保护。外部攻击者有时能够根据数据交换的出现、消失、数量或频率而提取出有用信息。数据交换量的突然改变也可能泄露有用信息。例如，当公司开始出售它在股票市场上的份额时，在消息公开以前的准备阶段中，公司可能与银行有大量通信。因此对购买该股票感兴趣的人就可以密切关注公司与银行之间的数据流量以了解是否可以购买。

流量填充机制能够保持流量基本恒定，因此观测者不能获取任何信息。流量填充的实现方法是：随机生成数据并对其加密，再通过网络发送。

1.5.8　路由控制机制

路由控制机制使得可以指定通过网络发送数据的路径。这样，可以选择那些可信的网络节点，从而确保数据不会暴露在安全攻击之下。而且，如果数据进入某个没有正确安全标志的专用网络时，网络管理员可以选择拒绝该数据包。

1.6　信息安全的职业发展

信息安全是发展最快的职业领域之一。随着信息攻击越来越多，企业越来越清醒地认识到其信息漏洞，并寻找减小风险和损失的方法。信息安全涉及整个公司，并影响员工的日常活动，因此便有了广阔的就业空间。

1.6.1　素质要求及工作职责

信息安全从业者的基本素质是：必须具备丰富的信息安全专业知识；掌握较为全面的信息安全保障技能；具有较强的学习能力、信息处理能力和应变能力；能够准确判断问题和解决问题；善于沟通与协调，合作意识强。

其首要职责就是为企业量身定做合理且经济的信息网络安全的体系架构；他需要分析企业的日常业务、非日常业务的性质和数量，需要衡量企业不同类型的业务所需要的安全系数和水准，考察以往企业所遭遇的安全问题并发现存在的安全隐患，最后在一定比例的项目预算范围内为企业构建合理的整体安全体系。

另外，信息安全工程师需要为这个计划中的体系构建肌肉和纹理，因此他会选取合适的防火墙、入侵检测系统、相关的网络互连和交换设备，以及相关的安全系统软件和应用软件，提出针对不同问题和业务的安全解决方案，设置不同员工的系统权限和安全等级……这样，一个有血有肉，且能够有效抵御外来恶意攻击的信息安全系统就基本建立起来了。

一个系统的建立不代表一劳永逸的安全。信息安全工程师平时最大的工作职责在于预防安全问题和隐患。当新病毒的警报在世界任何一个地方刚刚响起的时候，他就会迅速地将相关的防御措施反映在企业的安全体系中，当服务器捕捉到最微弱的攻击信号的时候，他就会警觉地做好应对的准备。

1.6.2　现状、前景及收入

据 CNNIC 最近报告显示，尽管 IT 行业整体就业形势在走下坡路，但信息安全领域的就业却十分看好。现在市场正进入一个对新型网络管理工程师巨大需求的时期。公司对网络管理人员的要求不仅仅是网络管理技能，还要有网络安全技能。信息安全行业权威专家评估，国内的网络安全人才极其缺乏。根据对国家信息化建设的规模保守估计，全国对高级网络安全人才的需求在 3 万人左右，对一般安全人才的需求是 15 万人，而国内现有信息安全专业人才仅 3 000 人左右，而现有的网络安全专业人才远不能满足市场需求，国内网络安全专业人才仍存在近百万的巨大缺口，高级的战略人才和专业技术人才尤其匮乏。

1.6.3　培训认证及就业

目前国内的信息安全认证国内外证书同场竞技。国外认证方面，国际知名品牌有：国际信息系统安全认证联盟（ISC）推出的国际注册信息系统安全专家（CISSP）认证；国际Webmaster协会（IWA）等机构联合推出的CIW网络安全专家认证；CheckPoint公司推出的安全工程师（CCSE）认证。

国内认证中比较知名的有：中国信息安全产品测评认证中心代表国家对信息安全人员资质的认证（CISP）。目前，国内各大安全专业服务公司都具备相应数量的CISP专家。根据实际岗位工作需要，CISP分为以下三类：

注册信息安全工程师（Certified Information Security Engineer 简称CISE）：培养从事信息安全技术开发、服务及工程建设等相关工作的从业人员。适合政府、各大企事业单位、网络安全集成服务提供商的网络安全技术人员。

注册信息安全管理人员（Certified Information Security Officer 简称CISO）：培养从事信息安全管理相关工作的从业人员。适合政府、各大企事业单位的网络安全管理人员，也适合网络安全集成服务提供商的网络安全顾问人员

注册信息安全审核员（英文为Certified Information Security Auditor 简称CISA）：培养从事信息系统的安全性审核或评估相关工作的从业人员。适合政府、各大企事业单位的网络安全技术人员、也适合网络安全集成服务提供商的网络安全顾问人员

工业和信息化部国家信息化工程师认证考试管理中心的国家信息安全技术水平考试（NCSE），NCSE分为四级，前三级认证需要参加相应级别的考试，考试分为知识水平和实践能力两部分。第四级认证要求必须通过三级考试，采用论文答辩，由专家指导委员会评审方式通过。

1.7　复习与思考

1.7.1　本章小结

◇ 保证计算机安全已经日益困难。攻击可以在无人类参与的情况下自动进行并在短短几个小时内感染百万台计算机。攻击同时也日渐复杂和难以发现。每天都会出现软硬件漏洞，却很难及时修补。不可能从源头上制止成千上万台计算机的分布式攻击。以上这些都使得信息安全面临着前所未有的挑战。

◇ 网络安全是指网络系统的硬件、软件及其系统中的数据受到保护。凡是涉及网络上信息的保密性、完整性、可用性、真实性和可控性的相关技术和理论都是网络安全的研究领域。网络安全包括物理安全、逻辑安全、操作系统安全、联网安全。

◇ 计算机网络所面临的威胁包括对网络中信息的威胁和对网络中设备的威胁，主要有物理威胁、系统漏洞造成的威胁、身份鉴别威胁、线缆连接威胁、有害程序等。

◇ 引起网络安全问题的原因，可以归纳为薄弱的认证环节、系统的易被监视性、易欺骗性、有缺陷的局域网服务和相互信任的主机、复杂的设置和控制等。

◇ 在网络上采用加密机制、访问控制机制、数据完整性机制、数字签名机制、交换鉴

别机制、公证机制、流量填充机制、路由控制机制等措施维护网络的安全。

◇ 信息安全职业是具有回报性和挑战性的。IT 管理、工程和监督方面的安全专家的知识要求很高。获得安全管理员认证考试的人员将表现其在安全基础方面的专家能力。

1.7.2　思考练习题

1. 网络系统本身存在哪些安全漏洞？
2. 什么是网络安全？
3. 网络面临的安全威胁有哪几种？
4. 网络的安全机制有哪些？
5. 什么是物理安全？它包括哪几方面的内容？

1.7.3　动手项目

项目 1－1：安装和管理 Microsoft Windows 升级

保护个人计算机安全的一个重要任务是对操作系统安装补丁或升级。在本项目中，将在自己的计算机中安装最新的 Windows Update，并设置自动升级。需要一台联网的 Windows XP 系统计算机。如果使用的是学校实验室的计算机或其他不是自己所有的计算机，首先需要联系实验室管理员或网络管理员，因为完成本项目可能需要特殊的权限。

（1）在 Windows XP 计算机上，单击"开始"按钮，选择"开始"菜单中的"所有程序"命令，在"所有程序"下级菜单中选择"Windows Update"命令。打开 IE 浏览器，并连接到 Microsoft Windows 升级网站，如图 1－3 所示。

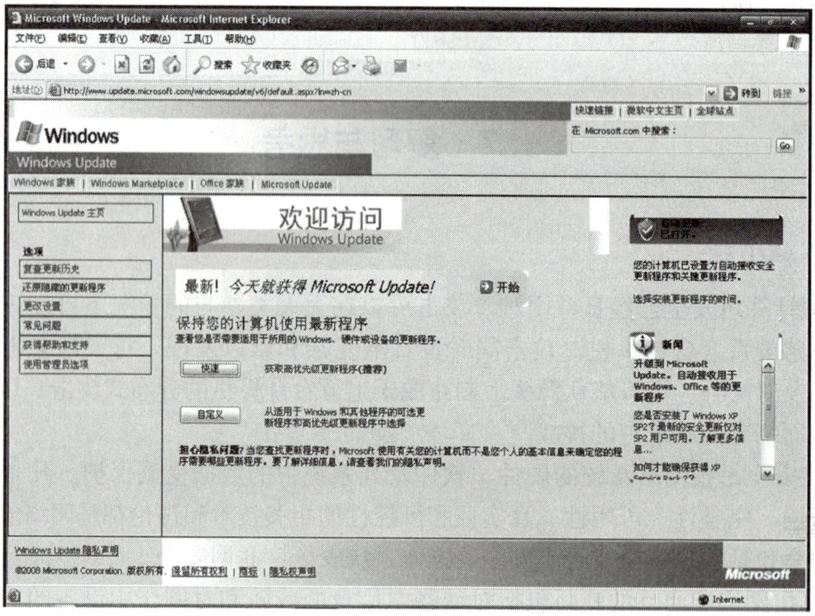

图 1－3　Microsoft Windows Update 网站

（2）单击"升级扫描"按钮。Windows Update 会检测计算机是否装置了最新的升级补丁。补丁分为 3 种：Critical Updates and Service Packs（为安全而安装的升级）、Windows XP

（操作系统建议的升级）和 Driver Updates（驱动程序建议的升级）。

（3）单击"安装升级"按钮。在右侧，Windows 升级列出了需要安装的 Critical Updates and Service Packs。根据屏幕上的指令，返回 Windows 升级网站，需要时重启计算机。

（4）为了安装 Windows XP 升级，单击左面的 Windows XP，在右侧单击"安装升级的添加"按钮，如图 1-4 所示。（升级列表每次都不同。）在左侧单击"驱动升级"按钮，安装驱动升级，再单击"添加"按钮，选择需要升级的驱动。

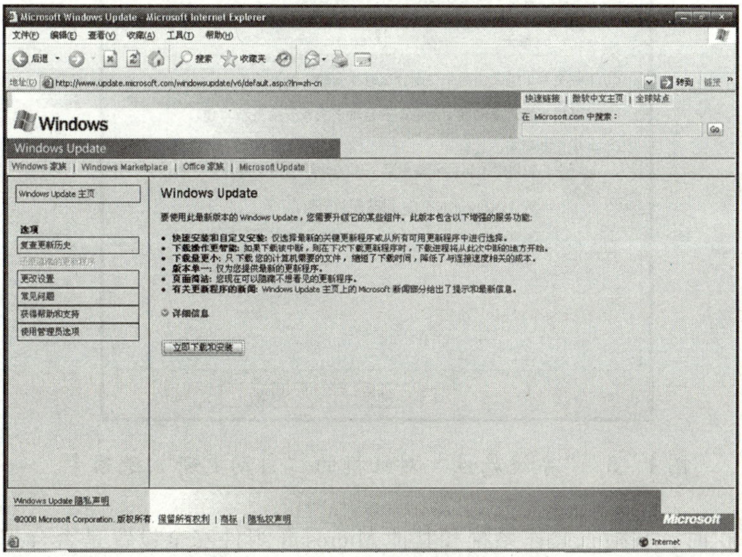

图 1-4　Windows XP 升级安装

（5）单击"安装升级"按钮。网页会列出所选择的升级、其大小及下载和安装时间。现在单击"安装"按钮，安装升级。

（6）下载及安装完毕，可能会要求重启计算机。单击 OK 按钮，重启计算机。如果没有要求重启计算机，则关闭 IE 浏览器。

虽然可以随时更新，但利用 Windows 自动更新更加容易。利用"系统属性"对话框设立自动升级。

（7）同时按 Windows 键和 Break 键就可以启动"系统属性"对话框。或单击"开始"按钮，选择"开始"菜单中的"设置"命令，在"设置"下级菜单中选择"控制面板"命令。当控制面板以标准视窗打开时，单击"系统"按钮即可。

（8）在弹出的"系统属性"对话框中，单击"自动更新"按钮，出现"自动更新"选项，如图 1-5 所示。

（9）如果需要，则选择"自动"选项。

（10）在设置中，选择"下载更新"选项，并决定安装选项的时间。计算机就会自动下载 Critical Updates and Service Packs。然而只有在得到允许时才会安装。

（11）分别单击"应用"按钮和 OK 按钮。

项目 1-2：利用 Microsoft 基本的安全分析软件分析安全性

Microsoft 基本安全分析软件（MBSA）是扫描一台或多台计算机安全漏洞的普通软件。

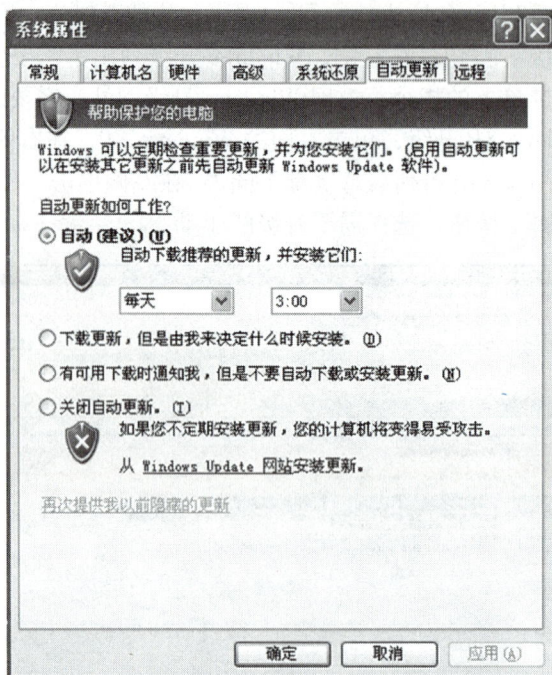

图 1-5 "系统属性"对话框的"自动更新"选项卡

MBSA 扫描计算机时，它检查操作系统和其他 Microsoft 组件安全设置是否合理，建议采用适当的安全升级。

在本项目中，需要安装和使用 MBSA，还需要使用一台联网的 Windows XP 计算机。如果使用的是学校实验室的计算机或其他不是自己所有的计算机，首先需要联系实验室管理员或网络管理员，因为完成本项目可能需要特殊的权限。

（1）在计算机上，打开 IE 浏览器登录网站 http：//technet. microsoft. com/zh – cn/security/cc184923. aspx。

Microsoft 网站上的内容是随时更新的。如果找不到以上链接，就登录网站 www. microsoft. com 寻找 MBSA 软件。

（2）在立即下载部分，选择中文语言版本。

注意 MBSA 可以在 Windows 2000 Server、Windows 2000 Professional、Windows XP 家用版、Windows XP Professional 和 Windows Server 2003 上安装和运行。不能在 Windows 95、Windows 98 和 Windows Me 上运行。

（3）在弹出的"文件下载"对话框中，单击"打开"按钮。

（4）在弹出的"MBSA 安装"对话框中，单击"下一步"按钮。

（5）单击"我接受"按钮，然后单击"下一步"按钮。

（6）要求安装路径时，单击"下一步"按钮，接受默认路径。

（7）单击"安装"按钮。

（8）出现 MBSA 安装完毕的提示时，单击 OK 按钮。

现在可以运行 MBSA 软件检测安全漏洞了。

（9）双击桌面上的 MBSA 图标（也可以单击"开始"按钮，选择"开始"菜单中的"程序"命令，在"程序"下级菜单中选择 Microsoft Baseline Security Analyzer 2.1 命令）打开 MBSA 窗口，如图 1-6 所示。

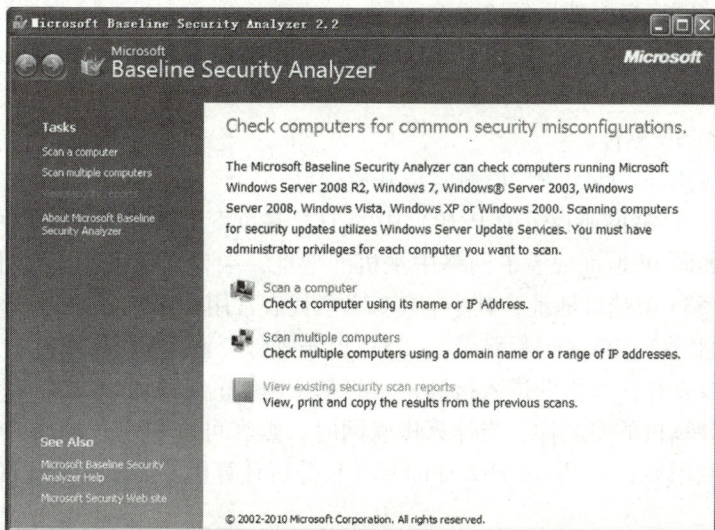

图 1-6　MBSA 窗口

（10）单击 Scan a computer 按钮。

（11）当要求选择要扫描的计算机时，选择后单击 Start scan 按钮。（略）

MBSA 扫描计算机寻找漏洞（大概需要几分钟），然后显示一个安全分析报告，如图 1-7 所示。

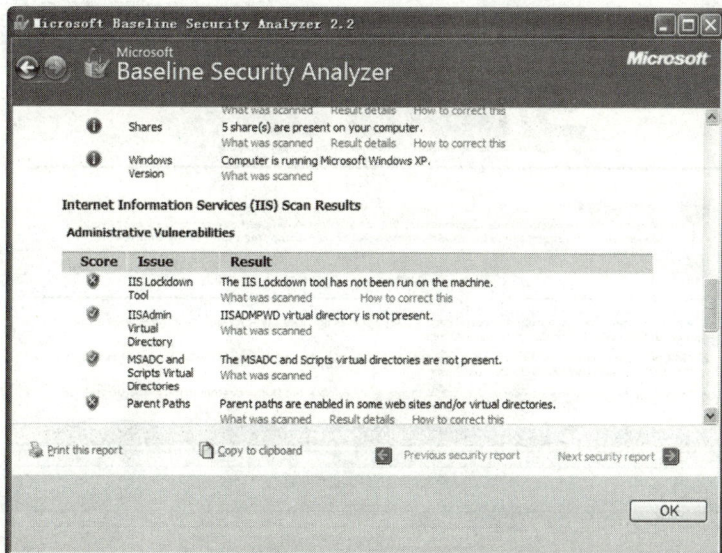

图 1-7　MBSA 分析报告

报告列举了计算机上的安全漏洞。有红色"×"标记的表示需要马上处理，红色"！"标记的表示需尽快处理，绿色"√"的表示不需处理，灰色"－"表示跳过的部分。对于标有红色"×"的，单击扫描内容，再单击详细结果，最后单击如何处理，阅读每项描述。完成全部操作后关闭窗口。然后解决每个问题。

（12）在左侧单击"打印"按钮，然后在弹出的对话框中单击 Print this report 按钮，就可以打印一份报告。

（13）关闭 MBSA 软件。

项目 1－3：利用 ShieldsUP! 检测定位开放端口

传输控制协议/因特网协议（TCP/IP）中的 TCP 是负责主机数据传输的可靠性，也是基于端口地址的。如同 IP 地址代表了网络中主机的地址，端口地址表示连接计算机的程序或服务。总共有 65 535 个端口地址，其中有 1 023 个代表常用程序或服务的，称为通用端口地址，如 21（FTP 服务）、23（远程登录）、25（电子邮件）和 80（HTTP）。

由于开放端口就是计算机的进入指针，一些基于网络的工具可以发送探针检测对外界开放的端口来分析计算机的安全性。当计算机联网时，黑客可以利用开放端口传输恶意代码。在本项目中，可利用 Gibson Research's ShieldsUP! 分析计算机。需要一台联网的 Windows XP 计算机。

（1）登录网站 www.grc.com，等待进入 ShieldsUP! 页面。

（2）向下滚动页面，单击 ShieldsUP! 选项。

（3）如果收到安全提示，表示现在的页面安全，单击 OK 按钮。

（4）单击"继续"按钮。如果收到安全提示，表示现在的页面安全，单击 Yes 按钮。显示 ShieldsUP! 页面，如图 1－8 所示。

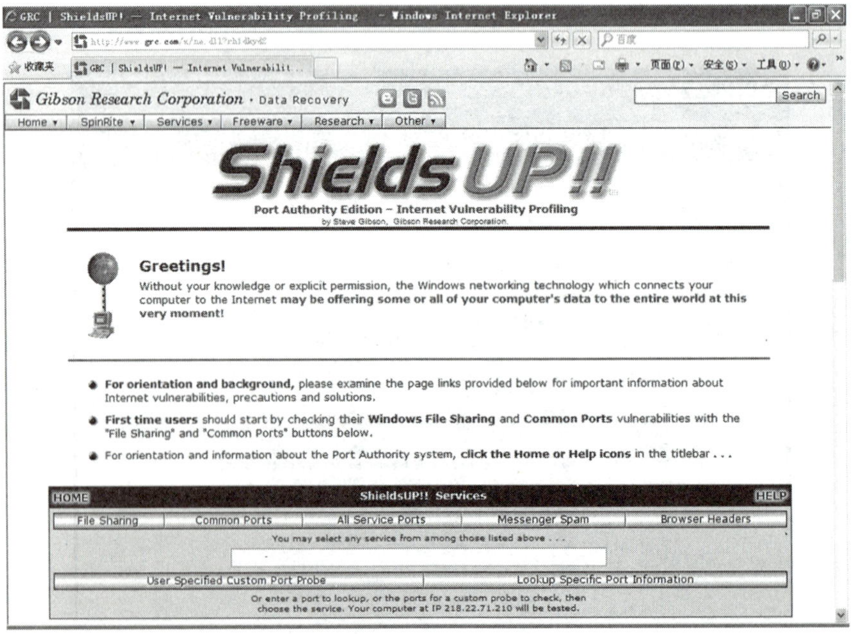

图 1－8　ShieldsUP! 页面

（5）单击"文件分享"按钮。ShieldsUP! 就会分析黑客可能对计算机的攻击，并列出分析报告，如图 1-9 所示。

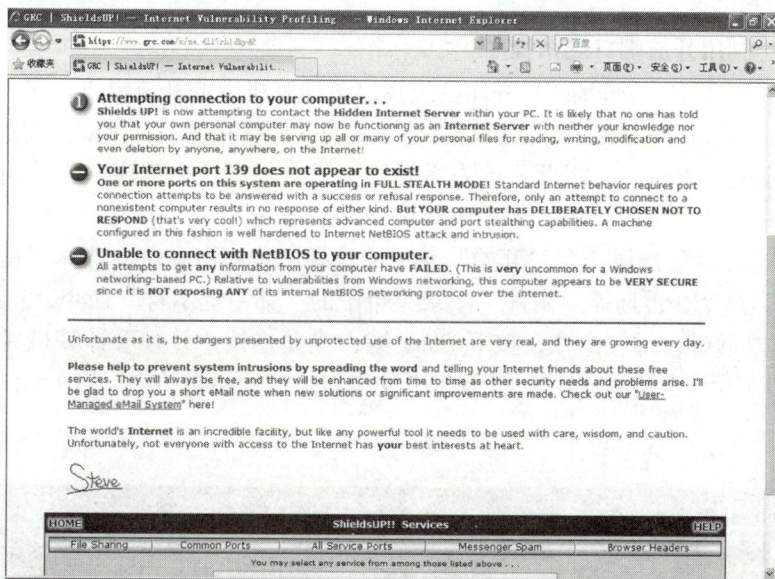

图 1-9　文件共享报告

（6）在主菜单中单击"文件"选项，选择"文件"下拉菜单中的"打印"命令，即打印文件共享报告。

（7）单击"后退"按钮，进入 ShieldsUP! 页面。

（8）单击"所有服务端口"按钮，扫描计算机。当扫描结束后，查看报告结果，如图 1-10 所示。

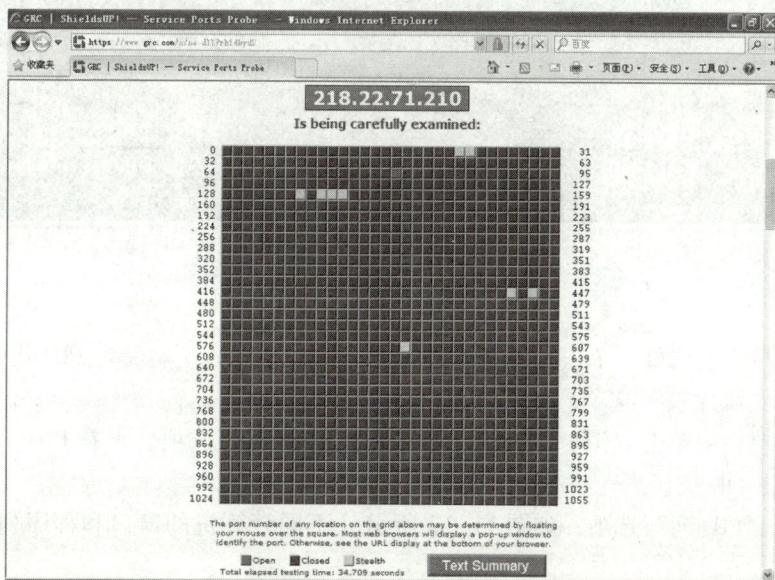

图 1-10　服务端口报告

（9）在主菜单中单击"文件"选项，选择"文件"下拉菜单中的"打印"命令，即打印服务端口报告。

（10）关闭浏览器。

项目1-4：利用开放端口确认程序

在项目1-3中使用ShieldsUP! 程序已经找出了计算机中的开放窗口。在本项目中，可利用不同的端口确认不同的程序。如果端口是开放的，此信息就非常重要。简单的关闭窗口可能导致程序不能正常运行。因此，首先需要检测是否需要这个程序。先关闭不需要的程序，而后再关闭端口。

（1）单击"开始"按钮，在"开始"菜单中选择"程序"命令，选择"程序"下级菜单中的"附件"命令，再选择"附件"下级菜单中的"命令提示符"命令。

（2）输入"netstat-ano"命令，按下 Enter 键，建立连接，并查看计算机建立连接的端口，如图1-11所示。列表中显示了计算机上的端口是启用还是关闭。PID 列的数字表示了利用该端口的程序。

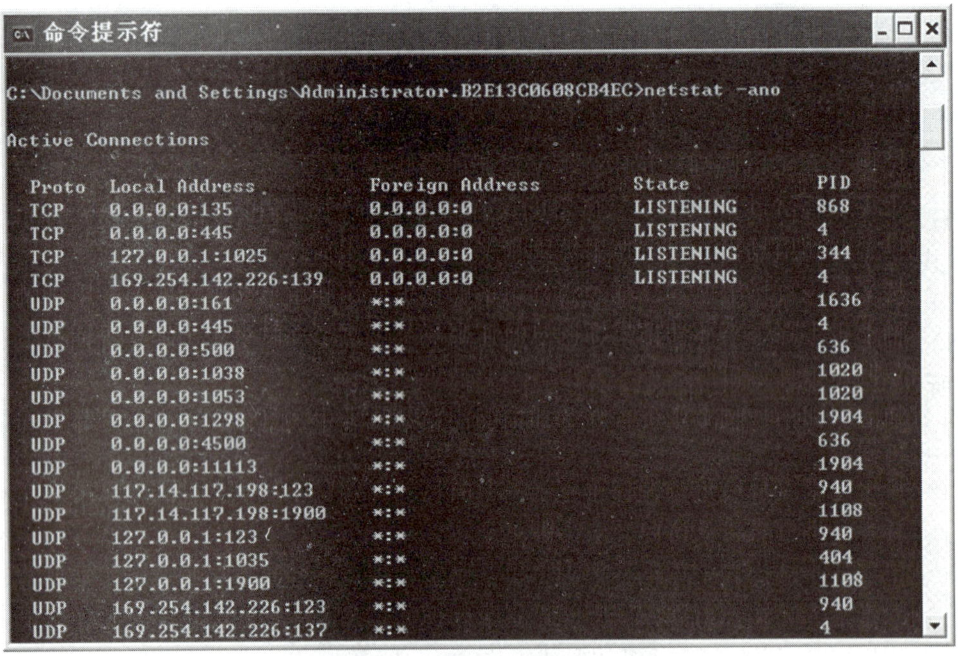

图1-11　netstate 输出

（3）右键单击空白处，单击"任务管理器"选项，便可以了解特定 PID 代码的程序。

（4）单击"程序表"选项。

（5）在菜单栏中单击"浏览"按钮，再单击"选择列"选项。查看 PID（程序代码），如果需要，单击 OK 按钮。

（6）单击"PID列"选项，如图1-12所示（不同计算机的窗口和程序列表会有所不同）。

（7）利用 netstat 命令的信息，找到一个状态为 listening 的端口，在任务管理器上选择相同的端口。

（8）关闭所有窗口。

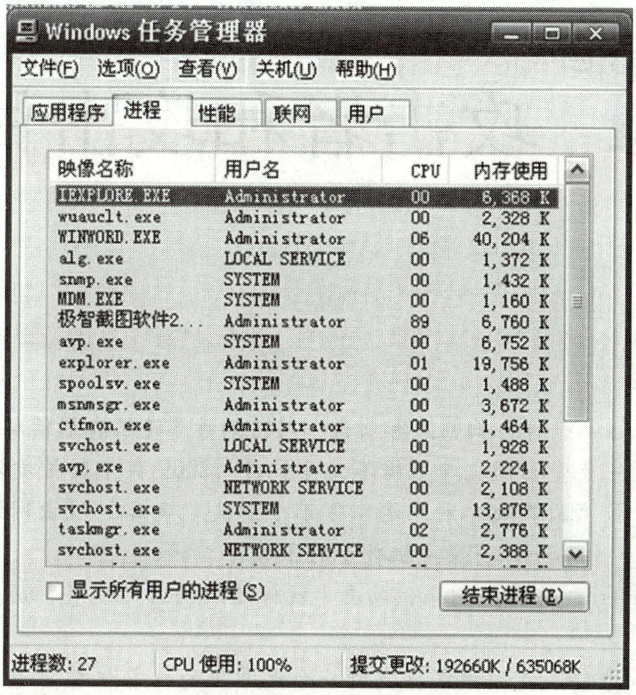

图 1-12 "Windows 任务管理器"窗口

2 ■ Chapter
第2章 攻击者和攻击目标

情境引入 ○○○

中国同世界其他国家一样，面临黑客攻击、网络病毒等违法犯罪活动的严重威胁。中国是世界上黑客攻击的主要受害国之一。据不完全统计，2009年中国被境外控制的计算机IP地址达一百多万个；被黑客篡改的网站达4.2万个；被"飞客"蠕虫网络病毒感染的计算机每月达1 800万台，约占全球感染主机数量的30%。

自ARPANet（Internet前身）以来，攻击者就伴随着网络的发展，历史上著名的攻击事件如下。

1983年，凯文·米特尼克因被发现使用一台大学里的计算机擅自进入今日互联网的前身ARPA网，并通过该网进入了美国五角大楼的计算机，而被判在加州的青年管教所管教了6个月。1988年，凯文·米特尼克被执法当局逮捕，原因是：DEC指控他从公司网络上盗取了价值100万美元的软件，并造成了400万美元损失。

1999年，梅利莎（Melissa）病毒使世界上三百多家公司的计算机系统崩溃，该病毒造成的损失接近4亿美金，它是首个具有全球破坏力的病毒，该病毒的编写者戴维·斯密斯在编写此病毒的时候年仅30岁。戴维·斯密斯被判处5年有期徒刑。

2001年5月，中美黑客网络大战。中美撞机事件发生后，中美黑客之间发生的网络大战愈演愈烈。自2001年4月4日以来，美国黑客组织PoizonBOx不断袭击中国网站。对此，我国的网络安全人员积极防备美方黑客的攻击。中国一些黑客组织则在"五一"期间打响了"黑客反击战"。

2008年，一个全球性的黑客组织，利用ATM欺诈程序在一夜之间从世界49个城市的银行中盗走了900万美元。黑客们攻破的是一种名为RBS WorldPay的银行系统，用各种技巧取得了数据库内的银行卡信息，并在11月8日午夜，利用团伙作案从世界49个城市总计超过130台ATM机上提取了900万美元。最关键的是，目前FBI还没破案，甚至据说连一个嫌疑人都没找到。

2010年1月12日上午7点钟开始，全球最大中文搜索引擎"百度"遭到黑客攻击，长时间无法正常访问。主要表现为跳转到一雅虎出错页面、伊朗网军图片，出现"天外符号"等，范围涉及四川、福建、江苏、吉林、浙江、北京、广东等国内绝大部分省市。这次攻击百度的黑客疑似来自境外，利用了DNS记录篡改的方式。这是自百度建立以来，所遭遇的持续时间最长、影响最严重的黑客攻击。

本章内容结构 ○○○

本章内容结构如图 2-0 所示。

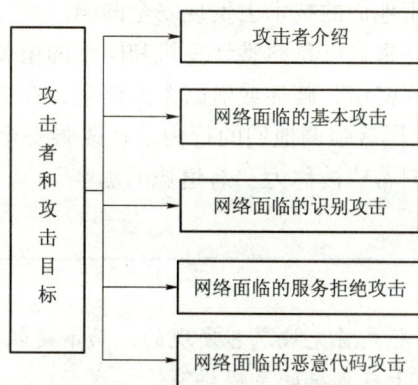

图 2-0 本章内容结构图

本章学习目标 ○○○

◎ 建立攻击者档案；
◎ 描述基本攻击；
◎ 描述识别攻击；
◎ 确认服务拒绝攻击；
◎ 定义恶意代码攻击（木马程序）。

2.1 攻击者档案

攻击网络和计算机系统的有这样几类人员：黑客、破袭者、脚本小子、网络间谍和专业雇员。他们的攻击种类、技术和动机各不相同。表 2-1 总结了他们的技术水平和动机，以下还会有更详细的介绍。

表 2-1 攻击者档案

攻击者	技术水平	动　机
黑客	高	改善安全
破袭者	高	破坏系统
脚本小子	低	获得认知
网络间谍	高	赚取金钱
专业雇员	各异	各异

2.1.1 黑客

通常，在两种情形下会使用"黑客"这个词。首先，在一般意义上，特别是在新闻媒体中，黑客是指非法进入或企图进入计算机系统的人。在这种情况下，黑客与攻击者同义。

黑客同时还有一个狭义的定义。黑客就是利用先进的计算机技术非恶意地攻击计算机的人。与上一种相反，黑客利用他们的技术去发现安全漏洞。

那些自称为黑客的人，是指自己是熟悉计算机和网络的精英。虽然闯入他人计算机是非法的，但由于他们并没有实施盗窃、破坏或泄露个人信息，在道德上是容许的。这就是某些人所说的"有道德的黑客"。黑客强调他们的行为是在改善安全。他们认为自己有责任去寻找安全漏洞并进行修复。他们希望被称为"有道德的黑客"。

> **说明**
>
> 事实上，很多安全问题是首先被黑客发现的，而不是软硬件制造商。黑客经常把他们发现的漏洞公开在网上或直接联系提供商。

有道德的黑客认为他们的行为没有任何负面效应。他们认为其行为很好地满足了社会的服务需求。这些黑客认为其行为是无辜的或是归咎于安全薄弱。有些专家认为，由于网络减少了人们的相互交流，黑客行为就成为了忽视后果的游戏。

黑客真的动机高尚，并为社会提供有价值的服务吗？如果"黑客"是指"攻击者"，答案当然是否定的。即使是指有道德的黑客，他们的动机和社会价值仍然是有疑问的。

2.1.2 破袭者

破袭者是指恶意干扰计算机安全的人。与黑客相似，破袭者同样具有计算机和网络的高级知识。不像有道德的黑客强调他们只是寻找安全漏洞，破袭者破坏数据、拒绝合法用户或引起计算机和网络的其他问题。破袭者具有恶意行为，他们要损坏所侵入的计算机。

> **说明**
>
> 破袭者这一名词是 1985 年由有道德的黑客定义的，以使其自己区别于恶意攻击计算机的人。

超越其他人是破袭者的目的。破袭者以攻击计算机或编写恶意代码来损坏计算机为荣，当其他破袭者入侵或损坏更多计算机时，他们会很生气。例如，2004 年，两个分别来自德国和捷克的破袭者发起了称为"群战"的竞争，以发出更多潜在病毒为获胜标准。这两个破袭者及其同伙一周内发出了十多种病毒。互联网用户在他们的竞争中奋力抵抗。

2.1.3 脚本小子

与破袭者相似，脚本小子也是侵入计算机进行破坏的人。然而，相比于破袭者具有良好的计算机和网络知识，脚本小子是缺乏知识的用户。脚本小子直接从网站上下载自动黑客软件，利用它们攻击计算机。

由于脚本小子缺少专业知识，他们有时比破袭者更危险。脚本小子常常是拥有很多空闲时间的年轻人，一旦攻击成功，就会激发更大的攻击愿望和更大的破坏能力。由于脚本小子不了解其行为的知识背景，所以攻击范围很大，使更多用户受害。

脚本小子总是以自我为中心，攻击的成功带给了他们这种机会。他们侵入别人的计算机，可以传输"我可以做到，我比其他人更聪明"的信息。

2.1.4　网络间谍

网络间谍是被雇用侵入计算机盗窃信息的人员。网络间谍不会像脚本小子、破袭者或黑客那样随意寻找攻击目标，而是被雇用去攻击含有特定敏感信息的计算机。他们的目标是在没有被任何人发现的前提下，侵入计算机获取信息。网络间谍，与黑客类似，具有优秀的计算机技术。

网络间谍的动机一般都是经济性的，网络间谍对侵入计算机获取私人信息更感兴趣。

2.1.5　专业雇员

由于大多数公司都集中精力保护计算机不被外来力量攻击，因此他们有时会忽略内部的危险。公司可能会在一楼大厅设保安，而由于只有他们"信任"的员工才有楼上保险柜的钥匙，因此就没有给大厅门上锁。仅凭信任，雇员已经可以接触到一些公司信息，所以获得其他的允许并不是很困难。有时雇员只需要打个电话就可以获得所需信息。

2.2　基本攻击

正如计算机和网络的不断发展，攻击者的手段也在不断升级。20 世纪 80 年代，攻击目标是单独的计算机；20 世纪 90 年代，主要目标变为单独的网络。而现在全球计算机架构成为了最有可能的攻击目标。总体上，攻击者变得日趋复杂，不再是寻找某个软件应用程序的漏洞，而是探测软硬件架构本身。对于 21 世纪的攻击，没有做出反应的时间。在 10 分钟内使病毒蔓延世界是极为普遍的事情。此外，很难探测到狡猾的攻击者。攻击者会将程序潜入在一般数据中，而不是直接攻击，这也使探测更加困难。随着攻击方式日趋复杂，网络专家需密切关注以做好防御措施。

正如网络专家必须学习确认不同的攻击者，他们也要关注不同的攻击方式。攻击方式可以大致分为这样 4 种：基本攻击、识别攻击、服务拒绝攻击和恶意代码攻击。本节先介绍基本攻击，其余 3 种方式将在以后几章中陆续介绍。

基本攻击通常不需要过高的技术水平，有时仅靠猜测。主要有 5 种基本攻击方式：社会工程、密码猜测、弱密钥、数学推理和生日攻击。

2.2.1　社会工程

最简单的攻击方式不需要任何技术手段，但成功率很高。社会工程依靠哄骗某人进入某个系统来完成攻击。例如：

◇ 马林是一位消费者服务代表，接到了一个自称为其客户的电话。此人口音很重，很难听懂其语言。马林要求他回答一系列问题以确认其客户身份。然而，马林却不懂其语言，又不便一直提问，最后马林就向其提供了客户密码。

◇ 某公司侵入病毒后，前台不断接到大量电话。刘杰是一位前台技术人员，收到了自称是公司客户、某公司副主席陈伟的疯狂电话。陈伟自称他的助理生病了，在回家之前发给他一份重要报告。陈伟想取得其助理的网络密码以完成该报告，并且今天是这份报告的最后一天期限。由于刘杰被刚刚的病毒搞得疲惫不堪，并且还有很多等待电话，他就把密码给了陈伟。但陈伟并不是某公司职员，而是一个外界人士，现在就可以轻松地进入公司计算机系统了。

◇ 许立是一位财务公司的合同编写员，开车进入公司，旁边的保安和她挥手致意。然而，保安不知道许立的合同在上周已经结束了。进入公司后，许立假装在做审计并询问一位新职员，这位职员有问必答。许立就利用这些信息得到了1千万元的报酬。

这些案例都是有事实原形的，说明不用专业技术也可以攻击系统内部。社会工程依靠友情、谎言或公司雇员的帮助得到侵入系统的信息。由于社会工程依靠人类的本性（"我只是想帮忙"），而不是计算机系统，所以很难预防。

社会工程并不只是利用电话或别人的信任。最常用的技术叫深入挖掘，就是从垃圾箱里寻找像计算机守则、打印输出或密码单这类信息。另一个技术叫诱骗，从具有有效终端发送电子请求。例如，攻击者以消费者熟悉的合法机构身份向消费者发送电子邮件。电子邮件提示消费者单击链接登录其公司网站获得免费奖品。然而，该链接会使消费者进入与该公司相似的非法网站中，并要求消费者改变或升级银行账户或信用卡信息，这样攻击者就可以盗取该信息了。

小技巧

对社会工程有两种有效的防御措施：第一，当需要输入密码或被同事询问重点保护信息时，要严格遵守公司程序和指令。第二，培训所有公司员工，确保其遵守公司政策。

2.2.2 密码猜测

密码是认证用户的一组字母或数字组合。密码和用户名一起用于登录系统，如图2-1的对话框所示。用户名是唯一的，例如"123456"，"abc123"或"Administrator"。然而只有知道密码的人才能进入系统。

有时密码是保护系统的第一道甚至是唯一一道程序。大多数用户需要平均10个不同的密码进入不同的计算机系统，如单位、学校和家里的计算机、电子邮箱、银行及互联网，所以很难全部记住这些密码。而且，一些密码使用一段时间后，如30天，又要设立新的密码，这就更难以记忆了。另外，计算机系统往往又要防止密码的重复使用。鉴于这些原因，很多用户的密码都很简单，且不安全。不安全密码有以下特征：

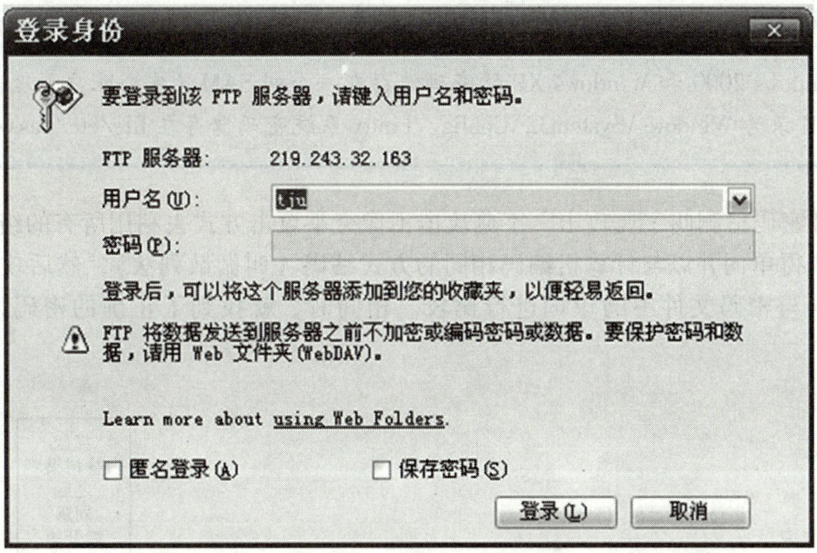

图 2-1　用户名和密码

◇ 过短（如"XYZ"）。
◇ 普通的单词（如"blue"）。
◇ 一些个人信息（如宠物的名字）。
◇ 所有账户都是同一密码。
◇ 写下密码放在键盘或鼠标旁边。
◇ 除非要求，否则从不更换密码。

攻击者利用猜测来获得密码。密码猜测的攻击方式有 3 种：第一种是穷举攻击，攻击者先猜测一个密码，列举每次置换一个字母会产生所有的可能性，利用每个组合去登录系统。例如，密码有 4 位数字，如 4983，穷举攻击会从 0000 开始，如果失败，则用 0001、0002，依次类推直到找到密码为止。

虽然穷举攻击看似浪费时间，但并非如此。在上例中，如果密码有 4 位数，就有 $10 \times 10 \times 10 \times 10$ 共 10 000 个组合。普通的个人计算机可以每秒钟轻易建立超过 100 万次组合。

注意

可以从网上获取穷举密码攻击软件。

虽然大部分计算机都有密码输入最多次数的设置（一般为 3 次），但并不是所有计算机都可以设置，像一些 Web 服务器。为突破 3 次的限制，攻击者企图从文件服务器上复制装有所有用户密码的文件，然后利用穷举密码来进入计算机。在低版本的 Windows 98 系统中，每个密码都是按相同方式加密的，所以攻击者不需要盗取密码文件。例如，密码"Sunday"在系统 A 和 B 中加密方式相同。

> **注意**
>
> Windows 2000 和 Windows XP 的密码储存在一个叫 SAM（安全账户管理器）的文件中，目录为 Windows\System32\Config。Linux 系统密码储存在 file/etc/passwd 中。

第二种密码猜测叫字典攻击。字典攻击不像穷举攻击方式去利用所有的组合，而是先从字典中获得单词并以与计算机编码相同的方式编码（叫做散列法），然后攻击者把编码的字典单词与密码文件中的单词进行比较。相同时，就找到了正确的密码，如图 2-2 所示。

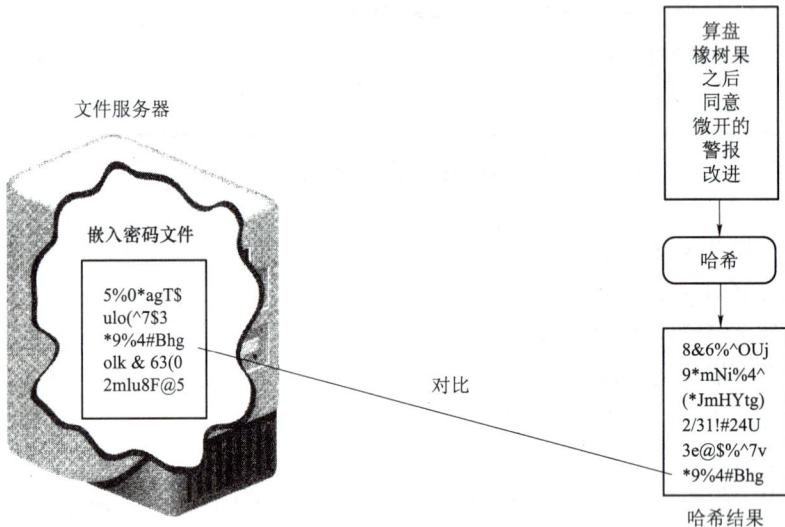

图 2-2　字典攻击

> **注意**
>
> 在第二次世界大战期间，英国破译专家利用字典攻击帮助破译德军密码。

第三种攻击叫软件破译。这种攻击是利用软件漏洞来获得密码。最常见的一种破译叫缓冲溢出。当计算机程序存储的数据量超过临时存储空间（缓冲）的容量时，就会出现缓冲溢出。溢出数据会覆盖合法数据，可能还会含有计算机指令，例如，允许非法用户进入计算机。虽然计算机应该检查进入缓冲的数据量以避免缓冲溢出，但是程序缺陷可能会忽略检测，而使其覆盖原有程序代码。一些计算机程序会自动监测缓冲溢出情况并防止其发生。

注意

缓冲溢出并不会阻碍密码输入，但可以利用它进行各种攻击。

如图 2-3 所示，某程序的缓冲有 6 位，并且临近存储计算机指令的另一存储区域。如果多于 6 个字符（如"ABCDEF LET SMITH IN WITHOUT PASSWORD"）存储到缓冲中，其他字符就会进入存储空间中，并给计算机一个允许黑客进入系统的指令，如图 2-4 所示。

缓冲						计算机指令
1	2	3	4	5	6	打印
						运行程序
						接受键盘输入

缓冲						计算机指令
1	2	3	4	5	6	允许Smith进入
A	B	C	D	E	F	运行程序
						接受键盘输入

图 2-3　缓冲和指令空间　　　　图 2-4　缓冲溢出指令空间

虽然这是一个缓冲溢出的简单实例，但很多计算机程序都可能忽略此漏洞设计。2000年 7 月，最臭名昭著的缓冲溢出攻击就是攻击者通过 Microsoft Outlook and Outlook Express 的安全漏洞发送了含有缓冲溢出作用的电子邮件而造成的。用户并不需要打开或阅读邮件，该恶意程序就可以写入计算机指令中。新的微处理器芯片把用户输入的存储空间从存储程序的空间分离开，以避免缓冲溢出。Windows XP Service Pack 2 具有这种特性。

密码猜测攻击可以通过建立严格的密码措施来预防。以下这些措施可以预防密码猜测攻击：

◇ 密码长度最短为 8 位。
◇ 密码必须是字母、数字和特殊符号的组合。
◇ 密码最少要每 30 天更换一次。
◇ 密码在 12 个月内不要重复使用。
◇ 不同系统需要使用不同的密码。

注意

Windows XP 系统中的密码可以通过使用空格符和非打印字符来增加安全性。也可以同时按 Shift 键和数字键来建立此类的特殊字符。

2.2.3　弱密钥

密码术，是由两个希腊单词——"隐蔽"和"书写"组成的，是一种秘密传递信息的科学。密码术并不是要隐藏数据的存在，而是要"混乱"数据，使非授权方不能看懂该信息。

密码术已经有几个世纪的历史了。最古老的密码术是朱利叶斯·凯撒发明的。当他给将军发送信息时，凯撒把每个字母按字母顺序换成其后的第 3 位，A 换成了 D，B 换成了 E，依此类推。利用密码术把原始信息变换为秘密信息的过程叫做加密。当凯撒的将军看到信息时，就将秘密信息还原成原始信息，这个过程叫做解密。

密码术的成功取决于加密和解密过程，此过程是以算法为基础的。算法会给密钥赋值，用它来加密信息。例如，当凯撒发明出密码术方法，并决定用后移 3 个字母的方法加密时，就把 3 赋值给了密钥。其算法就是确定字母表中每个字母的位置（A = 1，B = 2，依此类推），加上密钥 3 就是加密后的字母。

凯撒的代换算法建立的是重复的模式，因此在今天来说过于简单了。攻击者分析凯撒的信息，很快就可以得出密钥 3，便可解密凯撒的信息。相反，更多利用数学方法的复杂密钥将出现在现代密码术中。然而，建立在可探测模型上的数学密钥也给予攻击者很多有用的解密信息。具有重复模式的密钥，被称为弱密钥。

> **说明**
>
> 很多破译密码术的软件具有多组弱密钥库。然而，这也不能说明密码术是不可以使用的。最好的防御措施就是在使用密码术时，先了解这些弱密钥库。此外，稍长的密钥（至少 128 位）更安全一些。

2.2.4 数学推理

密码分析是企图解密信息的过程。密码分析的一种就是数学推理，经常对加密文件进行统计分析，利用分析结果寻找密钥、解密文件。虽然手动分析会花费很多时间，但现代计算机使数学推理更加可行。

利用数学推理解密信息是防御的最好方法，即不要重复发送相同加密的信息。如果攻击者知道了原始信息，那么利用不同加密方法发送相同信息就会帮助他获得密钥。

2.2.5 生日攻击

当他第一次遇到一个陌生人时，这位陌生人就有 1/365（0.27%）的几率和他的生日相同。然而，他见的人越多，遇到和他同生日的人的几率也就越大。当他遇到 23 个人时，他就有 50% 而不是 6.3% 的几率。而他遇到 60 人时，几率会上升到 99% 以上。这种现象被称为生日矛盾。

在密码术中，生日矛盾现象十分重要。在加密时，最好的方法是每次都随机选择密钥。然而，如果随机选择密钥，就会遇到与生日矛盾相同的现象。即每次随机选择密钥，很快就会出现重复。生日攻击就是利用生日矛盾中的数学问题攻击密码术系统。

> **说明**
>
> 攻击者利用生日攻击寻找相同方式加密信息的速度，要比单纯寻找加密密钥的速度快得多。要防止生日攻击，加密软件就必须拥有更大的密钥库。

2.3　识别攻击

另一种攻击的方式就是攻击者希望以合法的身份进入系统。有三种识别攻击：中间人攻击、再现式攻击和 TCP/IP 攻击。

2.3.1　中间人攻击

假设王莉是一名小学生，她担心数学成绩很差。她的老师给家长发了封邮件，希望能与家长见面。然而，王莉截获了原始邮件，将其替换成了一封表扬信。她同时又模仿父母的语气给老师回信并婉拒了见面的请求。家长读到老师的表扬信，表扬了王莉；而老师对家长拒绝见面的理由感到好奇。王莉就是通过扰乱家长与老师间的沟通，实现了中间人攻击。

中间人攻击是很普通的计算机信息攻击。攻击的类型看似是两台计算机通信，实际上它们是分别与第三方通信，即"中间人"。如图 2 - 5 所示，计算机 A 和 B 在通信，并没有意识到有第三台计算机已经介入了它们中间。

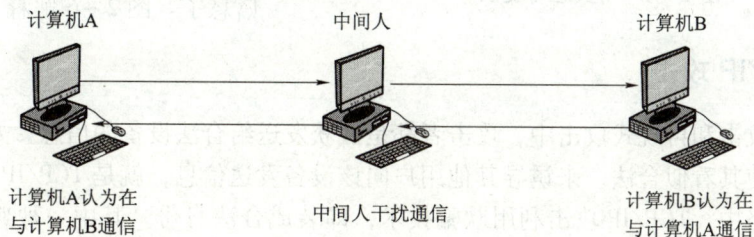

图 2 - 5　中间人攻击

> **注意**
>
> 中间人攻击的一个实例就是黑客建立一个貌似合法的网站。黑客截取原本希望输入合法网站的个人信息，如信用卡密码。他也可以利用自己的网站向用户发出信息。

中间人攻击可以是积极的，也可以是消极的。在消极攻击中，攻击者获得传输的敏感信息，暗中又发送到了原来的接收方。在积极攻击中，攻击人会截取信息内容并加以修改后再发送。

> **说明**
>
> 多种方式都可以防御中间人攻击。大多数网络设备都是通过防止转发信息来预防攻击的。

2.3.2　再现式攻击

再现式攻击与积极的中间人攻击相似。然而，积极中间人攻击会在发送前修改截获的信息，而再现式攻击只是截获信息，并稍后发出。

再现式攻击主要利用网络设备和文件服务器间的通信。包含特定网络请求的管理信息经常在网络设备和文件服务器间传送。一旦文件服务器收到信息，就会反馈管理信息。为防止攻击，传递信息都会加密，并且具有探测信息干扰的探针。服务器收到信息后，如果显示信息被干扰，就不会回复。

利用再现式攻击，攻击者可以截获从网络设备向服务器发送的信息。稍后他就可以把没被干扰的原始信息发送给服务器，服务器就会认为是从合法设备中发出的，并予以回复。由于攻击者知道服务器收到了合法信息就会回复，所以他就可以改变截获信息内容，再进行编码。当服务器予以回复时，就证明攻击者的编码是正确的。最后，攻击者就可以解密整个信息了。图 2-6 解释了回复过程。

```
┌─────────┐      ┌─────────┐      ┌─────────┐
│  发送者  │      │  攻击者  │      │  服务器  │
└─────────┘      └─────────┘      └─────────┘

（1）发送信息 ──────→ （2）截取信息
                   （3）发送信息以与 ←──── 与攻击者建立连接
                       服务器建立连接
                   （4）修改信息并发 ──────→ 拒绝改动的信息
                       送到服务器
                   （5）正确改动信息 ←────── 接受正确改动的信息
                       并发送到服务器
                   （6）获得解密方法
```

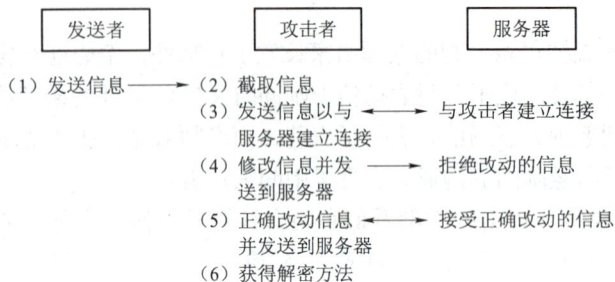

图 2-6 再现式攻击

2.3.3 TCP/IP 攻击

在中间人攻击和再现式攻击中，攻击者都是截获发送给合法设备的信息。如果攻击者设置一个设备，使其看似合法，来诱导其他用户向该设备发送信息，就是 TCP/IP 攻击。

在有线网络中，TCP/IP 攻击利用欺骗技术，即装成合法身份。其中一种典型的哄骗是地址解析协议（ARP）欺骗。为了了解 ARP 欺骗，每台计算机都具有唯一的 IP 地址。此外，一些局域网（LAN），如以太网，也需要有一个地址，叫做媒体访问控制（MAC）地址，可在网络中传递信息。网络中的计算机会存储一个表格，其中有 IP 地址和相应地址的 MAC 地址，如图 2-7 所示。

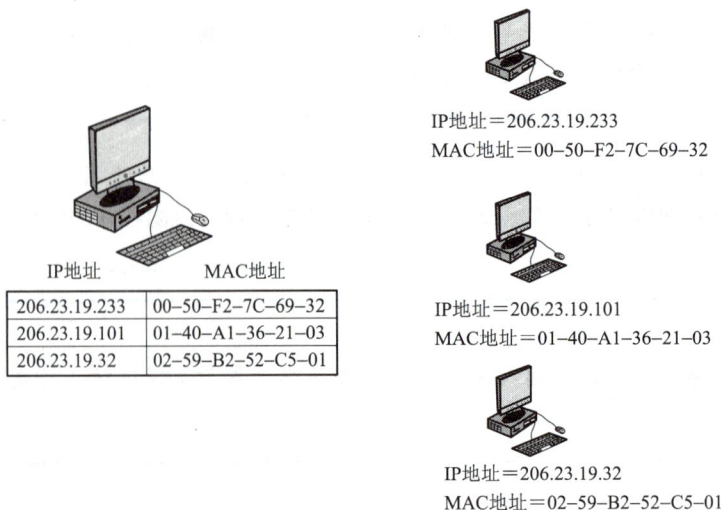

IP地址	MAC地址
206.23.19.233	00-50-F2-7C-69-32
206.23.19.101	01-40-A1-36-21-03
206.23.19.32	02-59-B2-52-C5-01

IP地址＝206.23.19.233
MAC地址＝00-50-F2-7C-69-32

IP地址＝206.23.19.101
MAC地址＝01-40-A1-36-21-03

IP地址＝206.23.19.32
MAC地址＝02-59-B2-52-C5-01

图 2-7 地址表

在 ARP 欺骗攻击中，黑客改变此列表使信息传递到自己的计算机中，如图 2 - 8 所示。通过 TCP/IP 攻击，攻击者利用 ARP 欺骗从用户计算机发送信息到自己的计算机中，而不是合法终端。

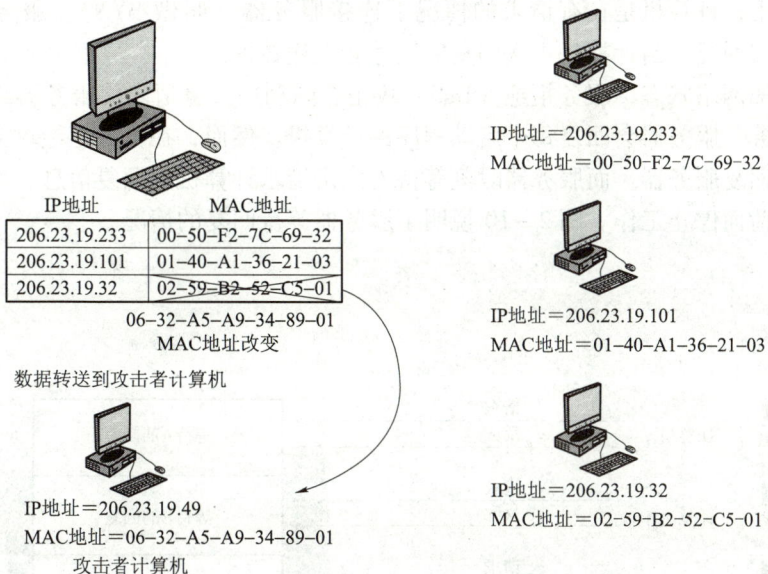

IP地址	MAC地址
206.23.19.233	00-50-F2-7C-69-32
206.23.19.101	01-40-A1-36-21-03
206.23.19.32	02-59-B2-52-C5-01

06-32-A5-A9-34-89-01
MAC地址改变

数据转送到攻击者计算机

IP地址=206.23.19.49
MAC地址=06-32-A5-A9-34-89-01
攻击者计算机

IP地址=206.23.19.233
MAC地址=00-50-F2-7C-69-32

IP地址=206.23.19.101
MAC地址=01-40-A1-36-21-03

IP地址=206.23.19.32
MAC地址=02-59-B2-52-C5-01

图 2 - 8　ARP 欺骗

在无线网络中，TCP/IP 攻击会增加一个新的扭转。由于无线设备与类似于基站的中心设备通信，攻击者就设计自己的基站，使所有的无线设备都和这个冒名顶替的基站通信，图 2 - 9 说明了无线网络的 TCP/IP 攻击模式。

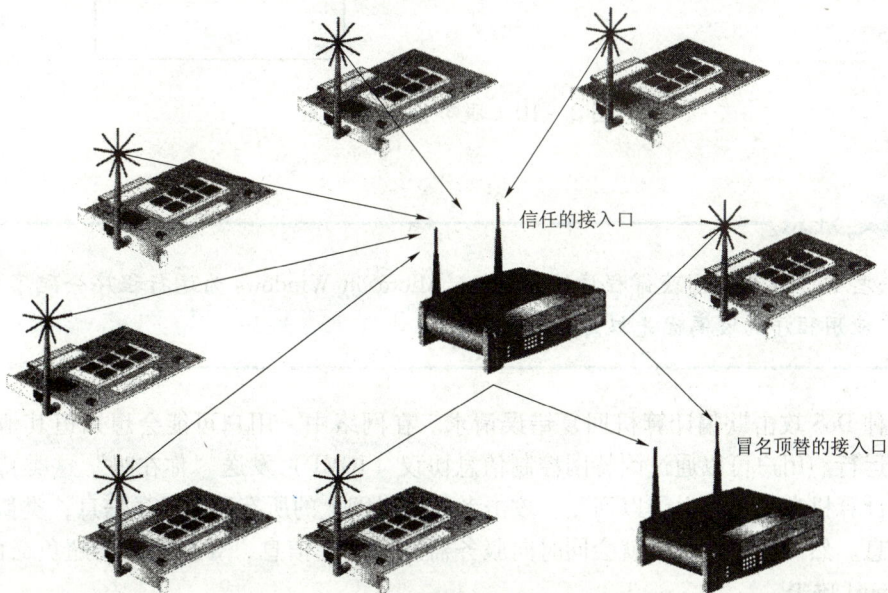

信任的接入口

冒名顶替的接入口

图 2 - 9　无线网络 TCP/IP 攻击

2.4 服务拒绝攻击

一般情况下，计算机是在有请求的情况下连接服务器（叫做 SYN）。服务器回复计算机，然后再等待回复。当计算机再次回复时，才会发送数据。

相对于一般网络状态，服务拒绝（DoS）攻击企图利用大量请求使服务器或其他网络设备不能提供服务。服务器会回复每个启动程序的计算机。然而，在服务拒绝攻击中，被攻击的计算机不会回复服务器。而服务器时刻等待着发出请求计算机的回复信息。不久，服务器就会由于超负荷而停止工作。图 2-10 说明了服务器等待回复的情况。

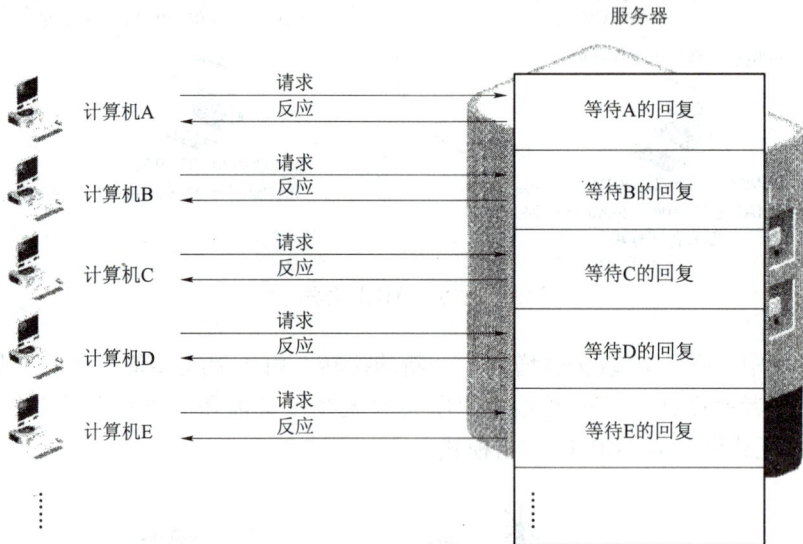

图 2-10 服务器等待反应

> **注意**
>
> 一些 DoS 程序企图获得程序的优先权。Microsoft Windows 为运行程序分配了优先次序。应用程序的最高优先权为 15。

另一种 DoS 攻击欺骗计算机回复错误请求。在网络中，用户可能会想知道其他计算机是否正常运行。用户可以通过因特网控制信息协议（ICMP）发送"你在吗"这类特殊的信息，如果计算机在线会马上予以回复。攻击者可以对网上的所有用户发送信息，类似服务发送请求信息。然后所有计算机就会同时向服务器发送回复信息，导致服务器超负荷而崩溃，这叫做 Smurf 攻击。

注意

一些硬件供应商在产品中加入了安全工具，允许安全管理员在网络遭到 DoS 攻击时，使用此不会遭到攻击的特殊管理通道。遭到攻击时，联网的一般设备是不可能使用的。

DoS 的一个变异就是分布式拒绝服务（DDoS）攻击。DDoS 不是使用一台计算机，而是使用成千上万台计算机攻击。DDoS 攻击有以下阶段：

◇ 攻击者侵入了一台具有很多磁盘空间和高速网络连接的大计算机。这台计算机叫做管理者。

◇ 管理者计算机装入特殊软件来扫描数千台计算机，寻找操作系统中具有软件漏洞的计算机。

◇ 当找到带有漏洞的计算机时，大计算机把软件装入这些计算机中，这些计算机被称为僵尸。而这些僵尸计算机的使用者却毫不知情。

◇ 管理者计算机命令所有僵尸计算机发动服务拒绝攻击。

DDoS 攻击已经成功地攻击了很多类似微软的大机构。由于很难拒绝前台计算机的请求，所以很难防御 DDoS 攻击。

2.5 恶意代码攻击

恶意代码也叫做木马程序，是指包含侵入计算机或破坏计算机代码的计算机程序。最主要的几种恶意代码有病毒、蠕虫、逻辑炸弹、特洛伊木马和后门程序。

2.5.1 病毒

计算机病毒（Computer Virus）在《中华人民共和国计算机信息系统安全保护条例》中被明确定义，是指"编制者在计算机程序中插入的破坏计算机功能或者破坏数据，影响计算机使用并且能够自我复制的一组计算机指令或者程序代码"。与医学上的"病毒"不同，计算机病毒不是天然存在的，是某些人利用计算机软件和硬件所固有的脆弱性编制的一组指令集或程序代码。它能通过某种途径潜伏在计算机的存储介质（或程序）里，当达到某种条件时即被激活，通过修改其他程序的方法将自己的精确拷贝或者可能演化的形式放入其他程序中，从而感染其他程序，对计算机资源进行破坏，对被感染用户有很大的危害性。

与生物病毒类似，计算机病毒也需要一个载体来传播。虽然病毒曾经是通过交换硬盘传播的，但现在主要是靠电子邮件传播。现代病毒可以传播到电子邮箱的所有通讯录中。当收到来自自己朋友或同事的邮件时，会毫不犹豫地打开邮件的附件，结果计算机就被病毒感染了，而且病毒也会继续广泛传播。

已知病毒的数量是令人惊愕的。根据一个软件供应商的统计，现在病毒数量已经达到8.9 万种，并且以每小时出现一种新病毒的速度增长。

防御病毒的工具就是杀毒软件。杀毒软件可以扫描病毒，并隔离感染的文件。它同样可以检测计算机行为，扫描所有可能含有病毒的文件，如电子邮件附件。杀毒软件的缺点是它们必须不断升级以检测新病毒。解说文件或签名文件都可以从互联网上自动下载。

2.5.2 蠕虫

另一种恶意代码叫做蠕虫。它与病毒有相似之处，但本质上有两点不同：第一，病毒自己依附于像电子邮件的计算机文件中，并通过文件传输传播。而蠕虫并不需要依赖寄主文件来传播，它们可以自己传播。其次，用户需要进行某种行为才会感染病毒，如运行程序或阅读电子邮件。蠕虫不总是依靠用户行为感染的。蠕虫可以自我复制直到影响所有资源，像计算机内存或网络宽带连接。

由于蠕虫是自己运行，即它不需要用户的任何行为。很多用户错误地认为，由于他们没有打开电子邮件或运行程序，他们就是安全的。然而，蠕虫可以不借助用户行为而自己运行。计算机感染蠕虫后，蠕虫可以随意破坏它。

与病毒不同，蠕虫不依赖于电子邮件生存，它自己具有独立的程序，只是利用电子邮件作为很好的传播工具。通常，阅读电子邮件就会感染蠕虫。然而，如果蠕虫不能自动运行，攻击者会诱骗用户打开程序来释放蠕虫。欺骗手段有：

◇ 用多个扩展名命名程序，如 Readme.txt.exe。由于 Windows 会自动默认已知的扩展名，用户看到的只是如 Readme.txt 的文件。用户认为这只是个文本文件，而实际上它是一个可执行文件。

◇ 用 .scr 扩展名命名程序，如 Americanflag.scr，看似是屏保程序。然而，它却是个可执行文件。骗局能成功的原因在于，用户不清楚哪类的文件是危险的可执行程序。

小技巧

可以利用程序和产品预防蠕虫；定时升级操作系统；避免从互联网下载没有保障的程序；即使是熟悉的人发送的电子邮件，也不要任意打开邮件中的程序。总之，应在蠕虫感染计算机和网络之前过滤掉它。

2.5.3 逻辑炸弹

逻辑炸弹是另一种恶意代码。逻辑炸弹在被特定事件启动之前都处在睡眠状态，例如，系统日历上的某一天或某人的权限下降到一定级别的时候。一旦启动程序，它就会进行很多恶意行为。曾有人将逻辑炸弹放在公司的薪水系统中。一旦薪水系统中删除某个职员的名字（辞退或解雇），逻辑炸弹就会破坏整个计算机财务系统。

由于逻辑炸弹可能隐藏在数以千行的程序中，所以很难防御。在组织内预防逻辑炸弹有以下建议：

◇ 利用网络监督，并使用记录进入可能含有逻辑炸弹系统的雇员行为的程序，并定期查看这些行为记录。

◇ 建立和加强有关预防逻辑炸弹的软件公司政策，例如，所有代码都要由程序员、程序小组或组长检查。

◇ 利用软件对比原始程序代码与升级后版本的差异。

◇ 展开对可能放置逻辑炸弹员工的背景调查。有时，员工是由于道德问题被原单位开除，在新工作中可能还会出现相同的问题。

◇ 关注那些最新失去升职、加薪和红利机会的员工。心怀不满的工作会使他们更可能安装逻辑炸弹。需要密切关注这些员工的行为。

◇ 为员工提供升职、培训、加薪的机会及良好的工作环境。及时与所有员工沟通可能的成功和困难。如果他们能获得这些信息，就会感到很满足。满意的员工就不太可能损害公司。

2.5.4 特洛伊木马

用希腊神话中的一种装置命名，特洛伊木马程序隐藏真正企图，一旦激发即显示出来。特洛伊木马程序可能伪装成免费的日历程序或是其他有趣的程序。然而，一旦安装在用户计算机上，它就会即刻爆发。

特洛伊木马其前缀是：Trojan，黑客病毒前缀名一般为 Hack。特洛伊木马的共有特性是通过网络或者系统漏洞进入用户的系统并隐藏，然后向外界泄露用户的信息。而黑客病毒则有一个可视的界面，能对用户的电脑进行远程控制。木马、黑客病毒往往是成对出现的，即特洛伊木马负责侵入用户的电脑，而黑客病毒则会通过该特洛伊木马来进行控制。现在这两种类型都越来越趋向于整合了。一般的木马如 QQ 消息尾巴木马 Trojan. QQ3344，还有大家可能遇见比较多的针对网络游戏的特洛伊木马如 Trojan. LMir. PSW. 60。这里补充一点，病毒名中有 PSW 或者什么 PWD 之类的一般都表示这个病毒有盗取密码的功能（这些字母一般都为“密码”的英文“password”的缩写）一些黑客程序如：网络枭雄（Hack. Nether. Client）等。

> **注意**
> 脚本小子可以利用合并程序把恶意代码嵌入安全程序中形成特洛伊木马程序，而不用写任何代码。

可以用以下产品防御特洛伊木马程序：

◇ 杀毒工具，最佳的防御合并程序的方法。

◇ 提醒特洛伊木马的特殊程序。

◇ 反特洛伊木马软件，使含有特洛伊木马程序的计算机免受感染。

2.5.5 后门程序

后门是用户未知的计算机入口。很多病毒和蠕虫都是通过安装后门程序，使远程用户在合法用户不知情的状况下进入计算机。

后门程序是进入计算机系统的另一种方式。后门是为程序测试阶段设计的。例如，需要用户输入密码的程序。测试和修改程序的程序员认为每次进行很小改动都要输入用户名和密码很麻烦。程序就会写一段后门程序，在加载程序时按 F4 键即可越过登录界面进入系统。在软件最后发行前要删除后门程序。然而，也会存在具有后门的程序。

> **注意**
>
> 近年来，一直有人控诉微软的 Windows 存在后门使美国国家安全部门可以进入系统。微软一直否认此控诉。

攻击者同样也会建立后门传播病毒。病毒感染计算机也会为攻击者制造后门。杀毒软件可以删除病毒，但不能探测后门。具有后门的计算机成为今后攻击的目标。由于攻击者已经有了很多攻击目标，下次就会更容易释放病毒。2004 年，被称为有史以来传播最快的电子邮件病毒 Mydoom 病毒利用后门程序感染了数千台计算机。

> **小技巧**
>
> 利用扫描和检测后门程序的软件可以防御这类病毒，并实时提醒用户。有些程序还可以扫描系统中的开放后门。

2.6　复习与思考

2.6.1　本章小结

◇ 攻击网络和计算机系统的人员有 6 种类型：黑客、破袭者、脚本小子、网络间谍、专业雇员和计算机恐怖分子。他们的攻击种类、技术和原因都不相同。

◇ 黑客拥有高于一般计算机用户的技术水平。黑客利用他们的技术进入计算机系统。有些黑客指出他们的目的是要寻找安全漏洞并将其公布；其他黑客只是由于无聊和好奇。

◇ 破袭者是指恶意干扰计算机安全的人。破袭者利用先进的计算机知识和技术破坏数据、拒绝合法用户或引起计算机和网络的其他问题。

◇ 脚本小子直接从网站上下载自动黑客软件，利用它们攻击计算机。不具备专业知识和技术，脚本小子只是自我实现的驱动。

◇ 其他破坏计算机系统的攻击者都处于不同的原因。网络间谍侵入计算机偷取信息的动机一般都是经济性的。而公司雇员主要处于自我实现、报复或是经济原因。计算机恐怖分子则是为信仰而攻击计算机和网络。

◇ 攻击者的手段也在不断升级。20 世纪 80 年代，攻击目标是单独的计算机；20 世纪 90 年代，主要目标变为单独的网络。而现在全球计算机架构成为了最有可能的攻击目标。攻击者不再是寻找某个软件应用程序的漏洞，而是探测软硬件架构本身。此外，21 世纪的攻击没有时间去反应。

◇ 计算机系统的攻击方式可以大致分为以下 4 种：基本攻击、识别攻击、服务拒绝攻击和恶意代码攻击。

◇ 社会工程是基本攻击的一种方式，依靠哄骗获得密码或进入某个系统。

◇ 密码猜测是企图用各种方法获得用户密码的一种基本攻击方式。穷举攻击，攻击者先猜测一个密码，每次置换一个字母产生所有的可能性，利用每个组合去登录系统。字典攻击编码和分析字典中的单词以获得密码。软件破译利用软件漏洞来获得密码。

◇ 另一种基本攻击方式是利用加密数据。密码术是利用算法加密和解密信息。弱密钥攻击是寻找重复的加密方式以获得密钥。算法攻击是企图发明一种加密信息的统计分析方法，以分析信息获得密钥。生日攻击表明密钥的随机选择并不代表加密信息的随机性。

◇ 另一种攻击的方式就是识别攻击，攻击者希望以合法的身份进入系统。中间人攻击是看似是两台计算机通信，实际上他们是分别与第三方通信。中间人攻击会在发送前修改截获的信息，而再现式攻击只是截获信息，并稍后发出。TCP/IP 攻击诱导其他用户向自己的设备发送信息。

◇ 服务拒绝攻击企图利用大量请求使服务器或其他网络设备不能提供服务。分布式拒绝服务攻击使用成千上万台计算机攻击。这就很难拒绝众多信息进入网络。

◇ 恶意代码也叫做木马程序，是指包含侵入计算机或破坏计算机代码的计算机程序。最主要的几种恶意代码有病毒、蠕虫、逻辑炸弹、特洛伊木马和后门程序。

2.6.2　思考练习题

1. 称为_____的攻击者认为自己是在确认安全漏洞方面做了很多有价值工作的精英。
A. 破袭者　　　　　B. 脚本小子　　　　　C. 黑客　　　　　D. 计算机恐怖分子

2. _____ 具有先进的计算机技术，恶意攻击计算机。
A. 脚本小子　　　　B. 黑客　　　　　　C. 破袭者　　　　　D. 蠕虫僵尸

3. 计算机间谍的动机是_____。
A. 金钱　　　　　　B. 个人实现　　　　C. 信仰　　　　　　D. 社会

4. 雇员成功攻击公司计算机的原因之一是_____。
A. 他们具有很高的网络技术　　　　　B. 雇员可以接触到所有的公司信息
C. 公司的计算机安全集中在打击外来者　D. 雇员接触公司计算机没有限制

5. 以下都是计算机恐怖分子的目的，除了_____。
A. 丑化计算机信息　　　　　　　　　B. 拒绝合法用户的服务
C. 使非授权用户闯入关键架构　　　　D. 用非授权设备替换计算机

6. 目前，全球计算机架构是最可能的攻击目标。对还是错？

7. 攻击者会将程序潜入在一般数据中，而不是直接攻击，这也使探测更困难。对还是错？

8. 社会工程攻击是最简单的攻击方式，不需要任何技术手段，但成功率很高。对还是错？

9. 无法防御社会工程的攻击。对还是错？

10. 密码是保护系统的第一道甚至是唯一一道程序。对还是错？

11. 攻击者发送虚假电子邮件诱骗用户进入自己的网站，叫做_____。

12. _____ 发生时，攻击者先猜测一个密码，每次置换一个字母，生成所有的可能性，并利用每个组合去登录系统。

13. ＿＿＿＿＿＿＿就是以计算机相同的方式编译字典中的单词获得密码。

14. ＿＿＿＿＿＿＿发生时，计算机程序企图使存储数据量超过临时存储空间的容量，而覆盖合法计算机数据。

15. 密码术是基于算法的程序，需要赋予＿＿＿＿＿＿＿初始值。

16. 解释攻击者如何利用数学攻击。

17. 什么是生日矛盾？攻击者如何利用它进行攻击？

18. 解释中间人攻击和再现式攻击的不同点。

19. 解释拒绝服务攻击的运行原理。

20. 解释蠕虫和病毒间的区别。

2.6.3 动手项目

项目 2-1：查看和更改 ARP 列表

作为部分的 TCP/IP 攻击，攻击者经常改变 ARP 列表，使其与合法设备的通信变为与攻击者计算机通信。在本项目中，将查看并修改 ARP 列表。虽然攻击者企图用中央网络设备控制 ARP 列表，但本项目的操作内容会简单化这种攻击。

（1）单击"开始"按钮，在"开始"菜单中选择"程序"命令，选择"程序"下级菜单中的"附件"命令，在"附件"下级菜单中选择"命令提示符"命令。

（2）查看目前的 ARP 列表，输入"arp-a"命令，按下 Enter 键。依据网络，将会显示类似如图 2-11 所示窗口。因特网地址是网络中另一个设备的 IP 地址，物理地址是此设备的地址。

图 2-11　ARP 列表

（3）将这些地址与 IP 地址和计算机地址进行比较，输入"ipconfig/all"命令，按下 Enter 键。

（4）如果要在 ARP 列表中建立一个新的入口，则输入"arp -s 192.168.2.255 00 - 40 - ca - 56 - 55 - 59"命令，按下 Enter 键。

（5）再输入"arp -a"命令，按下 Enter 键。在列表中就显示了新的入口。

（6）如果要删除入口，则输入"arp -d 192.168.2.255"命令，按下 Enter 键。

（7）如果要再次查看列表，则输入"arp -a"命令，按下 Enter 键。

（8）输入 Exit 命令，退出命令提示符页面。

项目 2-2：密码猜测

密码猜测是一种获取密码的简单技术。在本项目中，可利用 Advanced Office Password Recovery（AORP）工具尝试不同的密码猜测技术。AORP 工具利用穷举和字典攻击获得 Word 文档的密码。下载一个 AORP 的试用版。AORP 的试用版将穷举攻击限制为 4 位密码，而将字典攻击限制为英文字母。而专业版的 AORP 没有这些限制。

（1）运行 Microsoft Word 程序，建立一个空白文档。

（2）单击主菜单中的"工具"，选择"工具"下拉菜单中的"选项"命令，在弹出的 "选项"对话框中，单击"安全性"窗口，如图 2-12 所示。

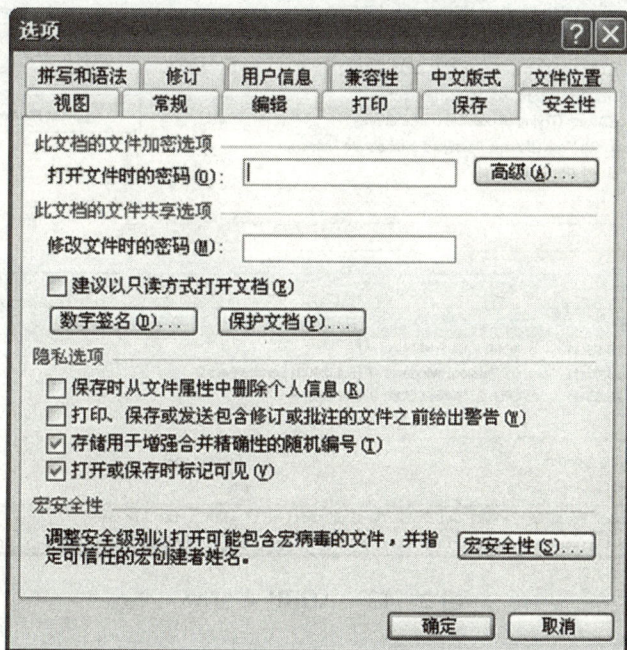

图 2-12 "选项"对话框"安全性"选项卡

（3）在打开文件后的密码栏中，输入"1234"，单击"确定"按钮。在弹出的"确认" 对话框中，重新输入"1234"，单击"确定"按钮即可。

（4）在上述 Word 文档中，输入"Weak"，并保存为"Weak.doc"。

（5）再建立一个新的空白文档，单击主菜单中的"工具"选项，选择"工具"下拉菜 单中的"选项"命令。

（6）在弹出的"选项"对话框中，单击"安全性"窗口。在打开文件后的密码栏中输 入"dictionary"，单击"确定"按钮，在弹出的"确认"对话框中重新输入"dictionary"，单击"确定"按钮。

（7）在上述空白文档中，输入"Dictionary"，并保存为"Dictionary. doc"。

（8）打开网络浏览器，登录网站"http：//www. elcomsoft. com/download. html"。下载 Advanced Office Password Recovery 软件，关闭浏览器，并在计算机上安装该软件。

（9）打开此软件，显示 AORP 主窗口，如图 2-13 所示。

（10）利用以下步骤找回 Weak. doc 文件的密码。

◇ 加密 Word 文档：单击"打开文件"选项，选择并打开 Weak. doc 文件。如果窗口建议选择合适的攻击种类，单击 OK 按钮。

◇ 攻击种类：穷举攻击。

◇ 密码长度：最小为1，最大为4。

◇ 穷举范围：选择0~9，不选择a~z。

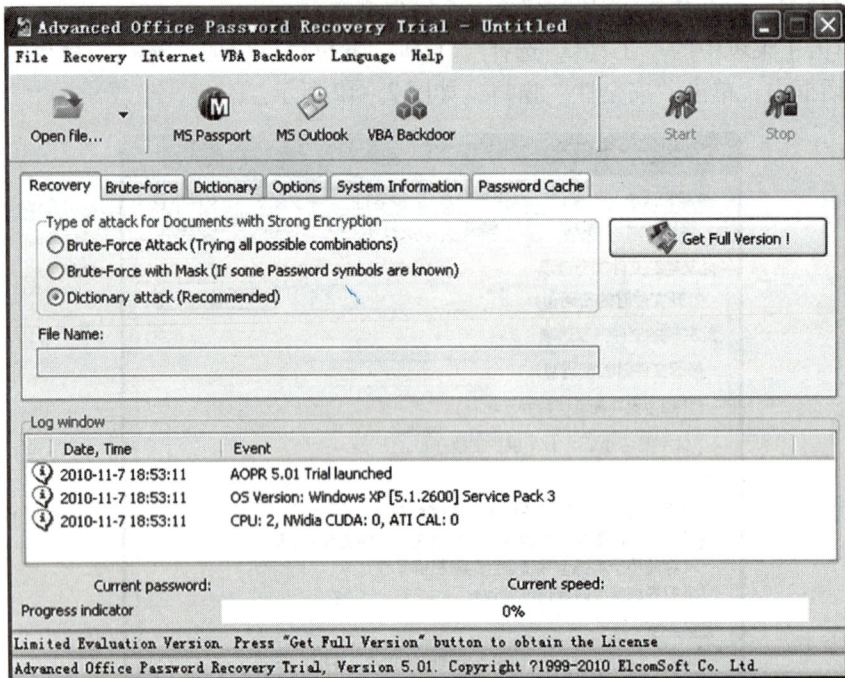

图 2-13 AORP 主窗口

（11）单击"开始攻击"按钮，弹出"密码成功找回"对话框。注意文件密码及找回的时间。

（12）单击 OK 按钮，再以相同方法找回 Dictionary. doc 文件的密码。

◇ 加密 Word 文档：单击"打开文件"选项，选择并打开 Dictionary. doc 文件（如果窗口建议选择合适的攻击种类，单击 OK 按钮）。

◇ 攻击种类：字典攻击。

（13）单击 Dictionary 窗口，注意 AORP 是使用软件默认的字典，而不是 Windows Word 的字典。

（14）单击"开始攻击"按钮，弹出"密码成功找回"对话框，注意文件密码及找回的时间。

（15）单击 OK 按钮关闭 AORP 软件。如果出现对话框询问是否保存项目，单击 No 按钮。

项目 2－3：使用 Windows Server 2003 中本地密码规则的长度设置

为了在网络环境中正常工作，需要用户名和密码。不幸的是，许多人对待密码验证都表现出不屑的态度，且不遵循基本的安全准则。他们同其他人分享密码，有时甚至将密码写下来。推行安全措施不易，对于大公司尤其如此。验证安全的另一问题是密码长度；短密码或者空白密码易于破解。鉴于这些原因，Windows Server 2003 建立了本地密码策略，用户可以指定密码的最小长度。

通过本项目可以掌握修改 Windows Server 2003 本地安全策略和改变"最小密码长度"密码策略。

（1）以管理员账户登录 Windows Server 2003 服务器。

（2）单击"开始"按钮，选择"开始"菜单中的"所有程序"命令，再选择"所有程序"下级菜单中的"管理工具"命令，在"管理工具"下级菜单中单击"本地安全策略"。

（3）显示"账户策略"窗口，单击"密码策略"。显示如图 2－14 的屏幕。

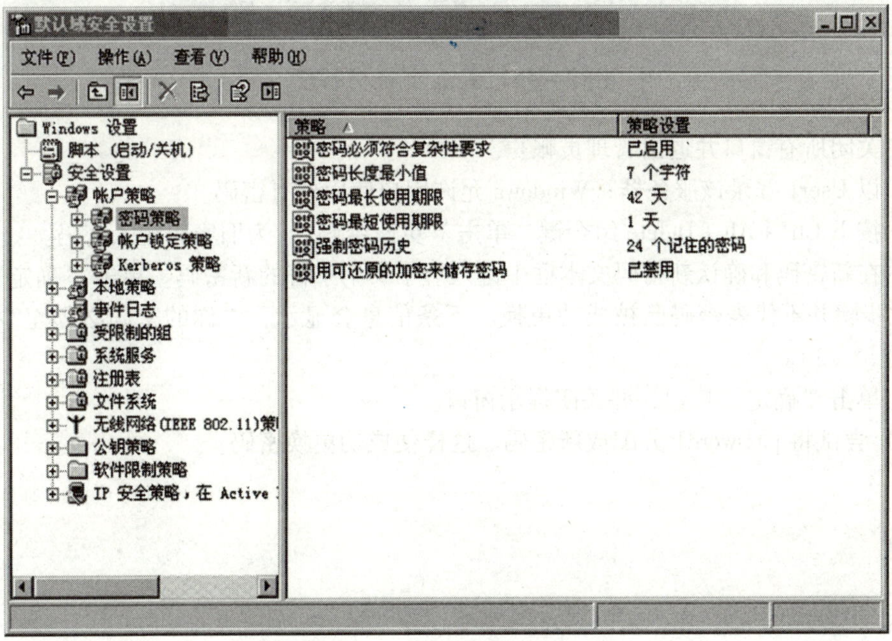

图 2－14　本地安全设置

（4）双击"密码长度最小值"，改变范围在 0－9 的字符值，如图 2－15，单击"确定"按钮。

> **注意**
>
> 用户账户的当前密码为"password"。这说明更改生效了。

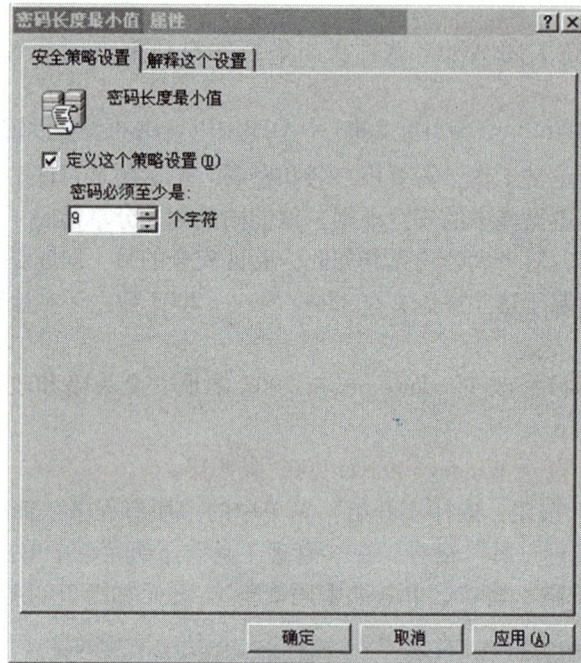

图 2-15　置最小密码长度

（5）关闭所有窗口并退出管理员帐户。

（6）以 User1 登录该服务器；Windows 允许用户使用现有密码。

（7）按下 Ctrl + Alt + Delete 组合键，单击"更改密码"。为旧密码键入密码。

（8）在新密码和确认新密码文本框中键入短于 9 个字符的新密码。单击"确定"按钮。操作完此步骤并不代表密码已被成功更换。下条信息会显示："你的密码必须至少长 9 个字符。

（9）单击"确定"按钮，并关闭提示窗口。

（10）尝试将 password1 分配成新密码。这样便成功更换密码。

第3章 安全基准

■ Chapter **3**

情境引入 ○○○

由于不确定攻击的爆发时间，信息安全系统是基于接受最坏结果与准备最佳方案的哲学而建立的。接受最坏结果就需要建立安全基准防御。只有这样在攻击之后才可以恢复元气。

预知攻击发生的时间对防御攻击非常有利。例如，当敌人接近城堡时，瞭望塔上的岗哨就会发现扬起的尘土，从而岗哨就会发出警报；当敌人越过护城河时，军队已经建立了防御。对于信息安全，事先预警功能可以反复检查网络，切断攻击者的网络通信。然而，迄今为止也不存在攻击的预警机制。

张瑞在国家计算机网络应急技术处理协调中心从事安全分析工作。该项工作主要负责计算机网络应急技术支撑和协调工作，目前主要开展计算机网络安全技术开发与资源建设，网络安全事件应急处置和网络安全国际交流等方面的业务，张瑞和其同事不断监测着互联网上20 000个端点的信息流动。在攻击者造成伤害之前，他们分析病毒、蠕虫或其他攻击的信息。

当监测到攻击（全球性的或是针对于某个客户）时，张瑞就会立即加强防御。某个系统会将张瑞描述攻击的文本形式转化为带有警告的语音信号，再发给相关客户安全人员，并发出一封含有详细攻击信息的定制网页链接的邮件。张瑞在必要时会远程控制客户的安全设备，并改变其安全设置，进而预防攻击。由于张瑞的客户都建立了安全基准，所有这些措施将在15分钟内启动。

"基准"这个词起源于书或报纸的手工排版时代。基准是对准每个印刷字符的想象线。现在的"安全基准"是指安全需求的最低限度。虽然人们希望有严密的安全措施，但安全基准建立了基本安全的起点。

本章内容结构 ○○○

本章内容结构如图3-0所示。

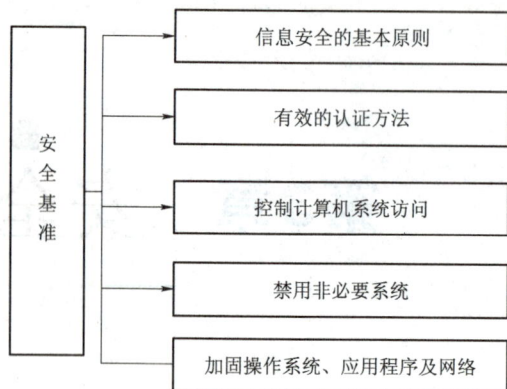

图 3-0　本章内容结构图

本章学习目标 ○○○

◎ 描述信息安全原则；

◎ 使用有效的认证方法；

◎ 控制计算机系统访问；

◎ 禁用非必要系统；

◎ 加固操作系统；

◎ 加固应用程序；

◎ 加固网络。

3.1　信息安全的原则

鉴于安全攻击的一些方式，破袭者可以利用互联网进行分布式服务拒绝攻击，间谍用社会工程攻击，雇员可以猜测其他用户的密码，黑客可以建立后门程序。众多攻击方式需要不同的防御措施。虽然很多方法可用于抵挡攻击，但是防御的原则主要有 5 个：多层、限制、差异性、模糊性、简单性。下面将具体讨论这些建立安全系统的基础原则。

3.1.1　多层原则

希望之星钻石有 45 克拉重，大约价值 2.5 亿美元。那么如何保护类似"希望之星"如此珍贵的钻石呢？它们不会在只有一个门卫的情况下被公开展示。相反，它们会被锁在防弹、防尘并防止外界接触的保险箱中。保险箱会放置在墙壁很厚且有敏感探测器的特殊房间里。监视器监视门锁的位置，并保存其录像。房间所在的建筑物被保安和围栏包围，总之，珍贵的钻石被重重安全措施保护。一旦有一层安全措施被攻破，如小偷进入了楼里，仍然还有很多层保护，而且一般是一层比一层更困难。多层安保方式具有建立多层保护的优势，共同防御各类攻击。

信息安全同样也需要多层保护。攻击者比较容易攻破一两层防护，如杀毒软件或防火墙。相反，安全系统必须设置多层，使得攻击者不能全部攻破。图 3－1 显示了联网计算机的基本防护层。如果攻击者利用社会工程进入建筑，那么门锁阻止其进入房间。网络政策可以确保进入网络的员工不会使计算机整夜联网，以避免攻击者进入。杀毒软件可以防止病毒和其他远程攻击。因此，多层安全系统提供了最全面的保护。

各层之间要相互协作以确保更加有效的安全保护。例如，希望之星的保安也要保护监视器正常运行。如果设计各层后不能使其良好地协作，则某层的功能增强可能会减弱其他层的功能（保安可能会在工作中关闭监视器）。在联网计算机中，如果杀毒软件升级需要计算机整夜联网，那么各层间就没有良好的协作——以削弱网络保护为代价来升级杀毒软件。

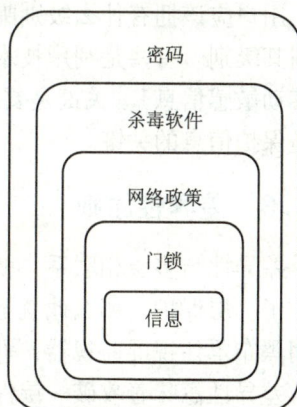

图 3－1　多层安全保护

3.1.2　限制原则

再次考虑保护珍贵的钻石这个实例。虽然可能公开展览钻石，但允许每个人接触钻石会增加其被盗的几率。只允许认可的人接触钻石，限制接触钻石的人会减少其威胁。

信息安全也是如此。限制接触信息的人员会减少其威胁。只有必须使用该信息的人员才能解除限制。在信息安全技术中，主动者（人员或计算机程序）要接触目标（计算机或服务器上的数据库），必须受到限制。而且，接触的程度也必须限制在他所需要的范围内。

例如，组织的人力资源数据库须限制在许可的人员中，如部门经理和副主席。计算机技术人员可能每天都要备份数据库，但他不能查看其中的内容，如副主席的工资，因为这与他的工作职责无关。经理要限制其只能查看本部门人员的工资，而且他只能查看而不能更改人员工资。然而，负责招聘员工、设定工资和执行提升的副主席就需要查看并且更改人员的工资信息。如图 3－2 所示，显示了工资数据库的限制级别。

副主席——员工信息的读和写权限

技工——不能访问数据库

经理——本部门员工信息的读权限

图 3－2　限制访问工资数据库

用户应该拥有什么级别呢？答案是保持其正常工作的最低级别。读者可以通过多种方法限制其级别。有些是利用技术（文件设置成只读，不能修改），另一些是程序（禁止员工随意移动敏感信息）。关键是要限制在最低级别。虽然这些方法可能使员工觉得不被信任，但这是保护信息的关键。

3.1.3　差异性原则

差异性与多层相联系。就如同需要分多层保护信息，各层一定要互不相同，如果攻击者攻破了一层保护，那么他就不可能用相同的方法攻破另一层了。例如，一个珠宝偷窃犯可能会用黑布罩住视屏监视器，那他就不能用相同的方法来处理动作监控器。

差异性意味着攻破一层保护不会破坏整个系统。多种方式都可以遵循差异性原则。可以用防火墙过滤一种通信，如所有的网内通信；而用另一种防火墙过滤其他通信，如网外通信。此外，利用不同供应商的防火墙还会增大差异性（虽然增加了网络管理员的工作量）。攻破防火墙 X 的攻击者可能很难攻破防火墙 Y，因为它们是不同的。

3.1.4　模糊性原则

假定小偷想要在保安换班时偷盗钻石。然而，小偷发现保安每晚的换班时间并不相同。周一 7:15 PM 换班，周二 6:50 PM 换班……，下周一 6:25 PM 换班。由于他们严格保密其换班时间，因此小偷无从得知。不掌握换班时间，小偷就不能制定准确的计划。由于不能确定换班时间，小偷就难以得逞。

这种技术叫做模糊安全。组织内部避免固定模式的模糊性原则使外界攻击很困难。

在信息安全中，利用模糊性原则保护系统安全是很有效的途径。公司不应该公布自己的安全计划，包括设备的供应商或是任何可能对攻击者有帮助的有害信息。例如，一些远程登录视窗显示"欢迎系统 A 运行软件 B"。这两条信息对熟悉系统 A 和软件 B 的供给者很有帮助。相反，删除系统软硬件设备的信息可能会防止脚本小子或其他攻击。

此外，还可以模糊用户密码。密码作废后，不能允许用户随意更改密码，例如，密码"SOCCER1"作废后，改为"SOCCER2"，依此类推。可以通过要求用户修改与之前不相关的密码来实现模糊性。

模糊性有时会被批评为缺乏安全性。模糊性本身并不安全，但它与其他措施结合可以有效迷惑攻击者。

3.1.5　简单性原则

由于攻击者背景各不相同，因此信息安全本身就很复杂。事情越复杂就越难以理解。如果保安不了解动作监控和红外线的关系，当监控器发现攻击者而其他仪器并没有显示时，他就会不知所措。此外，复杂系统会增加出错率。总之，复杂系统还可能对攻击者有利。

信息安全也是如此。复杂的安全系统是很难理解和检修的。例如，出现一系列复杂的错误信息、警告和提示时，网络管理员可能不会做出正确的反应。安全系统要尽可能简单以便于内部人员理解和使用。复杂安全计划经常会照顾新雇员，这也给攻击者提供了便利条件。

关键在于使安全系统对内简单，对外复杂。例如，网络可能会利用不同功能的防火墙把公共用户（如网页和电子邮件用户）与系统安全用户相隔离。了解整个系统及各个接口可保证组织内的系统安全。由于受到良好的培训，他们可以轻松有效地解决问题和调整设置。然而，被防火墙隔离的外界攻击者就会不了解服务器的设置，因此他们很难发动攻击。

3.2　有效的认证方法

信息安全依靠 3 大支柱：认证、访问控制和监督。下面将详细探讨这 3 大支柱。

只有被信任的用户才可以进入计算机系统。然而，当用户发出进入请求时，如何识别他的合法性呢？即如果有人自称是合法用户，那么如何证明其合法身份呢？这种确认的过程叫做认证。认证就是验证发出请求的用户是否被允许进入系统。

日常生活中，经常需要证明自己的身份。兑换支票需要合法的驾照，机场安检需要有照片的政府身份证，买车需要贷款证明。每次都要证明自己的身份。

认证大致可以分为 3 类：

（1）通过知道的信息认证。这类认证是通过只有认证人知道的信息来认证。例如，消费者希望通过电话进入抵押账号。由于任何人都可以打此电话，电话系统会要求用户提供只有该账号所有人知道的信息，如他母亲的生日或唯一的个人身份代码（PIN）。这种认证是基于仅有用户所知的信息。

（2）通过拥有的信息认证。这类认证与通过知道的信息认证相似。然而，信息不是存在大脑里，而是存在用户拥有的设备或类似的产品中。只有真正的用户拥有，并可以用以证明。门钥匙或驾照都是这类认证。

（3）通过身份认证。这类认证是基于用户唯一的特征，包括指纹或声音样本。由于不能轻易复制这种独有的特征，通过身份认证是最有效的方法。

下面会介绍每种认证的实例，包括用户名和密码、Kerberos 协议、挑战握手认证协议（基于通过知道的信息认证）、证书（基于通过所拥有的信息认证）和生物测定法（基于通过身份认证）。系统还可以综合使用多种认证方式，如双向认证和多方认证。

3.2.1　用户名和密码

最普通的认证方式就是为用户提供唯一的用户名和密码。然而，实际上这也是最不安全的认证方式。由于用户需要记住很多密码，所以一般密码都比较简短，如宠物的名字。密码猜测是进入系统的有效手段，因为熟悉的密码容易猜测。虽然可以要求用户每 30 天更换一次密码，并且密码不能与之前的重复，但这些措施也不是绝对安全的。网络中有很多软件可以在几小时甚至几分钟内获得密码。保护敏感信息就需要更安全的方法。

> **注意**
>
> 用户名与密码都需要严格保密。一旦攻击者获知用户名，那么他们就已经完成一半的工作了。

3.2.2　令牌

密码是基于通过所知的信息认证，而令牌是通过所拥有的信息认证。令牌是认证用户拥有某种权限的安全设备。最普遍的令牌就是带有磁条信用卡大小的塑料卡。令牌插入读卡机或通过扫描仪以确认其中的信息。然而，由于令牌可能丢失或被盗，大多数令牌系统都同时需要有 PIN 或密码。

一种新型令牌叫做邻近卡。邻近卡是嵌入了可发射低频率短波信号的金属片的塑料卡。只要用户在规定范围内（一般为 5~25 in），读卡机就可接到信号，并允许用户通过，而用户不用扫描或插卡。

3.2.3　生物测定法

生物测定法是利用人的唯一特征来认证，是通过身份认证的实例。可作为认证特征的有以下 6 种：

◇ 指纹；

◇ 面部；

◇ 手；

◇ 虹膜；

◇ 视网膜；

◇ 声音。

最普遍的生物测定仪器是指纹扫描仪，如图 3-3 所示。

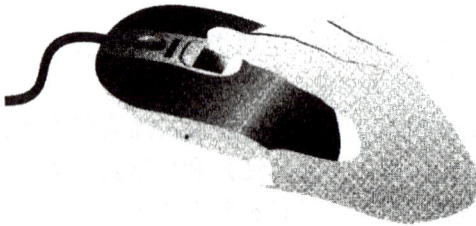

图 3-3　指纹扫描仪

生物测定法也存在缺点。一些高端仪器费用昂贵且使用困难，有时也会拒绝合法用户或接受非法用户。这些错误是由于很多面部和手的特征都要先通过扫描后检测，因此可能用塑料复制指纹或录制声音等手段通过扫描。生物测定法仍处在发展初期。很多行业专家认为目前还应使用密码及其他认证方式。

3.2.4　证书

密码术是基于加密及解密信息的算法。算法就是给密钥赋值用以加密或解密信息。虽然通过密钥加密传送信息是最佳方法，但密钥系统并不能保证收到信息的是被授权的人。为验证收信人，寄信人可以提供证书（有时叫做数字证书）。证书把某人与密钥紧密联系。数字认证通过独立的第三方机构的证书认证（CA）。用户请求 CA 的数字认证必须要提供个人信息，如姓名、住址、社会保险号、生日、驾照号、电子邮箱、工作电话和家庭电话。有时，CA 还要求用户亲自到办公室证明其身份。一旦完成认证，CA 就会颁发一个证书。

3.2.5 Kerberos 协议

Kerberos 是由麻省理工大学提出并用于认证网络用户的。以希腊神话中看护 Hades 的狗的名字命名，Kerberos 利用加密和认证保护安全。Windows Sever 2003，Apple Mac OS 和 Linux 都支持 Kerberos，并被高校和政府机关广泛使用。Kerberos 有以下特征：难以复制（由于加密）；具有特别的用户信息；限制用户行为；到期作废。

Kerberos 被认为是非常安全的认证系统。在 MIT 网站上 Windows 2003、Macintosh 和 Linux 系统都可以免费添加。

3.2.6 挑战握手认证协议

有人认为挑战握手认证协议（CHAP）对于使用密码进入系统会更加安全。CHAP 工作原理如下：

◇ 用户输入密码进入系统后，服务器发送挑战信息到用户计算机。
◇ 用户计算机接收信息，并利用特殊的算法建立对服务器的回应。
◇ 服务器用自己计算的结果与用户的相对比。如果一致，认证通过；否则，连接失败。

当用户连接计算机时，服务器还可以要求连接计算机发送新的挑战信息。由于 CHAP 确认算法经常变动，服务器认证又是随时发送的，因此 CHAP 比单纯用密码更安全。CHAP 的工作原理如图 3-4 所示。

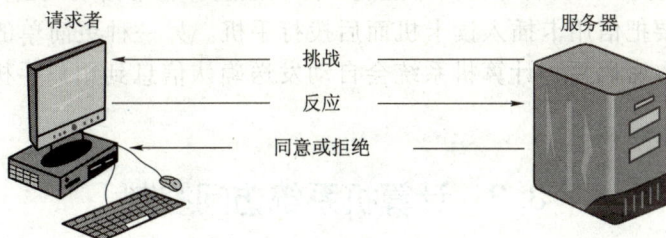

图 3-4 挑战握手认证协议

3.2.7 双向认证

双向认证可以用于确认识别攻击，如中间人攻击和再现式攻击。通过双向认证，服务器通过密码、令牌或其他手段认证用户。服务器也可同样被认证，即用户是连接到非冒充的服务器。双向认证提供了互相认证连接双方的工具。双向认证的工作原理如图 3-5 所示。

3.2.8 多方认证

前面列举的每种认证方式都具有一定安全性。如果同时运用多种认证方法，例如，要求用户既输入密码又提供令牌，那么肯定会增加安全性。同时应用两种或两种以上认证方式的认证，被称为多方认证。多方认证是一个普遍的认证方式。例如，在自动提款机（ATM）提款时，需要同时有信用卡和 PIN，由于具有两种认证方式，就防止了盗取信息卡的人提款。

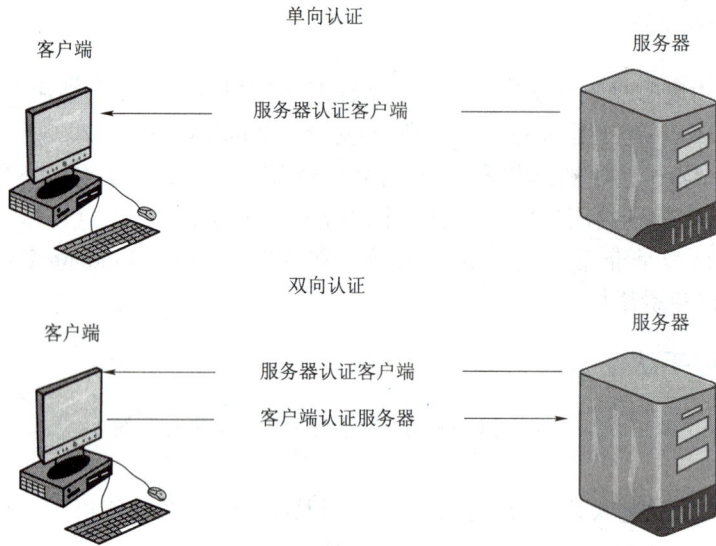

图 3-5　双向认证

多方认证有效防止了利用手机随意购物的行为。欧洲人已经可以用手机从自动购物机中购买软饮和零食。用户只需拨个号码并在购物机上输入密码就可以购物了。购物款从用户账号或手机账单中划拨。然而，零售商希望能多方认证这种经常错放或丢失手机的状况。一种情况就是用户要把信用卡插入读卡机而后拨打手机。另一种更简单的情况就是用户拨打零售商电话输入密码后，计算机系统会自动发送确认信息到用户手机上，输入 PIN 后进行购买。

3.3　计算机系统访问控制

利用认证确认用户身份后，下一步就是限制用户仅接触其工作所必需的信息。这就是"访问控制"。访问控制包括限制用户接触自身及其所在团体权限的信息。与前面相比，访问控制更多的是限制用户可接触的信息。可以利用操作系统工具来控制用户接触网络资源，如服务器、文件夹、文件及打印机等。

当操作系统限制用户访问时，大多数操作系统会将此信息存放在访问控制列表（ACL）中。ACL 是操作系统中存放用户可以接触文件夹或文件权利的列表。每个用户对 ACL 的访问权限也不相同。最普通的权限就是读文件、写文件或执行程序。在 Microsoft Windows 中，ACL 有一个或多个含有资源名的访问控制入口（ACEs）。表 3-1 列出了 ACL。

表 3-1　访问控制列表（ACL）

项　　目	文件 A	文件 B	文件 C	文件 D
Liming	读、写	读、写		读、写
Cwang	读			
Administrator	读、写、执行	读、写、执行	读、写、执行	读、写、执行

Microsoft Windows、Novell NetWare 和 UNIX 操作系统都使用 ACL 列表，而每个操作系统的安装都各不相同。

用户可能会根据自己的身份或所在团体的身份赋予权限。赋予团体权限是建立访问控制和减少错误授权的有效方式。用户接受基于团体的授权被称为继承权。

授予用户或团体的权利列表可能很具体。以下是 Windows 2003 基本文件夹和文件的权限：

◇ 完全控制。可以读、写、加入、删除、执行和更变文件及改变权限。

◇ 修改权。可以读、写、加入、删除、执行和更变文件，但不能删除二级文件及其文件内容和改变权限。

◇ 读。可以阅读文件内容，但不能执行文件。

◇ 文件夹列表。可以查看文件列表，改变二级文件存放位置，执行文件，但不能查看文件内容。

◇ 读与执行。拥有文件列表与读的权利。

◇ 写。可以建立文件和文件夹及删除文件。

虽然这些权限不能足以满足用户的需求，但 Windows 2003 提供了很多详细的权限。以下就是 Windows Sever 2003 特殊的文件夹和文件权限：

◇ 完全控制。可以读、写、加入、删除、执行和更变文件及改变权限。

◇ 移动文件夹/执行文件。可以从一个文件夹中移动其他文件夹并执行文件的相关命令。

◇ 文件夹列表/读数据。可以查看文件内容和显示文件夹列表。

◇ 读属性。可以显示文件和文件夹的属性和设置。

◇ 读扩展属性。可以显示指定给文件夹或文件的特别属性。

◇ 建立文件/写数据。在新文件中写数据和在文件夹中添加文件，但不可以查看原有文件。

◇ 建立文件夹/添加数据。可以建立新文件夹和向已有文件添加数据。

◇ 写属性。可以修改文件或文件夹的属性。

◇ 写扩展属性。可以建立指定给文件夹或文件的特别属性。

◇ 删除二级文件夹和文件。可以删除文件夹及其中的文件。

◇ 删除。可以删除文件。

◇ 读权限。可以显示文件或文件夹的权限。

◇ 修改权限。可以修改文件或文件夹的权限。

◇ 所有权。可以拥有文件所有权。

要决定用户的权限，可以利用以下 3 种方式：强制访问控制、基于角色访问控制和自主访问控制。

3.3.1　强制访问控制

将最具限制性的模式称为强制访问控制（MAC）。在这种模式中，不允许用户给予任何其他用户使用其资源的权利。相反，集中所有控制，在资源层面上毫无灵活性。MAC 一般用于军事环境中的"绝密"和"最高绝密"信息。

3.3.2　基于角色访问控制

处理用户或团体用户权限的任务经常是很费时的。首先，他们要先设置，而后随其工作的变动而不断更改，所以可以对职务授权，再对用户授予职务。用户和资源就继承了所有该职务的权限。这种模式称为基于角色访问控制（RBAC）。例如，不是建立账号并授权于该账号，而是建立一个职务，如业务经理，然后授权于该职务。再把用户，如 Lysa. Berkley 安排到该职务上。

图 3－6 显示了不同工作类别的职务建立。将用户安排到各个职位中。RBAC 的灵活性使基于职位的权限设立更加容易。

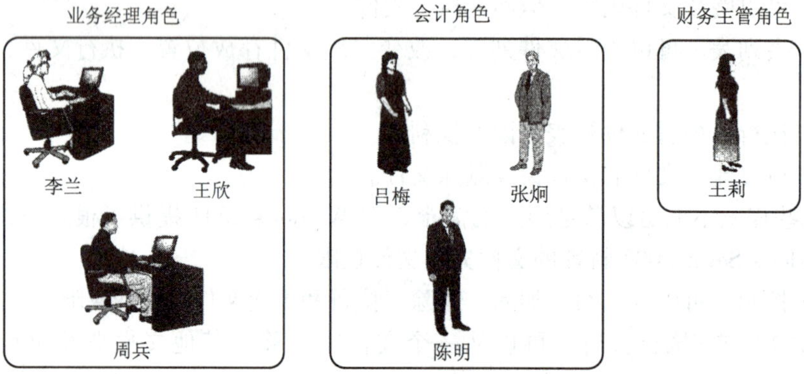

图 3－6　基于角色访问控制

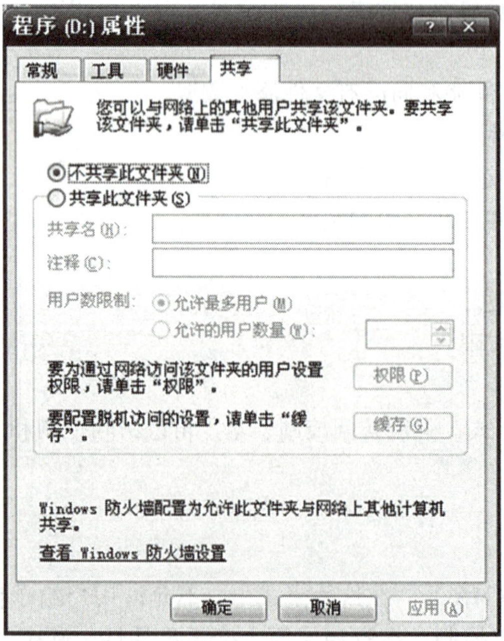

图 3－7　Windows 自主访问控制

> **注意**
>
> 用户可以在 RBAC 中拥有多个职位。例如，在图 3－6 中，李兰可以被任命为业务经理和会计的职位。

3.3.3　自主访问控制

限制性最弱的模式就是自主访问控制（DAC）。在设置上，用户可以允许其他用户接触资源。虽然这样可以给予用户一定的灵活性，但 DAC 可能产生错误的给予权限。

DAC 适用于大多数使用个人计算机的用户。在 Windows 计算机中，用户可以选择共享的文件或文件夹，并设置权限，如图 3－7 所示。在 UNIX/Linux 环境下，资源允许使用特殊程序。

3.4 禁用非必要系统

建立计算机防御攻击的第一个逻辑步骤就是关闭所有不必要的系统。就如同银行金库只有一个安全门，而没有后门、窗户和服务入口；如果只有一个门，就容易限制进入。对于安全信息，禁用不必要系统就限制了攻击者的入口。

由于个人计算机的出现，程序都是在操作系统的背景下编写的。因此屏幕上不需要总显示后台程序，也不需要类似前台程序的用户输入命令。相反，后台程序在计算机随机访问存储器（RAM）中等待，直到用户输入热键，启动程序。这些显示计算器、记录本或地址本的小程序，叫做终止和常驻内存（TSR）程序。由于用户每次只需要按热键启动该程序，因此 TSR 程序很受欢迎。

操作系统也是使用后台运行的程序。然而，用户不能直接接触它们，后台程序会为操作系统执行类似管理网络链接的任务。在 Microsoft Windows 中，后台程序，如 svchost.exe，被称为进程。后台程序通过服务名称，如 AppMgmt，向操作系统提供服务。用户可以查看服务的显示名称，有详细的描述，如应用管理。如图 3-8 所示，"应用管理"显示在服务器窗口。如图 3-9 所示，进程 svchost.exe 显示在任务管理器窗口。注意进程 svchost.exe 为本地计算机、网络和整个系统提供了多项服务。

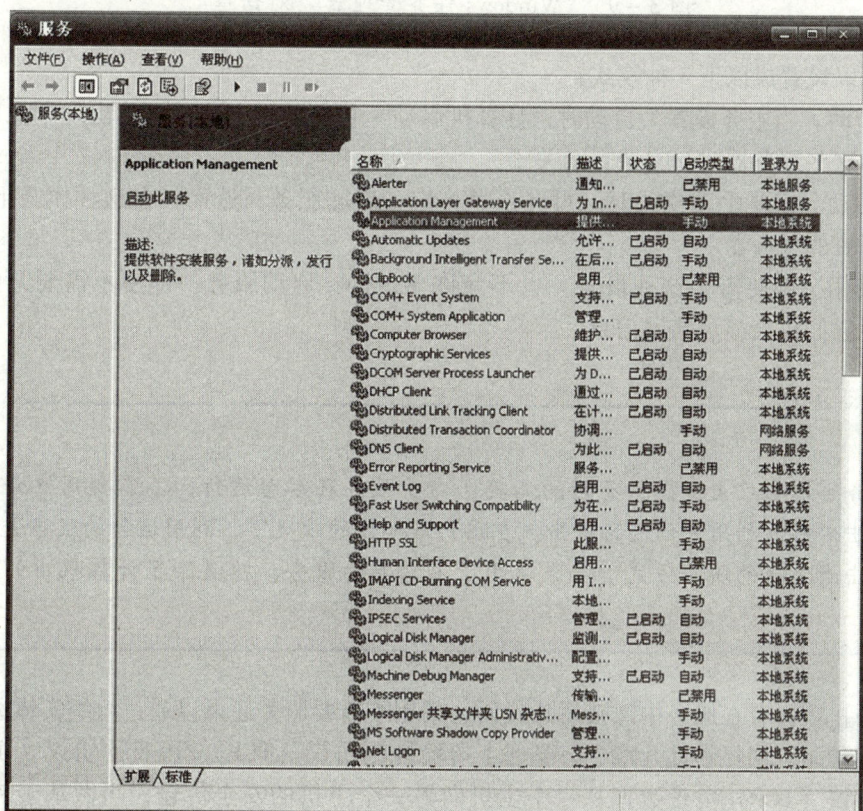

图 3-8 服务显示名称

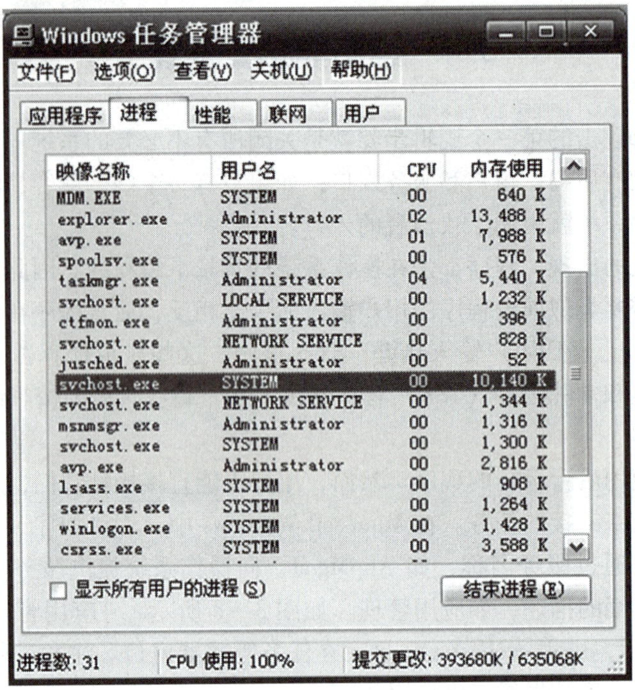

图3-9 "Windows任务管理器"对话框

服务可以设置成以下3种模式：

（1）自动。当服务设置为自动时，计算机启动，它便随之启动。也曾出现罕见的现象，如当不需要这些服务器时，它会自动关闭。

（2）手动。需要手动模式时，可允许Windows启动服务。然而，在这种模式下，不能合理启动所有的服务器。

（3）禁用。即使需要这种设置，也不允许Windows启动服务。即使不需要某些服务，在不启动时它们也会显示错误信息。

说明

服务可以为攻击者提供有用的工具。由于服务在后台运行，不需要用户介入其中，攻击者可以利用它们进行攻击。在用户不知情的状况下，利用运行的服务进行攻击是攻击者理想的攻击方式。如果禁用了不需要的服务，就消除了计算机中的一个漏洞。

除了防止攻击者在服务中连接恶意代码，禁用不需要服务还可以通过组织实体进入系统来消除其他漏洞。回忆在前几章中，学习了传输控制协议（TCP）/因特网协议（IP）中的传输控制协议（TCP）负责数据从一个主机向另一个主机的安全传输，叫做基于传播的协议。用户数据报协议（UDP）提供了无连接的TCP/IP传输。TCP和UDP是基于端口号的。正如IP地址是指网络中主机的地址，端口号表示接受计算机连接的程序或服务。同时前几章中提及了大部分程序都与一个著名的端口号有关。表 3 – 2 列出了一些著名的 TCP 端口号及其相关的服务。

表 3 – 2　著名端口号

TCP 端口号	服　　务	TCP 端口号	服　　务
21	FTP	25	电子邮件
22	安全壳（SSH）	80	HTTP
23	远程登录	443	HTTPS

IP 地址和端口号的结合被称为套接字，用冒号将 IP 地址和端口号相隔离，如 198.146.118.20：80。由于很多服务都是基于端口号通信的，禁用不需要的服务就关闭了这些端口，并减少了进入系统的入口数量。图 3 – 10 显示了系统中 TCP 和 UDP 使用的端口。

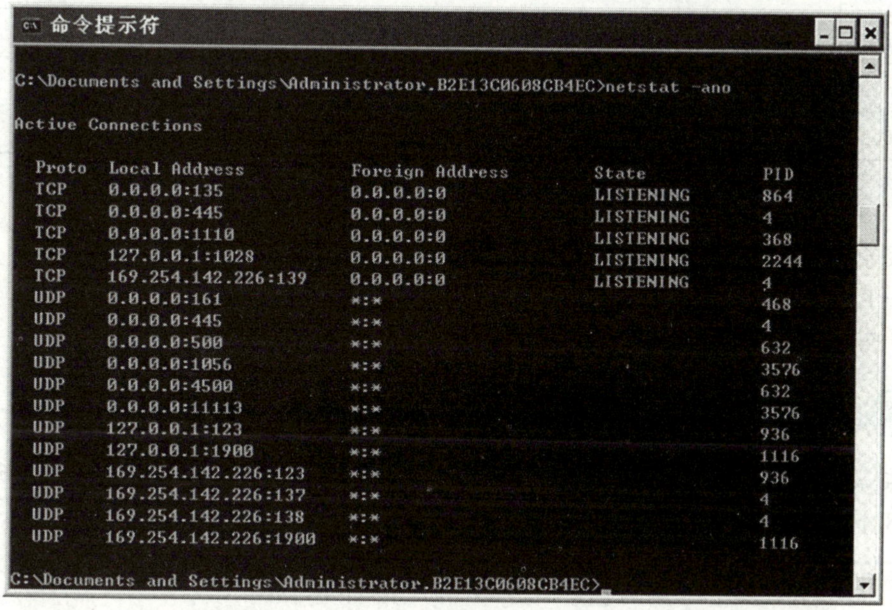

图 3 – 10　TCP 和 UDP 端口

表 3 – 3 列举了 Windows XP 服务以及家庭和工作计算机的推荐设置。将这些设置和其他计算机设置进行比较，如表 3 – 3 所示。如果使用即插即用的智能卡，就禁用 SCardDRV 服务。然而，如果计算机使用的是不支持即插即用的智能卡，就需将 SCardDRV 服务设置为自动或手动。

表 3 – 3　Windows XP 服务及推荐设置

服务名称	进程名称	描　　述	默认模式	推荐模式	
				工作	家庭
Alerter	service. exe	注意选择用户和计算机管理警告	手动	手动	禁用
Wuauserv	svchost. exe	允许下载和安装关键 Windows 升级	自动	自动	自动

续表

服务名称	进程名称	描　　述	默认模式	推荐模式	
				工作	家庭
BITS	svchost. exe	利用空宽带传输数据	自动	手动	手动
ClipSrv	clipsrv. exe	允许 ClipBook Viewer 存储信息和与远程计算机共享	手动	禁用	禁用
MSDTC	msdtc. exe	跨资源管理器，如数据库、信息对文件系统间的协调传输	手动	手动	禁用
DNSCache	svchost. exe	缓存域名系统（DNS）为计算机命名	自动	禁用	禁用
ERSvc	svchost. exe	显示应用程序出错的报告或系统崩溃的对话框	自动	禁用	禁用
Netman	svchost. exe	控制网络及拨号上网能力	手动	自动	自动
Spooler	spoolev. exe	将打印文件载入内存	手动	自动	自动
SCardDRV	SCarddrv. exe	支持与不支持即插即用功能的智能卡	手动	禁用	禁用

确定不重要的服务是一件非常困难的事情，原因为如下几方面：

◇ 服务的名称和其显示的名称不总是相同。

◇ 一个进程可以提供多个服务。

◇ 一些不启动的服务会发出错误警告。

注意

在 Windows XP 的 89 个服务中，有 36 个不能设置成自动。然而，有些用户认为其中 8 个是必要的。

3.5　加固操作系统

在禁用非必要系统之后，下一步就是建立安全基准，并尽量确保安全。这种减少漏洞的过程叫做加固。设计和升级加固系统是为了保护系统免受攻击。其实加固可被应用于很多方面，如操作系统、应用程序和网络。

不仅可以加固本地操作系统，还可加固管理和控制网络的网络操作系统（NOS），如 Windows Server 2003 或 Windows XP。加固有两项基本任务：第一是保证操作系统应用最新的升级（回忆在第 1 章中，学习了如何安装和管理 Windows Update），第二是限制访问存储在计算机和网络中的文件。

3.5.1　应用更新

操作系统是动态的。随着用户的改变、新硬盘的安装和日益出现的复杂攻击，操作系统的升级必须遵循一定规则。供应商每 2～4 年就发行新版的操作系统。

在此期间应怎样保持系统升级呢？答案是供应商提供的各种升级产品。供应商会给出不同的升级产品，如表 3-4 所列。

表 3-4 软件升级

软件升级	描　述
安全补丁	针对某种产品漏洞广泛发出的补丁程序
重要升级	针对某种产品重要的但与安全无关的程序缺陷发出的升级程序
升级	针对某种产品非重要的但与安全无关的程序缺陷发出的升级程序
修补程序	只针对用户的问题发出包含一个或多个文件的程序包
升级包	安全补丁、重要升级、升级和修补程序的组合程序包
服务包	由之前产品没有解决的很多问题而产生的修补程序、安全补丁、重要升级、升级的组合包，以及用户要求的改变和功能的组合
整合服务包	每个服务包为一个单元的产品版本
功能包	增加功能而不涉及安全问题的产品版本（通常包含在产品的下一版本中）
版本	包含所有之前的升级及功能的新版软件发行

在各种升级软件中，最普遍使用的有 3 种升级软件。服务包是指由之前产品没有解决的很多问题而产生的修补程序、安全补丁、重要升级、升级的组合包，以及用户要求的改变和功能的组合。在安装完现有版本的操作系统后，下一步就需要安装服务包。有些软件根据其发行时间的长短，可拥有多个服务包。需要顺序安装这些服务包，即先安装服务包1，然后服务包2，依此类推。

第二个普通升级叫做修补程序。修补程序不只涉及安全问题。相反，它是针对某一特定软件问题，如不能正常运行。修补程序通常不只针对个别用户。在安装完所有服务包后，还需要安装一些修补程序。

第三个普通升级叫做补丁，它是修复安全漏洞或其他问题的程序。补丁会由供应商或其他团体决定是否定期和不定期发布。在自己的计算机上可以安装补丁程序。回忆在第 1 章中，Microsoft Windows 具有自动升级的网页并下载补丁。用户对升级和服务包有 3 种选择：自动下载（但要有用户允许才可以安装）；或在特定时间自动下载和安装升级。而用户应该选择第 3 种——自动下载和安装升级。如果不选择这种方式，由于用户不了解升级，可能会拒绝下载和安装。

为了查看 Windows 计算机补丁的安装情况，打开添加或删除程序，显示含有补丁的程序列表，或登录 Windows 升级网站，显示安装记录，如图 3-11 所示。然而，Windows 升级网站只对每个补丁有简单的描述，而没有详细的说明。其他软件工具或许会提供关于补丁安装与否的详细信息。

升级的另一种工具，叫做补丁管理。补丁管理工具试图确认需要升级、安装和检测升级的系统和新的漏洞。优秀的补丁管理系统有以下特征：

◇ 用户设计升级某些计算机的补丁。

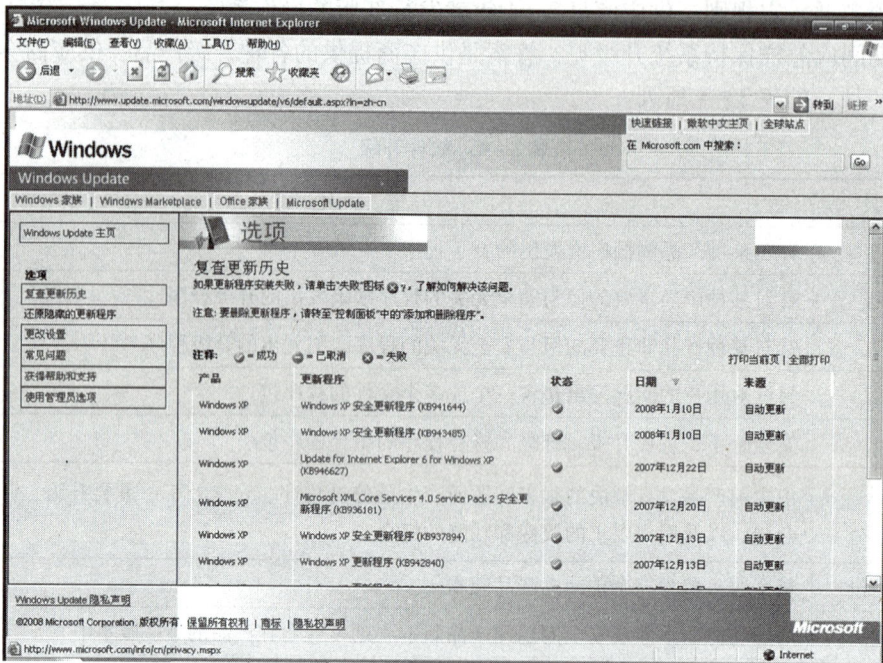

图 3 –11　Windows Update 安装历史

◇ 补丁安装后自动重启计算机。

◇ 含有校验下载和安装补丁的报告系统。

◇ 使用连接补丁管理系统的第三方管理和补丁工具。

◇ 从互联网下载补丁到本地补丁服务，再把补丁分配到不联网的计算机中。

◇ 需要时可以把补丁复制到 U 盘中，再手动安装。

3.5.2　文件系统安全

另一个加固操作系统的方式就是通过限制用户访问以确保文件系统安全。回忆在本章中，通过赋予用户对文件或文件夹访问权限的访问控制列表（ACL）以加强操作系统访问控制。此列表含有每个用户及其访问权限。

总体上，用户拥有访问文件夹及其中文件的权限。当使用新技术文件系统（NTFS）时，Microsoft Windows 允许设置访问文件夹的权限；而 FAT32 文件系统不支持文件夹权限。表 3 –5 列出了文件的一般权限及用户允许的操作。

表 3 –5　普通 Windows 用户权限

文件夹权限	用户权利
读	查看文件夹中的文件和子文件夹及其所有权和权限
写	建立新文件和文件夹中的二级文件夹，改变文件属性，查看文件夹的所有权和权限
文件夹列表	查看文件夹中文件和子文件夹名称
读和执行	在不同文件夹间移动，接触其他文件及文件夹（即使用户没有这些文件夹的授权）

续表

文件夹权限	用户权利
修改	删除文件夹或修改文件夹名称
完全控制	修改权限，拥有所有权和删除子文件及文件

将用户限制在他必须接触的文件和文件夹上，避免自主访问控制（DAC），而使用基于角色的访问控制（RBAC）以分配用户权限。

Microsoft Windows 提供了一种定义安全的集中方式，叫做 Microsoft 管理控制台（MMC）。在 MMC 中可以添加一种被称为"管理单元"的组件。管理单元可以从微软或第 3 方供应商获得，并向操作系统添加功能。

其中一种有用的管理单元叫做安全模板管理单元。安全模板没有新的安全参数，但它可把现有的安全属性相集中。安全管理器就可以集中查看和调整安全设置。以下是一些普遍的 Windows 安全模板：

◇ Rootsec. inf 在 Windows XP 原始安装的硬盘驱动上应用默认设置。Rootsec. inf 不会影响已改变的设置。

◇ Compatws. inf 是一个兼容模板，也叫基本模板。它为本地用户设置权限。

◇ Securews. inf 删除 Power Users 组的所有成员，但不修改 ACL。

◇ Hisecw. inf 是要求加密所有用户通信的安全模板。然而，不应使用该模板联系网络服务。

应用安全模板组织安全设置后，就可以将其应用到一组计算机中，如组策略对象。组策略定义了网络系统管理员需要管理的用户桌面环境的一些组件，如用户可以使用的程序、用户桌面程序或开始菜单的选项。网络系统管理员对本地组策略设置的改变不能影响所有用户的整体设置，如基于域的设置。

Windows 在数据库中存储计算机软硬件的设置被称为注册。注册中的值为密钥。不仅可以通过设置本地注册密钥来调整安全模板中的注册单元，还可以通过编辑注册表的软件来设置本地注册密钥，如 Regedt32。

3.6　加固应用程序

与加固操作系统类似，必须要加固运行在系统上的应用程序。虽然发布频率和操作系统不同，但大多数应用程序都有修复程序、服务包和补丁。回忆前几章中，使用 Microsoft 基本安全分析软件（MBSA）分析计算机系统中的安全设置。MBSA 的一种测试就是检测应用程序是否升级。图 3 - 12 显示了 MBSA 扫描应用程序是否升级的结果。可以单击相应的链接下载升级的应用程序。加固应用程序不仅要安装补丁，还必须加固应用程序运行的服务，以确保数据库的安全。

3.6.1　加固服务

加固服务可以防止攻击者通过软件进入系统。最普通的服务是网页服务，它为全世界用户传递文本、图片、动画、声音和影像。因此世界范围的网页服务访问给攻击者提供了一个

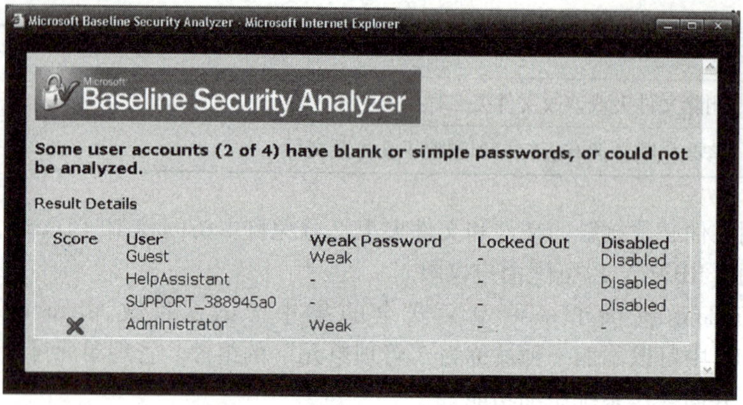

图 3 - 12　升级的应用程序

最具吸引力的目标。攻击者经常通过网络服务发布含有自己编译内容的电子信息，以丑化网络服务。同时支持电子商务的网络服务经常遭受攻击，以获得信用卡号和用户信息。

注意

两大最著名的网络服务为 Microsoft 的因特网信息服务（IIS）和基于 Apache 软件的 Apache HTTP 服务。

以下是加固网络服务的步骤：

◇ 利用 ACLs 限制上网者浏览网页内容和运行应用程序的权限，以及拒绝提供修改服务的权限。推荐网页服务 ACLs，如表 3 - 6 所列。

◇ 安装补丁和服务包以定期升级服务。

◇ 订阅关于安全组织发布最新漏洞的信息，定期登录攻击者网站，以熟悉网页服务漏洞。

◇ 删除包含网页服务安全参考的样本文件，这些内容都可能含有安全漏洞。

◇ 网页服务要与内部网络隔离。

◇ 日志文件会记录网页服务的行为，并定期查看该文件。

◇ 删除普通网关接口（CGI）。

◇ 如果服务发送或接收敏感信息，要进行加密传输。

表 3 - 6　网页服务文件 ACLs

网络服务文件种类	网页用户的 ACL	管理者的 ACL
文本文件（.html, .gif, .jpg, .txt）	只读	完全控制
脚本文件（.asp）	执行	完全控制
普通网关借口（.exe, .dll, .cmd）	执行	完全控制

除了网页服务，最著名的互联网服务就是邮件服务，该服务用来发送和接收电子信息。

虽然早期的邮件服务由于其存在安全漏洞而臭名昭著，但目前已大有改善。邮件服务安全的第一步就是删除除了电子邮件之外的所有应用程序，这样邮件服务仅处理电子邮件。因而减少了攻击者的接入口数量。

另一个邮件服务的安全漏洞就是垃圾广告。在普通设置下，邮件服务的服务组织或用户，通过邮件服务可发送或接收电子邮件，如图3－13所示。

图3－13 普通邮件服务功能

在打开邮件回复中，邮件服务处理不是由本地用户发送的邮件，它是用来回复外部来源的邮件。因此，邮件服务就变成无关第三方。垃圾邮件利用打开邮件回复，向无关邮件服务的邮箱发送垃圾邮件，而不向自己的邮箱发送。图3－14解释了打开邮件回复的过程。

> **注意**
>
> 在产生垃圾邮件之前，第三方邮件回复是向广大用户发送信息的重要互联网工具。

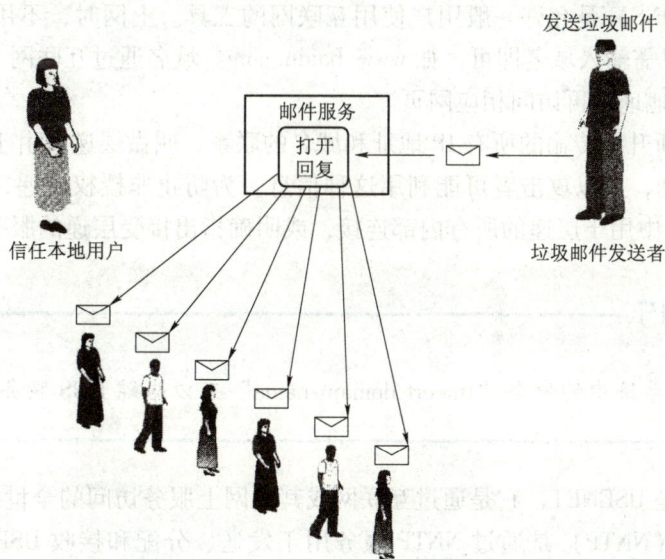

图3－14 打开邮件回复

通过合理设置邮件服务可防止打开邮件回复。只允许授权用户发送来自外面的邮件。不仅可以在网页服务对话框中进行设置或规定发送邮件用户的 IP 地址，还可以规定允许通过邮件服务发送邮件的用户。

另一种互联网服务是文件传输协议（FTP）服务，用以通过互联网存储和访问文件。FTP 服务通过类似于图 3 – 15 的窗口接受匿名用户登录。

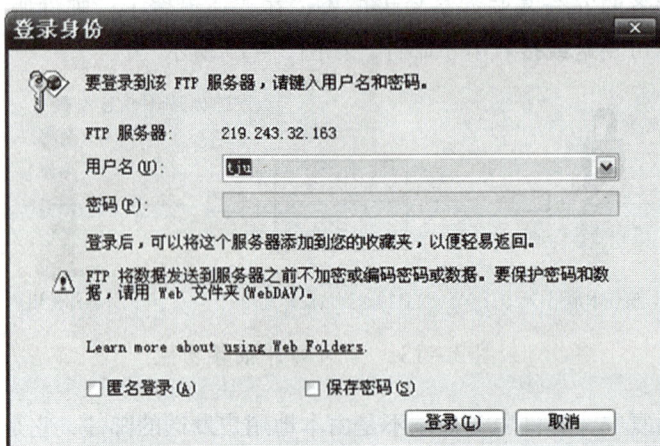

图 3 – 15　FTP 匿名登录

通过以下任务可以加固 FTP 服务：

◇ 确保在不需要时关闭匿名登录。

◇ 限制用户登录的 IP 地址。

◇ 需要允许下载的 FTP 服务 ACL 要设置只读。

◇ 限制登录人数。

域名服务（DNS）是允许一般用户使用互联网的工具。上网时，不用输入 IP 地址，如 202.108.22.5，只需输入域名即可，如 www. baidu. com。域名通过互联网 DNS 服务传输，然后把域名译为 IP 地址，再访问相应网页。

DNS 服务不断升级传输的所有 IP 地址和域名的联系，叫做层递。由于 IP 地址和其他信息对攻击很有帮助，所以攻击者可能利用这种信息。为防止非授权层递，可以加固 DNS 服务在 TCP 端口 23 中用于层递的所有内部连接，或明确指出接受层递的服务。

小技巧

利用操作系统中的命令 "tracert domain-name" 可以跟踪 DNS 服务的网页服务。

另一种服务是 USENET，它是通过互联网或其他网上服务访问的全世界范围的论坛。网络新闻传输协议（NNTP）是通过 NNTP 服务用于发送、分配和接收 USENET 信息的协议。相比于电子邮件协议指定站点发送信息以及 HTTP 应读者要求传递信息，NNTP 具有向不同站点发布不同信息的功能。

NNTP 服务至少知道一个相邻 NNTP 服务，从而彼此间交换信息。有时这种安排限制在一定新闻媒体中。双向传递新闻信息后，服务会比较新闻信息，查看是否有新信息给予对方。攻击者可以侵入 NNTP 服务，向所有读者发送恶意信息。加固 NNTP 服务需要合理设置 ACL，并定期升级系统。

允许用户把文件存储在集中服务器或共享打印机的局域网服务中，被称为打印/文件服务。攻击者通过访问其存储的文件以攻击打印/文件服务。以下工作内容可以加固打印/文件服务：

◇ 只允许指定用户访问打印/文件服务。
◇ 允许用户暂停或取消打印，但不能取消他人的行为。
◇ 对用户拥有的文件和文件夹，而不是所有文件和文件夹给予权限。
◇ 对用户存储在公共文件夹中的内容赋予读权限。
◇ 组文件夹的用户赋予读和写的权限。

DHCP 服务利用动态主机配置协议（DHCP）分配 IP 地址。DHCP 服务给用户分配 IP 地址。虽然这种现象十分罕见，但 DHCP 服务中仍然存在安全漏洞。如果攻击者攻击成功，他们就可获得完全控制系统的最高优先权。

DHCP 服务可以应用适当服务补丁进行保护。不需要 DHCP 服务时，应将其禁用。

3.6.2 加固数据库

数据库是存储电子信息的容器。大多数组织访问两种数据库：目录服务和公司数据库。目录服务是在网络中存储所有有关用户和网络设备及其权限信息的数据库。系统管理员可以把用户分组，叫做域，然后再向域授权。正如加固服务是必要的，加固含有系统和公司信息的数据库也非常重要。

Windows 的目录服务叫做主动目录。主动目录的块叫做域。每个域至少有一个 Windows 服务。主动目录存储在安全账户管理（SAM）数据库中。此数据库至少存储在一个 Windows 2003 Server 域中。指定域控制器（PDC）是存储 SAM 数据库服务的名称。域可以有多个备份域控制器（BDCs）。

由于数据库存储所有网络密钥，因此加固数据库就非常重要，需要缜密规划，并利用 ACL 确保给予适当权限。

另一类就是公司数据库。公司数据库存有所有客户的联系方式、库存资料、订单和组织的财务记录。数据库的攻击形式主要有以下几种：

◇ 利用缓冲溢出的数据库管理系统攻击，如 Microsoft SQL Server 或 Oracle。
◇ 发送恶意 SQL 查询请求，获得对数据存储格式的攻击。
◇ 针对数据本身的攻击。

一种普通的数据库攻击叫做 SQL 注射。网页数据库可以通过某种格式接收用户输入。攻击者就通过掌握其输入格式，发出非法数据库请求。加固数据库以防止 SQL 注射攻击及其他攻击时需要限制访问数据库的权限。此外，大多数数据具有不同权限，如使用完整数据库权限以及只可使用其中的部分或表格中的一列。数据库管理员就可以通过权限控制用户行为。管理员还应规定只有计算机中存储数据库的用户，即本地主机，可以访问数据库，而不是网络中的任何用户都可以访问。总之，数据库中的一种加密数据的产品使用户不能随便删除或使用数据库。

3.7　加固网络

随着网络的迅速普及，大多数计算机都与局域网或互联网相连。然而，网络却是攻击者最理想的目标。如果攻击网络成功，攻击者就可以访问成千上万台计算机。网络管理员所面临的挑战就是在保证用户灵活使用的同时，确保网络安全。

与加固操作系统相似，加固网络也需要两个步骤：首先是升级，其次是合理设置。下面分别介绍这两部分内容。

3.7.1　固件更新

典型台式计算机有两种内存。RAM 含有操作系统、应用程序及硬盘、键盘和其他设备输入的一部分。RAM 的一个主要特点就是不稳定，断电会使 RAM 失去所有数据。第二种就是只读内存（ROM）。ROM 和 RAM 有两点不同：第一，ROM 的内容是固定的，即用户不能像使用键盘进入 RAM 的方式一样进入 ROM 的存储内容。第二，ROM 是稳定的。断电不会使数据丢失。ROM 的稳定性是由于它连接在固定电源上，如电池。

> **注意**
>
> 在台式计算机中，输入/输出系统（BIOS）存储在 ROM 上。BIOS 是操作系统的一部分，它给硬件、操作系统、应用程序和硬盘、打印机及音响等外围设备之间的通信提供了便利条件。

虽然 ROM 的内容是固定的，但是这种稳定的内存是可以改变的，也需要防止恶意代码攻击。与操作系统补丁相似，也需要定期升级固件以保证系统安全。

3.7.2　网络配置

与升级网络固件相似，还需要合理设置网络设备以防御攻击。主要方法就是在数据到达网络时进行过滤。过滤与网络的守门人相似，即满足一定要求的数据可以通过，否则就不能通过（叫做放弃）。

以下几种类型的信息可作为过滤标准：

◇ 发送者或接收者的 IP 地址；
◇ 发送者的域名；
◇ 协议（如 TCP、UDP 和 IP）；
◇ 端口；
◇ 字或段。

有时将网络设备接收或拒绝数据包的规则叫做规则库或访问控制列表（ACL），不要与前面讨论的关于文件系统安全的 ACL 相混淆。由于可以利用多个规则接收或拒绝网络设备，例如，拒绝从特定网点发出的信息或企图访问特定 TCP 端口的信息，因此 ACL 成了规则列表而不是单一的规则。在进入网络之前，每个数据包都需要与一套规则相比较，所以需要限制规则的数量。大多数安全专家建议规则的最大数量应该在 40 左右。

数据包到达后，需要依次与每个规则相比较，即数据包先和规则 1 比较，如果通过，再比较规则 2，依此类推。最重要的规则应排在第一位，最后一个规则基本上应涵盖之前没有检测的恶意代码。这种顺序比较叫做规则库扫描，如图 3－16 所示。

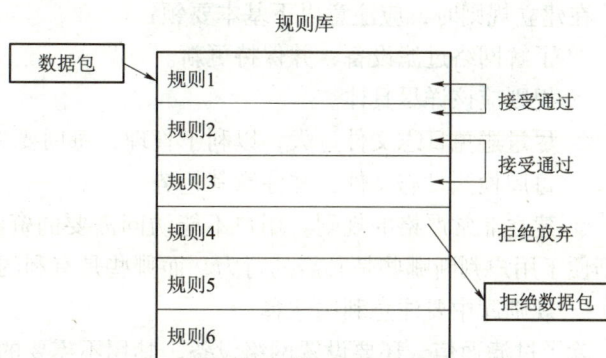

图 3－16　规则库扫描

规则包含以下几项设置：

◇ 规则排序。由于依据规则顺序检测数据，具体规则应在整体规则之前。依据规则可以调整规则的排序。

◇ 协议。数据包的行为和方向（网内和网外）。

◇ IP 源。数据包的发送 IP 地址。

◇ 端口源。数据包的发送端口地址。

◇ 传输协议。TCP 或 UDP。

◇ 目的 IP。接收地址。

◇ 目的端口。接收端口。

◇ 服务。数据包的请求行为。

◇ 行为。与规则比较后，两种选择数据包的行为是接受（数据包通过检测，进入下一个规则，或如果是最后一个规则，就进入网络）或拒绝（数据包没有通过检测）。

◇ 跟踪。在日志文件中记录是否违反规则的数据包。

◇ 时间。规则生效的时间。

◇ 注释。关于规则的文件。

> **注意**
>
> 不是所有的设备都使用整个列表的设置；某些设备使用简短的列表和不同的技术。例如，Windows 2003 Server 有使用全部和部分两种选项。

表 3－7 显示了简短的列表。第一个规则是允许所有网外（端口 80 的 HTTP 协议）通信随时通过过滤设备，并不记录在日志中。第二个规则是拒绝从 IP 地址 206.23.19.40 发送的 HTTP 数据包，并记录在日志中。

表 3－7　规则库样本

规则	传输协议	协议	IP 源	端口源	目的 IP	目的端口	行为	时间	跟踪
1	TCP	HTTP 网外	198.146.118.0/24	不限	不限	80	允许	不限	否
2	TCP	HTTP 网内	206.23.19.40	80	198.146.118.0/2	80	拒绝	不限	是

在建立规则时，应注意以下基本要领：

◇ 了解网络过滤设备，并保持更新。

◇ 规则应该详尽具体。

◇ 尽量避免日志文件过大，以利于管理；每周要建立一个新的日志。

◇ 每周检测日志文件，并注意其趋势。

◇ 建立非常严格的规则。用户不能访问需要的资源时，会联系规则的建立者。严格的规则便于用户判断哪些是必需的行为，而哪些是有利的行为。

◇ 规则库中要注意利用注释。

除了过滤通信，还要设置网络设备，禁用不需要的端口和服务。在网络服务中，与客户计算机相似，应禁用所有不必要的服务和端口。通常将一两个服务设置成运行状态，如网页通信（HTTP 端口 80TCP）和安全网络通信（SHTTP 端口 443TCP）。然后关闭所有其他服务，包括邮件服务（SMTP 端口 25TCP 和 POP 端口 10TCP）、以太网（端口 23TCP）和 SNMP（端口 161UDP）。扫描端口可确认开放端口以及正在运行的必要服务名称。

> **注意**
>
> Microsoft Windows 会默认打开端口 135、139 和 445。在不使用时也应该关闭这些端口。

3.8 复习与思考

3.8.1 本章小结

◇ 建立安全环境的基本原则有：多层、限制、差异性、模糊性、简单性。多层就是建立多层防御，防止一层保护的失败。限制就是把用户的权限限制在能完成工作的最低要求。差异性就是类似这种使用不同供应商提供的硬件以提供附加安全的实例体现。安全系统的模糊信息就是要使攻击者不能确定攻击计划。简单性就是尽量简单化系统，因为难以管理复杂的系统，临时用户会竭尽所能地简单化系统。

◇ 信息安全的三大支柱之一就是认证，即确认发出请求用户的身份。认证可以通过所知的信息、所拥有的信息和身份完成。认证方法有用户名和密码、令牌、生物测定法、证书、Kerberos 协议、挑战握手认证协议、双向认证和多方认证。

◇ 信息安全的另一大支柱是访问控制，即控制用户的行为。三种访问控制模式有强制访问控制，即用户无权更改安全设置；基于角色访问控制，即设置不同角色，再把用户分派到不同的角色；自主访问控制，允许用户在必要时设置权限。

◇ 建立安全基准是建立信息安全的基础。首先，关闭或禁用所有不必要的系统。由于对后台运行的操作系统服务进行攻击，用户屏幕不会显示，所以它是攻击的主要目标。链接服务还用以打开 TCP 或 UDP 端口。因此应及时关闭非必要的服务。

◇ 加固操作系统时应进行必要的升级。这些不同形式的升级可提供其他功能并解决安全问题。补丁管理是系统方式的测试和分派升级的过程。

◇ 文件安全系统是加固系统的另一个步骤。文件和文件夹的权限要给予对这些信息有所需求的人员。多种 MMC 样本有益于建立 Windows 系统安全。

◇ 通过安装最新补丁和升级可以加固应用程序和操作系统。

◇ 必须加固服务，如网页服务、邮件服务、FTP 服务、DNS 服务、NNTP 服务、打印/文件服务和 DHCP 服务，以防止攻击者直接攻击或利用这些服务进行间接攻击。

◇ 通过升级网络设备中的固件和过滤基于规则库的数据包可加固网络。

3.8.2 思考练习题

1. 多层原则的优点有_____。

A. 一层失败不会导致全局失败　　　　B. 价格较低廉

C. 提供类似双层防火墙的充足保护　　D. 不需要安全人员实施

2. 员工权限限制在可以完成工作的最低标准叫做_____。

A. 限制性访问列出（RAL）　　　　　B. 限制性

C. 强制层　　　　　　　　　　　　　D. 简明安全管理（CSA）

3. 以下都是差异性原则的实例，除了_____。

A. 一种防火墙限制某种通信，而另一种防火墙控制其他通信

B. 向多个供应商购买设备

C. 服务器运行不同的操作系统

D. 使用同种硬盘设备

4. 通过建立安全_____可以建立信息系统的防御。

A. 基础　　　　　B. 基准　　　　　C. 支柱　　　　　D. 面板

5. 在 Microsoft Windows 中，后台程序的名称，如 svchost.exe，叫做_____。

A. 进程　　　　　B. 服务　　　　　C. 显示服务　　　　D. 母服务

6. 有时将重新启动的停用服务叫做_____。

A. 重启　　　　　B. 禁用　　　　　C. 进程　　　　　D. 复原

7. 禁用服务的一个不是安全目的的优点是_____。

A. 保护 ROM　　　　　　　　　　　B. 操作系统运行更少的功能

C. 加强固件通信　　　　　　　　　　D. 释放 RAM

8. _____指接受计算机中访问的程序或服务。

A. 进程　　　　　　　　　　　　　　B. 端口号

C. UDP 指示　　　　　　　　　　　　D. 初始服务套接字（SIS）

9. 以下哪一个是模糊性原则的实例？_____

A. 在网上公布公司信息安全计划

B. 在地方报纸上宣传某种防火墙的竞标结果

C. 删除含有操作系统名称的视窗信息

D. 要求供应商在运输设备时不要张贴序列号

10. 生物测定法有哪些缺点？怎样克服它？

11. 解释数字证书的工作原理。

12. 在哪种情况下使用 Kerberos 认证？如何使用它？

13. 单向认证与双向认证的区别是什么？双向认证是针对哪种攻击的？

14. 如何运行基于角色的访问控制？它有哪些优点？

15. 解释服务包、修补程序和补丁间的区别。

16. 一个优秀的补丁管理系统具有哪些特点？

17. 什么是安全样本管理单元？

18. 列出网页服务安全的措施。

19. 什么是规则库？如何使用它？

3.8.3　动手项目

项目 3 – 1：查看 Windows XP 的数字证书

数字证书是证明用户身份的文件。Windows XP 有多个数字证书。这表明 Windows XP 可以下载、安装和使用这些机构的软件。本项目中，在将查看证书的设置。

如果使用的是学校实验室的计算机或其他非自己所有的计算机，首先需要联系实验室管理员或网络管理员，因为完成本项目可能需要特殊的权限。

（1）启动计算机，单击"开始"按钮，选择"开始"菜单中的"运行"命令，弹出"运行"对话框。

（2）在该对话框中输入"MMC"，单击"确定"按钮，显示"控制台 1"窗口。

（3）在主菜单中单击"文件"选项，选择"文件"下拉菜单中的"添加/删除管理单元"命令，弹出"添加/删除管理单元"对话框。

（4）在该对话框中单击"添加"按钮，弹出"添加独立管理单元"对话框，如图 3 – 17 所示。

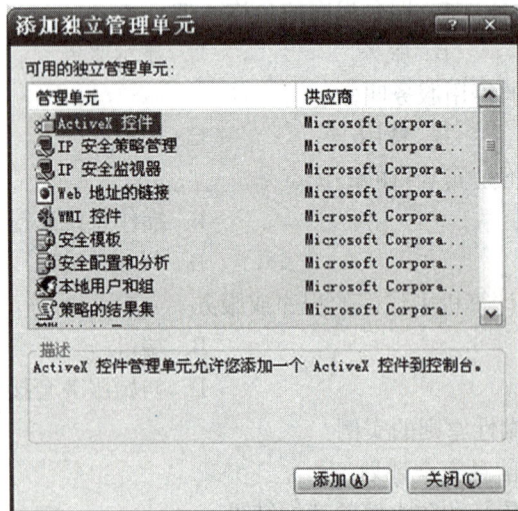

图 3 – 17　"添加独立管理单元"对话框

（5）在管理单元中选择"证书"选项，单击"添加"按钮，弹出"证书管理单元"对话框。

（6）在该对话框中选择"我的用户账号"选项，单击"完成"按钮。

（7）在"添加独立管理单元"对话框中单击"关闭"按钮。

（8）在"添加/删除管理单元"对话框中，确保证书 – 当前用户显示为管理单元，单击 OK 按钮。

（9）控制台 1 窗口中列出了目前用户的证书，如图 3 – 18 所示。在左侧，单击"证书 – 当前用户"前的"＋"号，会显示当前用户的证书。

图 3 – 18　控制台 1 窗口

（10）单击"受信任的根证书颁发机构"旁的"＋"号，再单击"证书"。在右侧就显示了颁布的证书，如图 3 – 19 所示。

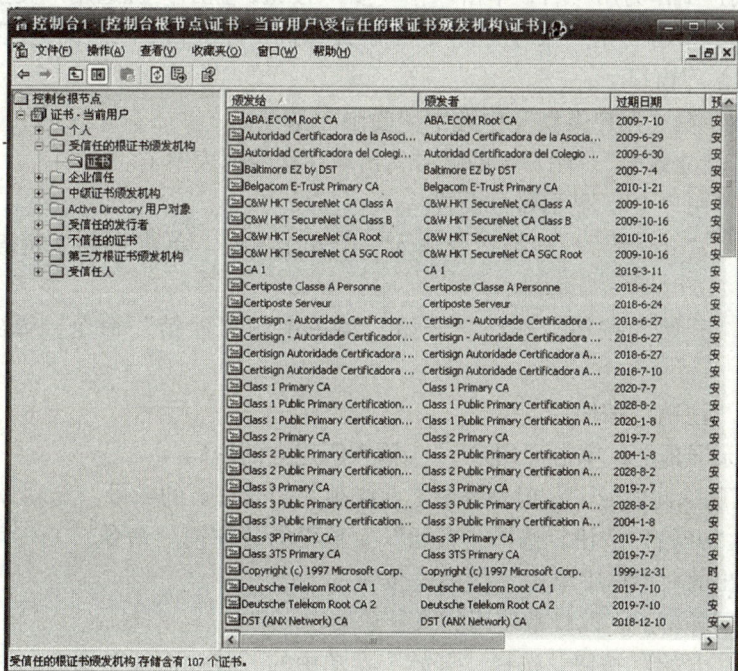

图 3 – 19　Windows XP 证书

（11）下拉滚动条，双击 Window Root Authority 文件，在弹出的"证书"对话框中，单击"详细"按钮。

（12）下拉滚动条，单击"公共密钥"，查看下面的密钥。

（13）单击 OK 按钮，关闭"证书"对话框。

（14）在主菜单中单击"文件"选项，选择"文件"下拉菜单中的"退出"命令，关闭"控制台1"对话框。当对话框出现并询问是否保存设置时，单击"否"按钮。这些操作并不影响证书的使用，只是影响证书的显示。

项目3-2：管理用户账号

联网及非联网计算机的安全管理涉及适当管理用户账号和权限，同时也禁止一些非必要账号。每个用户都需要有自己的用户名和密码。当用户不再使用其账号时，要注销账号。在本项目中，将建立和删除用户账号。此外完成本项目必须有管理员的许可。

如果使用的是学校实验室的计算机或其他不是自己所有的计算机，首先需要联系实验室管理员或网络管理员，因为完成本项目可能需要特殊的权限。

（1）单击"开始"按钮，选择"开始"菜单中的"控制面板"命令。

（2）如果控制面板是目录形式，则单击"用户账号"；如果是标准形式，则双击"用户账号"。即可显示"用户账号"窗口。

（3）单击"更改账号"按钮。

（4）注意到任何人不通过用户名密码都能使用来宾账号。因此应该禁止这种使用方式。如果想要开启该账号，则单击"来宾账号"，否则单击"关闭来宾账号"。

（5）在左侧显示了"用户账号"窗口，单击"创建一个新账号"。

（6）输入用户1作为用户名，单击"下一步"按钮，显示"挑选用户类型"窗口。

（7）在左侧，单击"用户账号类型"，了解计算机管理员和受限之间的区别。阅读这些简介，然后关闭学习窗口。

（8）在右侧，在"用户类型"中选中"受限"选项。

（9）单击"建立账号"。用户1的账号就出现在账号列表中了。

（10）单击"用户1"，显示账号设置。

（11）单击"建立密码"。根据指令输入一个安全密码。单击"创立密码"，关闭所有窗口。

（12）单击"开始"按钮，选择"开始"菜单中的"注销"命令，弹出"注销"对话框。

（13）单击"注销"按钮。

（14）在登录屏幕上，单击"用户1"，输入所建立的密码。

下面就可以删除此账号了。但是登录之前必须获知管理员的账号。

（15）单击"开始"按钮，选择"开始"菜单中的"注销"命令。

（16）在弹出的对话框中单击"注销"按钮。

（17）在登录屏幕上，以日常使用的账号登录。

（18）单击"开始"按钮，选择"开始"菜单中的"控制面板"命令。

（19）如果控制面板是目录形式，则单击"用户账号"；如果是标准形式，则双击"用户账号"，即可显示"用户账号"窗口。

（20）单击"更改账号"按钮，显示"选择账号类型"窗口。

（21）单击"用户1"，单击"删除账号"。

（22）当询问是否保留用户1的文件时，单击"删除文件"，再单击"删除账号"。

（23）关闭所有窗口。

项目 3-3：在 Windows XP 中设置文件夹权限

设置文件权限是一项重要的安全任务。在本项目中，将设置 XP 系统 NTFS 格式硬盘中的文件。

进行项目之前，确保计算机设置如下：

◇ 多用户。计算机需设置多个用户。如果没有如此设置，则打开"控制面板"中的"用户账号"选项，即可添加账号。

◇ 简单文件共享。取消文件选项。如果想要关闭该属性，则打开"控制面板"对话框中的"文件夹"选项，并在查看栏中取消"使用简单共享（推荐）"项。

（1）单击"开始"按钮，选择"开始"菜单中的"搜索"命令。

（2）建立一个文件夹，命名为文件夹 3。

（3）打开 Word 文档，并输入名字和今天的日期。

（4）保存该文件在文件夹 3 中，命名为文件 3-5。

（5）利用 Windows 搜索命令找到文件夹 3。右击"文件夹 3"，单击"属性"命令。弹出文件夹 3 的"属性"对话框。

（6）单击"安全"窗口，然后选择"每个用户对这个文件的权限"选项。

（7）如果想要添加用户对该文件夹的权限，单击"添加"按钮。

（8）单击"高级"按钮，再单击"现在寻找"按钮。

（9）单击"远程用户"，再单击 OK 按钮。

（10）单击 OK 按钮，关闭"选择用户或团体"对话框。

（11）单击"远程用户"，输入对文件夹的默认权限。

（12）不要关闭此对话框，继续进行下一项目。

项目 3-4：查看 Windows XP 服务

服务可以为攻击者提供系统入口。建立服务基准的第一步就是建立安全基准。这不仅可以防止攻击者将恶意代码装在后门程序上，而且还关闭了攻击者利用的端口。在关闭服务之前，需要了解在系统中运行的服务。在本项目中，将探讨在 Windows XP 系统中几种查看服务的方式。

如果使用的是学校实验室的计算机或其他不是自己所有的计算机，首先需要联系实验室管理员或网络管理员，因为完成本项目可能需要特殊的权限。

（1）单击"开始"按钮，选择"开始"菜单中的"运行"命令，弹出"运行"对话框。

（2）输入"msconfig"命令，按下 Enter 键，弹出"系统配置实用程序"对话框。

（3）单击"服务"选项卡，如图 3-20 所示。拖拉滚动条，查看运行和停止的服务。列出必要的服务，并解释其原因。

（4）单击"取消"按钮，关闭该对话框。

（5）单击"开始"按钮，选择"开始"菜单中的"运行"命令。在弹出的"运行"对话框内，输入"Services. msc"命令，按下 Enter 键，显示"服务（本地）"窗口，如图 3-21 所示。

（6）需要时可最大化窗口，并阅读服务描述。然后找到并单击 Secondary Logon 服务。注意该服务的 3 个选项：停止、暂停和重启动。

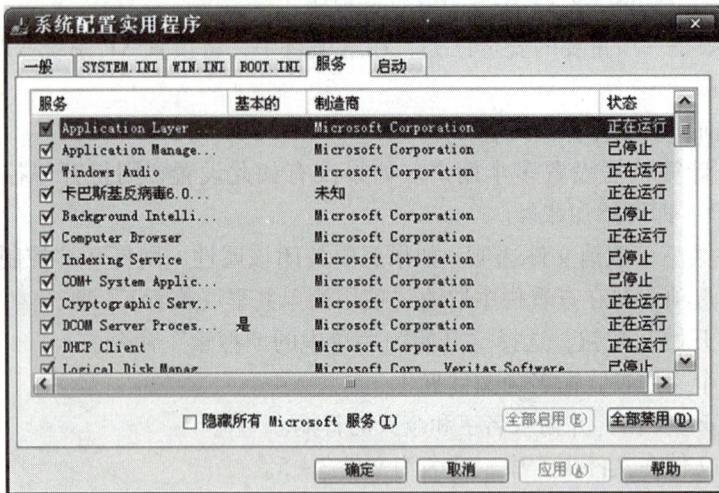

图 3-20 "系统配置实用程序"对话框

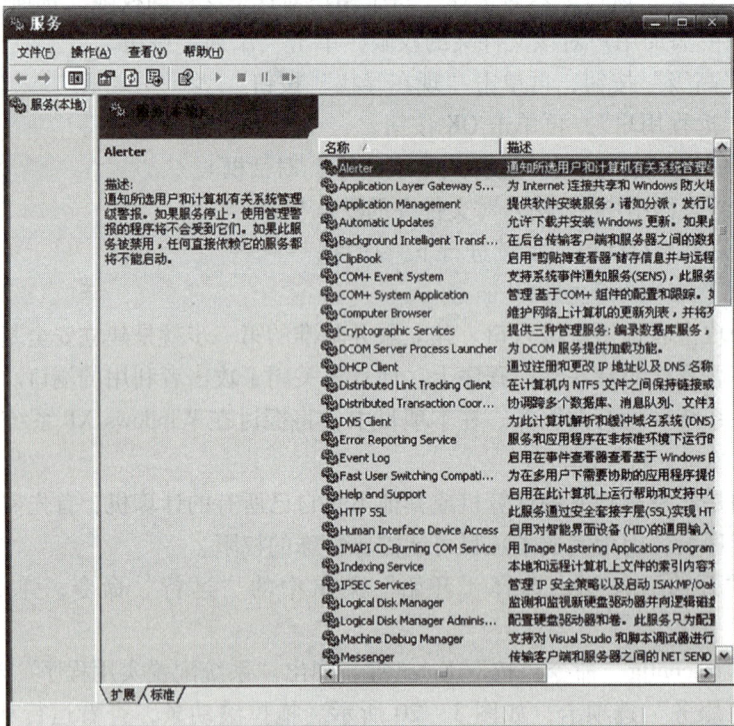

图 3-21 "服务（本地）"窗口

（7）双击 Secondary Logon 服务，弹出"Secondary Logon 的属性（本地计算机）"对话框，如图 3-22 所示。利用此对话框停止和启动服务，并设置其初始类型：自动、手动或禁用。

（8）单击"取消"按钮，关闭该对话框。然后关闭"服务（本地）"窗口。

（9）右击任务栏的空白处，单击"任务管理器"选项，显示"Windows 任务管理器"窗口。

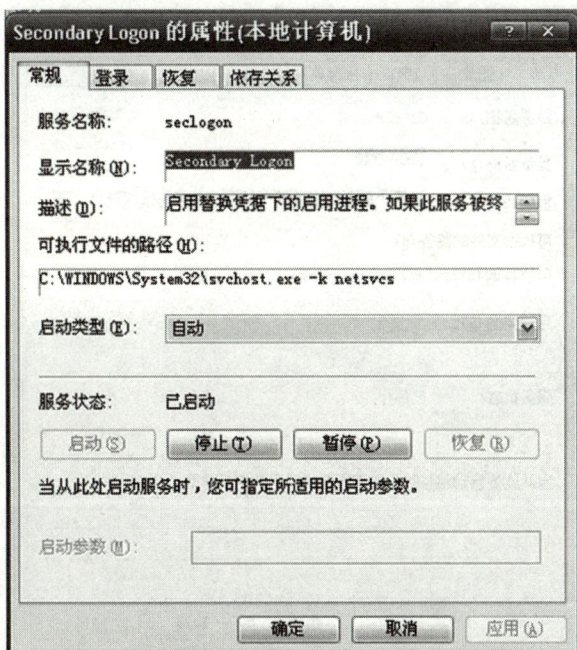

图 3 - 22 "Secondary Logon 的属性（本地计算机）"对话框

（10）单击"进程"选项。向下滚动查看进程名。然后关闭"Windows 任务管理器"窗口。

项目 3 - 5：禁用服务

应禁用不必要的服务，以拒绝攻击者进入系统。在本项目中，将打开和关闭 ClipBook Viewer 存储信息和远程共享的 ClipSrv 服务。虽然可以利用系统配置功能工具管理服务，但本地服务功能更加灵活。

（1）在 Windows 2003 或 Server 的系统中，右击任务栏的空白处，单击"任务管理器"选项，显示"Windows 任务管理器"窗口。

（2）单击"进程"选项，拖拉滚动条，查看到当前没有运行 ClipBook 进程（默认设置）。如果计算机中正在运行 ClipBook 进程，则选择它并单击"结束进程"按钮。然后最小化"Windows 任务管理器"窗口。

（3）单击"开始"按钮，选择"开始"菜单中的"运行"命令，弹出"运行"对话框。

（4）输入"Services. msc"命令，按下 Enter 键，显示"服务（本地）"窗口。需要时请阅读服务描述文件。

（5）单击 ClipBook 服务。注意该服务只有一个选择：启动服务。这说明当前没有运行该服务。

（6）双击 ClipBook 服务，弹出"ClipBook 的属性（本地计算机）"对话框，如图 3 - 23 所示。

注意其启动类型是手动，这说明只有需要时才运行它。如果不使用该服务，则服务类型应是禁用。此外，注意利用一系列按钮管理服务，如启动、停止和暂停。基于服务当前的状

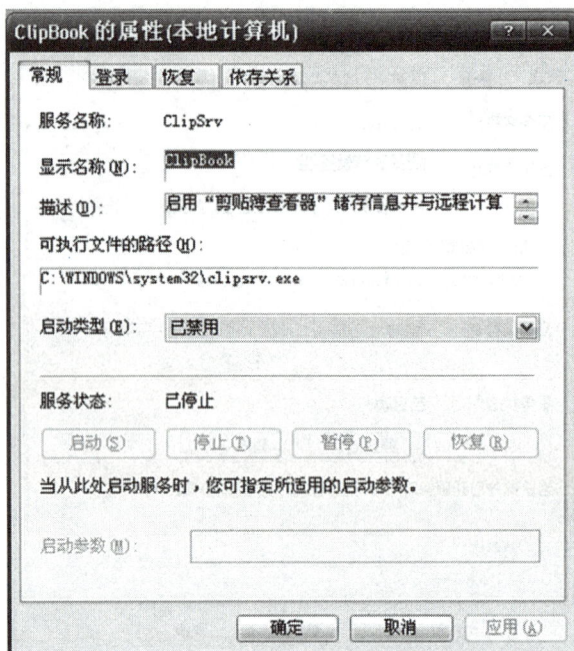

图 3-23 "ClipBook 的属性（本地计算机)"对话框

态，一些按钮是不可使用的。

（7）单击"恢复"选项卡，如图 3-24 所示。设置服务失败后的恢复选项，使其不操作计算机重启服务而先运行程序或直接重启计算机。

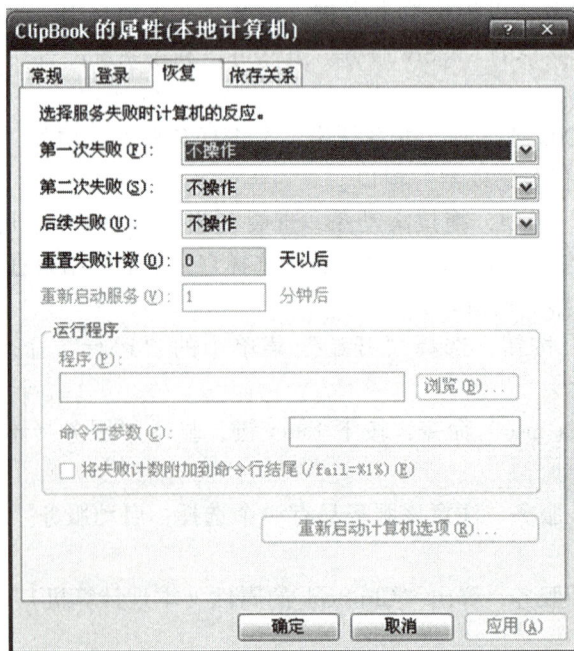

图 3-24 ClipBook 服务恢复选项

（8）单击"第一次失败"的下三角按钮，单击"重启服务"选项。如果 Windows 需要 ClipBook 服务但它没有运行，Windows 就会启动该服务。

（9）单击"常规"选项卡，再单击"确定"按钮，显示 ClipBook 服务。

（10）还原"Windows 任务管理器"窗口，单击"映像名称"列。找到 clipsrv. exe 服务，如图 3 - 25 所示。

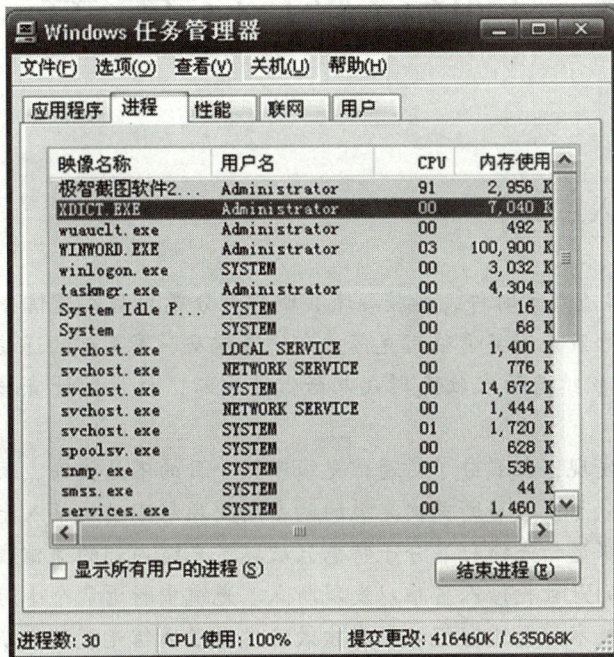

图 3 - 25　任务管理器

（11）返回"ClipBook 的属性（本地计算机）"对话框。单击"停止"按钮，停止运行该服务。

（12）还原"任务管理器"对话框，现在就可运行 clipsrv. exe。

（13）返回"ClipBook 的属性（本地计算机）"对话框，单击"启动类型"下三角按钮，选择"禁用"选项，由此可禁用不必要服务。

（14）单击"应用"按钮，即使需要 ClipBook 服务，它也不会再运行。

（15）关闭所有窗口。

4 ■ Chapter
第4章 网络构架安全

情境引入 ○○○

2007 年 2 月 23 日凌晨 3 时许，新疆拜城县城附近分属于两家通信公司的 3 根通信光缆同时遭到人为破坏，导致拜城县通往阿克苏方向的通信及驻军某部的通信一度中断，拜城县 16 个乡镇场中有 9 个乡镇场的农牧民群众电话信号中断，初步估计直接经济损失超过 100 万元。

技术人员检查后发现，犯罪分子对通信光缆下黑手目的不是盗窃，而是纯粹的破坏。除一根通信光缆被犯罪分子直接剪断并把光缆的两个断头原封不动地插入光缆电杆上的光缆防护套管内外，另外两根通信光缆犯罪分子特意只破坏了光缆内部的通信线路，光缆保护外皮则部分保存下来，目的是让抢修人员难以发现断点。光缆中断近 7 个小时后，阿克苏地区传输局的技术人员通过技术仪器进行仔细勘查才最终发现了通信光缆的中断点。

那么作为一个从事网络安全的专业人员，如何保障网络电缆设施的安全，来防止恶意破坏呢？

本章内容结构 ○○○

本章内容结构如图 4-0 所示。

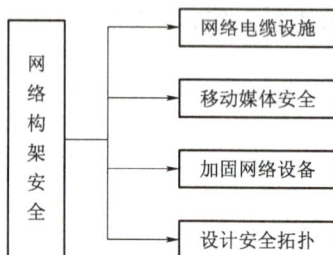

图 4-0　本章内容结构图

本章学习目标 ○○○

◎ 了解网络电缆设施；

◎ 移动媒体安全；

◎ 加固网络设备；

◎ 设计安全拓扑。

4.1 网络电缆设施

网络的物理架构用以承载设备间的通信信号，叫做电缆设施，如电线、连接器和电缆。在电缆设施中广泛使用的三种通信媒体是：同轴电缆、双绞线和光缆。下面将会逐一讨论。

> **说明**
>
> 无线传输是最新的传输媒体，将在第 6 章中详细讨论其相关内容。

4.1.1 同轴电缆

几千年来人们一直使用铜线导电。由于数字信息业是一种电子脉冲，铜线能良好地传输计算机网络数据。同轴电缆是多年来计算机网络主要使用的铜电缆。其中间是铜线，周围是绝缘和屏蔽材料。叫做同轴电缆的原因是它有两个轴：铜线和绝缘层。

> **说明**
>
> 1929 年发明同轴电缆，1940 年第一次将其应用于全国范围通信。

目前主要有两种同轴电缆。粗同轴电缆中间有一根铜线，周围是厚层的绝缘编织物。细同轴电缆看似电视信号电缆。细同轴电缆直径大约为 1/4 in（0.64 cm），中间是铜线，周围是绝缘层。绝缘层外围是铜网，最外围是电缆自己的绝缘层，如图 4 - 1 所示。铜网层保护中间层免受干扰。

由于细同轴电缆比较细，所以它比粗同轴电缆灵活并易于安装。细同

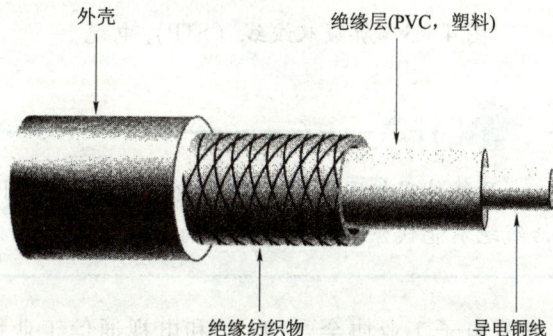

图 4 - 1　细同轴电缆

轴电缆可以传输 607 ft（185 m）信号而不衰减。细同轴电缆由电缆设计 RG – 58 规定。

> **注意**
>
> 虽然看似相同，但电视信号的同轴电缆同计算机数据网络的同轴电缆是有所区别的，它由设计 RG – 59 规定。

细同轴电缆的连接叫做 BNC 连接器。这些连接器是防松脱的（拧上便连接，反拧就松开），如图 4 – 2 所示。

目前已很少使用曾经是计算机网络支柱的同轴电缆。虽然它能有效防止信号衰弱，但同轴电缆难以安装，缺乏灵活性。

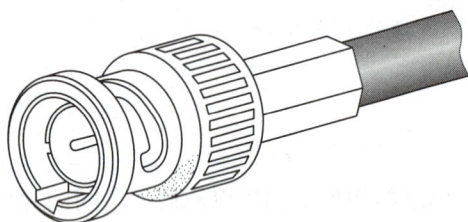

图 4 – 2　BNC 连接器

4.1.2　双绞线

目前双绞线已经成为计算机网络使用的标准铜电缆。正如双绞线的名字：两个绝缘铜线交织在一起，再用外皮包裹。交织电线能减弱干扰——减少电线表面对外界干扰源的接触面。计算机网络的大多数双绞线都是每英寸含 6 对绞线。

绑在一起的绞线数量可以从 1 到 2 000。然而，大多数计算机网络使用的双绞线是 4 对的（8 根电线）。有些网络用一对电线传送信号，一对接收信号，其他两对闲置。而有些网络会使用 4 对。

目前有两种双绞线。屏蔽双绞（STP）线外围含有锡绝缘材料，可减少干扰，如图 4 – 3 所示。非屏蔽双绞（UTP）线没有任何绝缘材料，如图 4 – 4 所示。

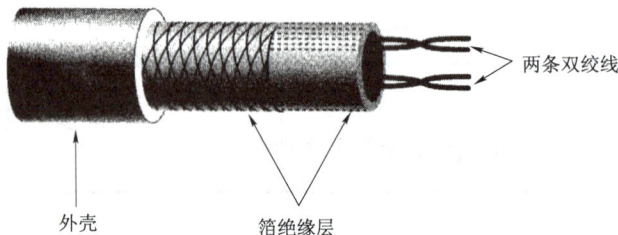

两条双绞线
外壳
箔绝缘层

图 4 – 3　屏蔽双绞线（STP）电缆

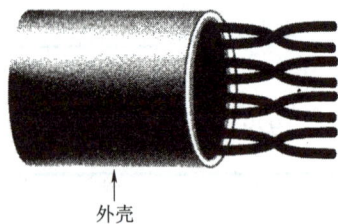

外壳

图 4 – 4　非屏蔽双绞线（UTP）电缆

> **注意**
>
> 虽然外观相同，但 UTP 与电话线并不相同。电话线仅有 4 条不交织的铜线。电话线绝不能代替计算机网络中的 UTP。

根据电子工业协会（EIA）和电视通信工业协会（TIA）的标准，对 UTP 进行分类。EIA/TIA 568 的标准把 UTP 分为 6 类（STP 没有分类）。表 4 – 1 列出了 UTP 的分类。

表 4 – 1 UTP 的分类

类 别	最 大 带 宽	特 征
类别 1	不用于数据网络	只用于电话通信
类别 2	4 Mbps	目前基本不用
类别 3	10 Mbps	每英尺①仅 3 对绞线
类别 4	16 Mbps	数据用途的第一种电缆
类别 5	100 Mbps	最广泛使用的 UTP 电缆
类别 5e	1 000 Mbps	改进版
类别 6	1 000 Mbps	可以更快传输数据信号

注意

　　类别 5 和 5e 占目前网络电线使用的 80%。类别 6 的数据信号传送速度几乎是类别 5e 的两倍。然而，类别 6 的直径却更大，对气温也更敏感，而且遇潮湿环境容易变形。

　　双绞线的连接器同电话线很相似。设计规则为 RJ – 45 的双绞线连接器与设计规则为 RJ – 11 的电话线连接器相似。然而，RJ – 45 要比 RJ – 11 的直径更大，有 8 条电线而不是 4 条，如图 4 – 5 所示。RJ – 45 连接器可以快速轻易地连接和打开电线。

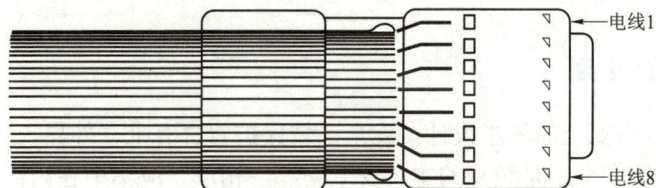

→ 电线1

→ 电线8

图 4 – 5 RJ – 45 连接器

4.1.3 光缆

　　同轴电缆和双绞线都是利用中间的铜线传输电子信号，而光缆利用称作核的薄玻璃圆筒充当铜线。光缆除电子信号外还传输光信号。在核周围是玻璃管，叫做覆层。核和覆层被外层保护，如图 4 – 6 所示。

　　依据核和覆层的直径对光缆进行分类。直径的单位是微米，即 1/25 000 in 或 1/1 000 000 m。50/125 的光缆就是

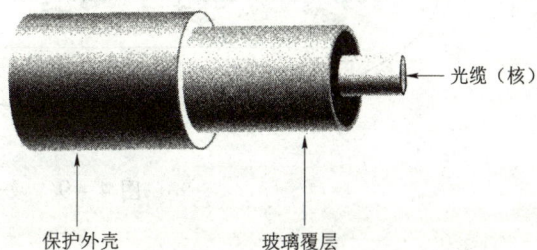

→ 光缆（核）

保护外壳　　　　玻璃覆层

图 4 – 6 光缆

———————————
① 1 英尺 = 0.348 米。

核直径为 50 μm，覆层直径为 125 μm。其他两个普通的类型是 100/140 和 62.5/125，后者是局域网（LAN）典型用线。

目前有两种光缆。在长距离传输数据时使用单模光缆。单模光缆核很小。一般由激光产生的光通过光缆就如同光通过一条空的管道。由于单一光源，每次只能传输一种信号。单模光缆如图 4-7 所示。

注意

单模光缆一般用于远距离电话服务，单次可传输光信号 50 m。

另一种光缆就是多模光缆。多模光缆支持多种光传输，通常由光发射二极管（LED）而不是激光产生。每个 LED 发射不同角度的光，在核内不断反射，如图 4-8 所示。由于在反射中光信号强度的损失，多模光缆要比单模光缆传输距离小得多。

图 4-7　单模光缆　　　　图 4-8　多模光缆

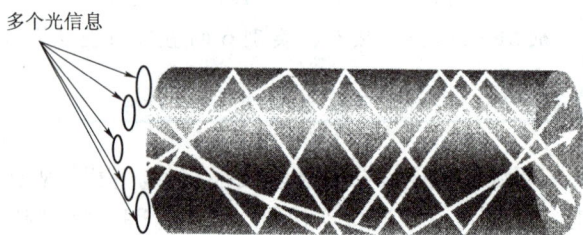

4.1.4　电缆设施安全

图 4-9 表示网络安全的基本设计。安全区域保护着含有唯一外界入口的网络和计算机。网络外部保护的电缆安全不是组织的主要安全问题。相反，应集中在内部保护网络电缆设施的访问。

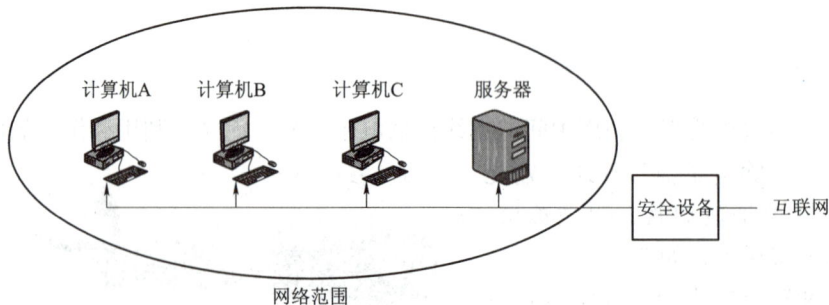

图 4-9　安全网络

利用电缆设施直接访问内部网络的攻击者已经通过了网络安全区域，并可以随意发动攻击。如果攻击者可以用笔记本连接内部电缆设施，他就可以发动中间人攻击、再现式攻击或传输控制协议/互联网协议（TCP/IP）攻击。攻击者还可以利用一种称为"嗅探"的技术截获传输信息。这种功能的软硬件称为"嗅探"。图 4 – 10 显示了"嗅探"软件的输出内容。攻击者利用这种工具可以截获用户名、密码和其他安全信息。

> **注意**
>
> 攻击者防止嗅探软件的典型位置就是最敏感的信息，如提供银行财务数据的服务。

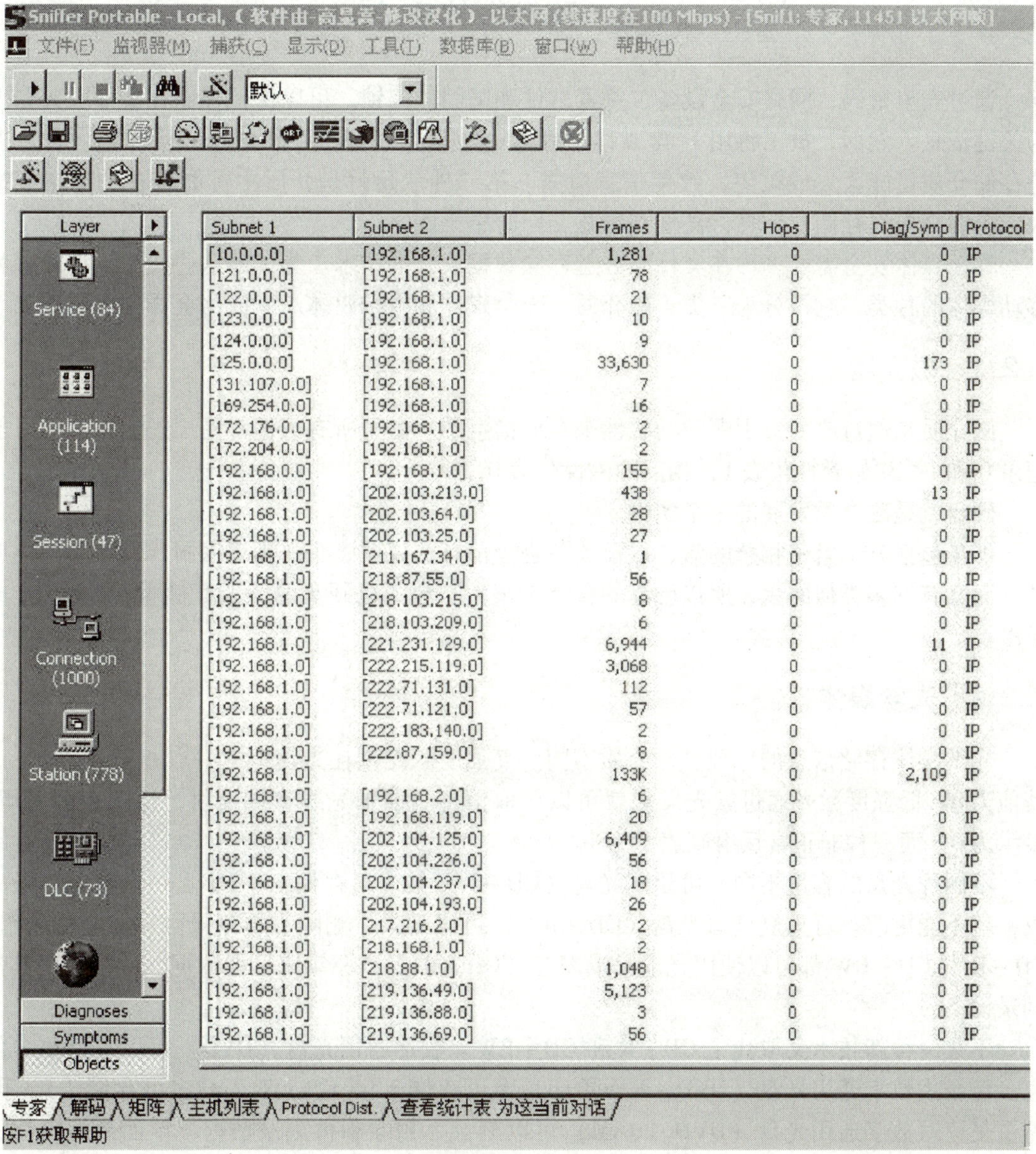

图 4 – 10　Sniffer 软件输出

保护电缆设施的第一防线就是足够的物理安全。物理安全保护设备和构架自身的一个重要目标是：防止非授权用户接触设备或电缆设施以使用、偷盗或破坏。虽然物理安全是很明显的问题，但是由于其精力主要集中在防止攻击者利用网络接触计算机，实际上就经常忽视物理安全。然而，保护计算机和电缆设施的物理安全同等重要。

物理安全涉及安装合理的设备，如门锁、警报系统等，以防止外界接触电缆设备。同样，程序也非常重要。更多的攻击者是通过社会工程（例如伪装成维修人员或清洁人员）进行攻击。所有员工不仅要警惕可疑行为，如报告坐在接线室的未知人员，还要履行正确的程序，如离开办公室时注销系统。

4.2　移动媒体安全

通过安全密码、网络安全设备、杀毒软件和坚固的门锁，可以保护存储在文件服务器上的关键信息。然而，员工将用 U 盘或移动硬盘的数据带回家，存在两个风险：第一种危险是存储介质可能丢失或被盗，致使信息泄露。第二种危险就是介质中可能存在的病毒或蠕虫，可能会损失存储的信息，甚至在磁盘交回时感染网络。

移动媒体安全需要多种在文件服务上存储数据安全的技术。为了解这些技术，首先解释移动媒体的种类，它被分为三类：磁介质、光学媒体和电子媒体。下面将会详细介绍。

4.2.1　磁介质

磁介质是通过改变盘中颗粒的磁性来存储信息的。由于所有数据都是二进制格式，只能记录 0 和 1。初始磁性代表 1，相反的磁性代表 0。

硬盘就是磁介质发展的一个实例。

硬盘包括若干紧密相叠的盘，以及读写磁盘信息的仪器磁头。由于密封，每个盘高速旋转，而又有许多类似的盘，所以硬盘的存储量很大。台式机硬盘的一般存储量在 500 GB 或更多。

4.2.2　光学媒体

光学媒体存储信息的原理和磁介质不同。高强度激光刻在光盘上的一点并记录为 1，而其他为 0。低强度激光通过激光反射就可以读取信息。如果光线直接反射，说明表面平坦，表示为 0，而一种非正常反射则表示为 1。

不同种光盘的容量不同。可录式光盘（CD – R）最多可存储 650 MB。一旦数据刻录完成，就不能更改。可重复读写光盘（CD – RW）可以刻录、删除和再刻录数据，类似硬盘。CD – R 和 CD – RW 都可以使用光盘只读内存（CD – ROM）驱动来读取数据，但都需要其他刻录设备。

不久一种新技术又取代了 CD – R 和 CD – RW。数字通用光盘（DVD）可以存储更多信息。可录式数字通用光盘（DVD – R）单面最多可存储 3.95 GB，双面最多可存储 7.9 GB。可重复读写数字通用光盘（DVD – RAM）可以刻录、删除和再刻录数据，单面最多可存储 2.6 GB，双面最多可存储 5.2 GB。虽然 DVD – RAM 可以重新刻录数据，但是在另一种驱动中不能读取它在这种驱动中的刻录形式。

利用蓝色激光的一种新技术可以把 DVD 的容量提高到 27 GB。

4.2.3 电子媒体

电子媒体使用闪存存储。闪存是一种固定状态的存储设备，它是电子化的，没有移动或机械部件。由于闪存不需要永久电源，它可用于长期存储。表 4 – 2 列出了电子媒体的种类及其主要用途。

表 4 – 2　电子媒体及其用途

电子媒体	用　途
SmartMedia 卡	端口打印机
CompactFlash 卡	数码设备
PC Cards Type Ⅱ Memory Card	笔记本硬盘
Micro SD	移动电话
优盘	端口计算机存储

注意

闪存实际上是一种电子可擦可编程只读存储器（EEPROM）

SmartMedia 卡（有时称为智能卡）主要被用在数码相机、数码播放器、Personal digital assistant（PDA）等设备上，SmartMedia 卡是在一小片塑料卡上嵌入一块 NAND 闪存 EEPROM 芯片（通常其他高兼容性卡会含有多块芯片）。它曾是最轻薄的存储卡之一，本身只有 45 mm 长，仅有 0.76 mm 厚，如图 4 – 11 显示。

CompactFlash 卡（也叫闪卡）是含闪存芯片和装在壳内的专用控制芯片的电路板。闪卡的厚度是智能卡的几倍。闪卡有两种厚度：3.3 mm 和 5.5 mm，存储容量从 8 MB 到 192 MB，如图 4 – 12 显示。使用闪卡时，计算机必须有兼容读闪卡机。

Micro SD 卡主要应用于移动电话，但因它的体积微小和储存容量的不断提升，现在已经使用于 GPS 设备、便携式音乐播放器和一些快闪存储器盘中，如图 4 – 13 所示。

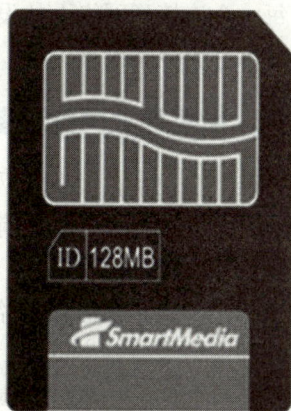

图 4 – 11　智能卡

它的体积为 15 mm×11 mm×1 mm ，差不多相当于手指的大小，是现在最细小的记忆卡。它也能通过 SD 转接卡来接驳于 SD 卡插槽中使用。目前，Micro SD 卡提供 512 MB、1 G、2 G、4 G、8 G、16 G 和 32 G 的容量。

<table>
<tr><td>图 4 – 12　闪卡</td><td>图 4 – 13　Micro SD 卡</td></tr>
</table>

另还有一种流行的电子媒体就是优盘，这种小设备目前可以存储 1 GB 到 128 GB。当插入计算机通用串行总线（USB）端口时，优盘与硬盘的作用相似。优盘容易拔出和插入端口。

4.2.4　保持移动媒体安全

正如前面所介绍，电子媒体可能导致两种攻击：偷盗和恶意代码感染。随着这些设备的增加并被广泛用于存储敏感信息，公司必须建立关于如何使用电子媒体、如何保护及丢失后的应急措施政策。此外，保护移动媒体不仅要关注接受移动媒体设备的系统，包括员工的家庭计算机，还要安装杀毒软件及其他安全软件。

4.3　加固网络设备

每一个连接到网络上的设备都可能成为攻击的目标，必须加以适当保护。必须加固的网络设备可分为标准网络设备、通信设备和网络安全设备。以下将会分别讨论。

4.3.1　加固标准网络设备

标准网络设备在大多数网络中都存在，如工作站、服务器、交换机或路由器。忽略单独的安全设备，这种设备都具有加固设备的基本安全特性。

1. 工作站和服务器

工作站主要是指连接网络的个人计算机，也叫做客户端的工作站连接 LAN，它与其他工作站和网络设备共享资源。工作站与终端不同，因为它们不仅可以在网络中单独使用，还可以安装自己的应用软件。服务器是网络中专用于管理和控制网络的计算机。它负责存储文件以及管理为用户提供资源的进程。

正如前面所介绍，工作站和服务器可能受到各种攻击。加固这些系统，必须遵循以下基本步骤。

◇ 禁用不必要服务。

◇ 不允许用户授权给其他用户。

◇ 安装杀毒软件并更新。

◇ 定期升级操作系统和应用程序。

◇ 删除不必要的账户。

◇ 要求密码最短为 8 位字符，有效期为 30 天，而且不能重复使用。

◇ 定期检测日志。

◇ 对全体网络用户设置访问控制列表（ACL）。

◇ 需要时使用 CHAP、Kerberos 和认证。

◇ 使用安全模板。

◇ 使用生物测定法时，须同时要求另一种认证方式，如令牌。

2. 交换机和路由器

另一种典型的 LAN 设备是交换机。在以太局域网中普遍使用的交换机从网络设备接收数据包，并发送到目的地。与早期的网络设备 Hub 相比，它是将数据包发送到所有设备，而后由设备选择接收或放弃。交换机限制了冲突域，即部分网络的多个设备企图同时发送数据包。

与交换机在同一网络中相比，路由器把两个或更多网络相连接，从而形成一个庞大网络。路由器共同工作，完成不同网络间数据包传输的任务。路由器比交换机更复杂更昂贵。

交换机和路由器都为网络提供安全。例如，交换机可以限制嗅探软件的功能。由于数据包是发送给网络中的所有设备，而不只是接收方，因此嗅探软件可以检测的通信就减少了，如图 4－14 所示。此外，可以将规则库编入交换机或路由器以过滤数据包。

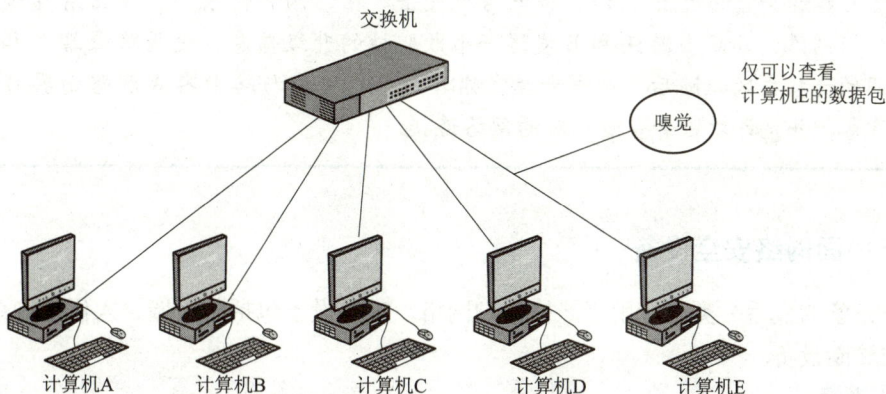

图 4－14 交换机限制嗅觉软件

必须保护交换机和路由器。有时通过部分的 TCP/IP——简单网络管理协议（SNMP）管理交换机和路由器。SNMP 是大多数网络设备制造商支持的行业标准。SNMP 允许计算机和网络设备集中网络性能的相关数据。每个被管理的网络设备都需要载入软件代理。每个代理监视网络通信，把相关信息存储在管理信息库（MIB）中。此外，安装含有 SNMP 管理软件的计算机叫做 SNMP 管理站，它与网络设备中的软件代理通信，并搜集信息存储在 MIB 中。SNMP 管理站集合了所有关于网络数据和产品的统计信息，如传输或连接错误、字符数或发送的数据包和 IP 地址信息。

早期版本的 SNMP 的一个弱点是，当管理站与网络设备通信集中数据时，SNMP 站发送的密码并没有加密。攻击者利用嗅探软件就可以截获该文本密码。SNMP V3 解决了该问题。利用 SNMP 的其他弱点也不断出现。例如，2004 年，揭露了 SNMP 思科路由器的一个漏洞，该漏洞可能影响互联网的正常使用。几种 SNMP 消息发送信息或设置更改及回复的请求，都通过用户数据报协议（UDP）发送警告信息。使用端口 161（UDP）和 162（UDP）通信运行 SNMP。除了这些著名的端口，思科使用在 49152（UDP）和 59152（UDP）之间随机选择的 UDP 端口等候其他 SNMP 信号。当某种 SNMP 信号发送到随机端口时，通过关闭再重启的方式重置路由器。攻击者可通过重复向端口发送信号使路由器一直处于重置的状态，以发动拒绝服务攻击（DoS）。

以下是一些交换机和路由器设置的防御控制。

◇ 设置登录命令，不限制任何设备的品牌或型号的信息。

◇ 在不使用时禁用超文本传输协议（HTTP）和 SNMP 访问。

◇ 如果要使用 SNMP，则须安装 SNMP V3。

◇ 如果必须使用不加密访问（如以太网服务），应将其限制在某些客户端上。

◇ 只有授权用户可以对设备进行物理访问。

◇ 对所有行为记录日志。

◇ 与设备通信要使用加密。

注意

路由器最普遍的攻击是 DoS 和中间人攻击。在这两种情景中，攻击者通过路由器 C 访问网络，向路由器 A 和 B 发送一个欺骗性的升级信息，说明路由器 A 和路由器 B 间的连接失败。随后，攻击者就宣称路由器 C 可以与路由器 A 和路由器 B 直接发送信息，并允许攻击者查看所有的网络连接。

4.3.2　加固网络安全设备

网络设备的最后一类设计用于严格保护网络。这类设备包括防火墙、入侵检测系统和网络监测与诊断设备。

1. 防火墙

防火墙是一种高级访问控制设备，是在被保护网和外网之间执行访问控制策略的一种或一系列部件的组合，是不同网络安全域间通信流的通道，能根据企业有关安全政策控制（允许、拒绝、监视、记录）进出网络的访问行为。它是网络的第一道防线，也是当前防止网络系统被人恶意破坏的一个主要网络安全设备。它本质上是一种保护装置，在两个网之间构筑了一个保护层，所有进出此保护网的传播信息都必须经过此保护层，并在此接受检查和连接，只有授权的通信才允许通过，从而使被保护网和外部网在一定意义下隔离，防止非法入侵和破坏行为。

网络中防火墙的位置如图 4 - 15 所示。

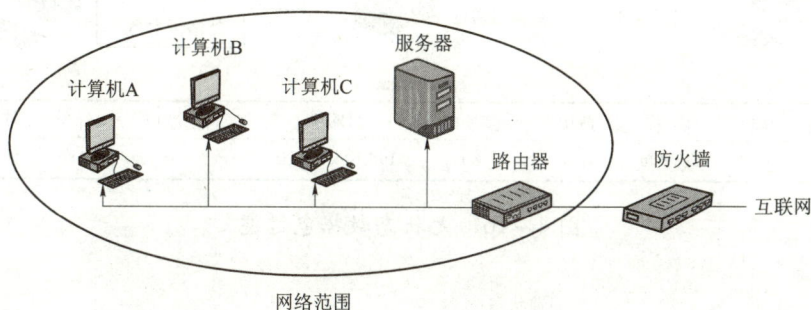

图 4 - 15　网络中防火墙的位置

防火墙的功能如下。

（1）控制对网点的访问和封锁网点信息的泄露。

（2）防火墙可看做检查点，所有进出的信息都必须穿过它，为网络安全起把关作用，有效地阻挡外来的攻击，对进出的数据进行监视，只允许授权的通信通过；保护网络中脆弱的服务。

（3）能限制被保护子网的泄露。

为防止影响一个网段的问题穿过整个网络传播，防火墙可隔离网络的一个网段和另一个网段，从而限制了局部网络安全问题对整个网络的影响。

（4）具有审计作用。

防火墙能有效地记录 Internet 的活动，因为所有传输的信息都必须穿过防火墙，防火墙能帮助记录有关内部网和外部网的互访信息和入侵者的任何企图。

（5）能强制安全策略。

Internet 上的许多服务是不安全的，防火墙是这些服务的"交通警察"，它执行站点的安全策略，仅仅允许"认可"和符合规则的服务通过。

防火墙的主要技术如下。

（1）包过滤技术（Packet Filtering）。

包过滤技术指在网络中适当的位置对数据包有选择地通过，选择的依据是系统内设置的过滤规则，只有满足过滤规则的数据包才被转发到相应的网络接口，其余数据包则从数据流中删除。

（2）状态包检测技术（Stateful Packet Filtering）。

状态包检测技术如图 4 - 16 和图 4 - 17 所示，它是包过滤技术的延伸，常被称为"动态包过滤"，是一种与包过滤相类似但更为有效的安全控制方法。对新建的应用连接，状态包检测检查预先设置的安全规则，允许符合规则的连接通过，并在内存中记录下该连接的相关信息，生成状态表。对该连接的后续数据包，只要符合状态表，就可以通过。适合网络流量大的环境。

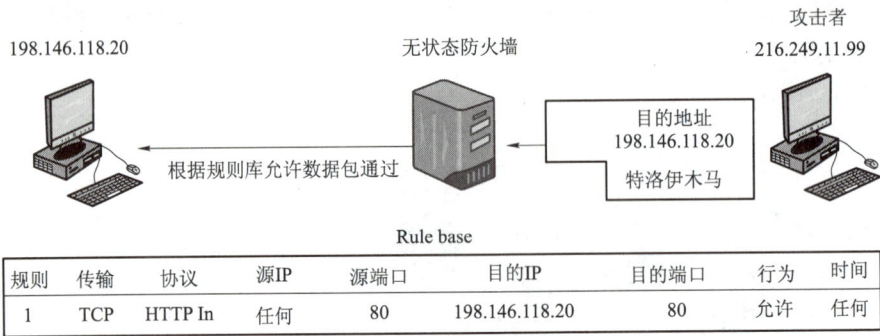

图 4-16　无状态数据包过滤

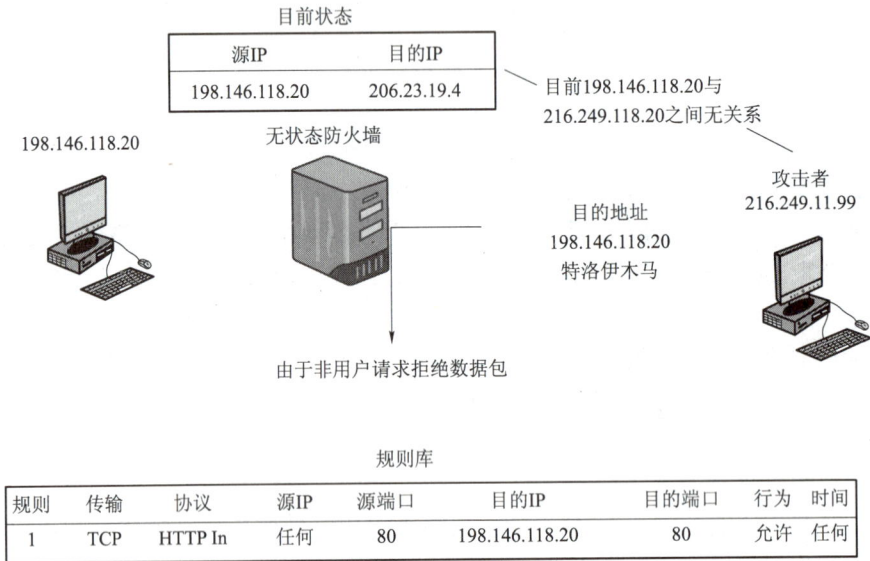

图 4-17　状态数据包过滤

（3）应用代理技术（Application Proxy）。

代理（Proxy）服务技术又称为应用层网关（Application Gateway）技术，是运行于内部网络与外部网络之间的主机（堡垒主机）之上的一种应用。当用户需要访问代理服务器另一侧主机时，对符合安全规则的连接，代理服务器将代替主机响应，并重新向主机发出一个相同的请求。当此连接请求得到回应并建立起连接之后，内部主机同外部主机之间的通信将通过代理程序将相应连接映射来实现。

应用层防火墙可以比其他防火墙更好地防御蠕虫。它通过集中和分析数据流而不是单个数据包进行防御。攻击者是通过发送一系列恶意代码来传播蠕虫的，而状态数据包过滤只查看资源地址，却不能截获这些恶意代码。应用层防火墙可以在数据包内更深入地搜索蠕虫的证据。

防火墙可以作为软件或硬件设置。软件防火墙在本地计算机中作为程序运行（有时称为个人防火墙）。图 4-18 说明了在 Windows XP 中微软因特网连接防火墙（ICF）的设置。有些优秀的个人防火墙是免费的，而大多数单机商业版本的防火墙价格也十分合理。公司防火墙是在专业设备中运行并保护整个网络的软件防火墙。这些防火墙具有先进的管理设置。

软件防火墙的一个缺点是其仅与操作系统同等安全。攻击操作系统漏洞的攻击者一般只能通过防火墙。而硬件防火墙却是运行自己操作系统的独立设备。有些防火墙可以处理大量的数据包，因为它们是专职于这项工作的。然而，硬件防火墙的费用是非常昂贵的。

防火墙是保护网络或个人计算机免受攻击的重要工具。然而，防火墙并不是网络防御的最后途径，它不能防御所有攻击。防火墙必须和其他工具合作建立安全网络环境，如杀毒软件。同时，防火墙的安全性取决于规则库。必须根据组织安全政策支持的规则合理设置防火墙，才能有效防御攻击。

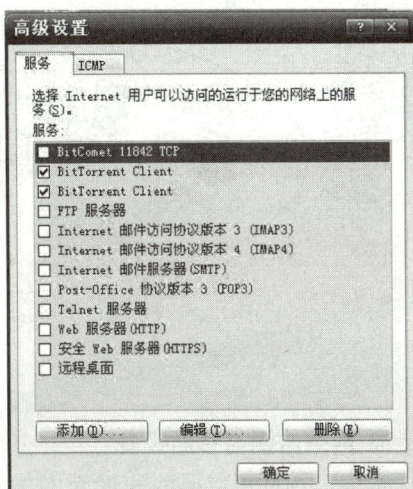

图 4 - 18 Windows XP 网络连接
防火墙高级设置

注意

应用层防火墙甚至可以拒绝请求访问特定统一资源定位符（URL）或企图访问某 URL 上执行程序的数据包。

与路由器、交换机和其他设备相同，访问防火墙也要严格授权。

---

2. 入侵检测系统

当前，平均每 20 秒就发生一次入侵计算机网络的事件，超过 1/3 的互联网防火墙被攻破，面对接二连三的安全问题，人们不禁要问：到底是安全问题本身太复杂，以至于不可能被彻底解决，还是仍然可以有更大的改善，只不过我们所采取的安全措施中缺少某些重要的环节。有关数据表明，后一种解释更说明问题。有权威机构做过入侵行为统计，发现有 80% 来自于网络内部，也就是说，"堡垒"是从内部被攻破的。另外，在相当一部分黑客攻击中，黑客都能轻易地绕过防火墙而攻击网站服务器。这就使人们认识到，仅靠防火墙仍然远远不能将"不速之客"拒之门外，还必须借助一个"补救"环节——入侵检测系统（IDS）。

入侵检测系统（IDS）用于监控网络和数据包行为，而不基于数据包的来源过滤，如图 4 - 19 所示。当积极 IDS 发现攻击时，会采取行动，如拒绝数据包或跟踪攻击来源。消极 IDS 发送情况报告，但不采取行动。

入侵检测系统具体将在第 10 章叙述。

注意

与防火墙防御攻击不同，IDS 是对攻击做出反应，所以经常遭到批评。然而，IDS 就是为反应系统设计的。随着 IDS 日渐复杂，它们能更快确认可疑行为，并日趋接近防火墙的功能，而不是入侵检测系统。

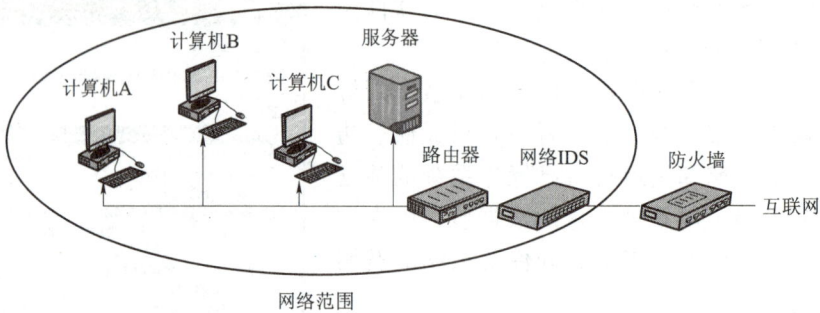

图4-19　IDS

3. 网络监测与诊断设备

很多工具都可以监测和诊断网络。然而，最普遍的工具还是SNMP。正如前面所介绍，SNMP是方便网络设备间管理信息交换的协议。作为部分的TCP/IP，SNMP使管理员监测网络性能，发现并解决网络问题，再计划网络扩充。

在SNMP中，管理设备是包含SNMP代理的网络设备。管理设备收集和存储管理信息，并为SNMP提供这些信息。有时将管理设备称为网络元素，它可以是路由器、远程登录服务器、交换机、工作点和打印机。软件代理是在管理设备中的网络管理软件模块。代理知道本地系统，并把它翻译成SNMP可兼容的形式。

4.4　设计网络拓扑

纸上画的图片大多数是二维的。然而，有一种图片是三维的，即它可以表示海波的高低。例如，在三维图片中的山比海流要高。观看三维图片使人们认为有起伏错落感。这种图片称为地形图，三维图像的科学名称为拓扑。

在计算机网络中，拓扑是指网络设备的物理设置，即如何连接和通信。正如三维地图描述土地的位置，计算机网络拓扑描述计算机网络的位置。网络拓扑对安全很重要。正如军队依据他们在高山还是平原的位置来保护城市，网络防御策略也要依据网络布局。虽然，网络拓扑可以随安全原因而改变，但必须符合组织和用户的需求。因此难以设计绝对安全的拓扑。在改变网络拓扑并设置防御之前，必须严格进行查看。本节将详细介绍安全网络的设置。

4.4.1　安全区

绘制网络拓扑的一个重点就是安全用户与外界的隔离。如果安全网络与外界成功隔离，就可以减少攻击，这是由于外界访问不能混同内部通信，而必须直接访问隔离区域。经常要设置三个主要区域：隔离区（DMZ）、内部网和外部网。

1. 隔离区（DMZ）

隔离区（DMZ）是在安全网络半径以外的单独网络。外界用户可以访问DMZ，但不能进入安全网络。在图4-20中，在安全网络外设置了DMZ。DMZ包含网页服务和邮件服务，外界不断访问这两个服务，但他们并没有进入安全网络。在DMZ中设置这种服务就限制了外界用户对安全网络的访问。

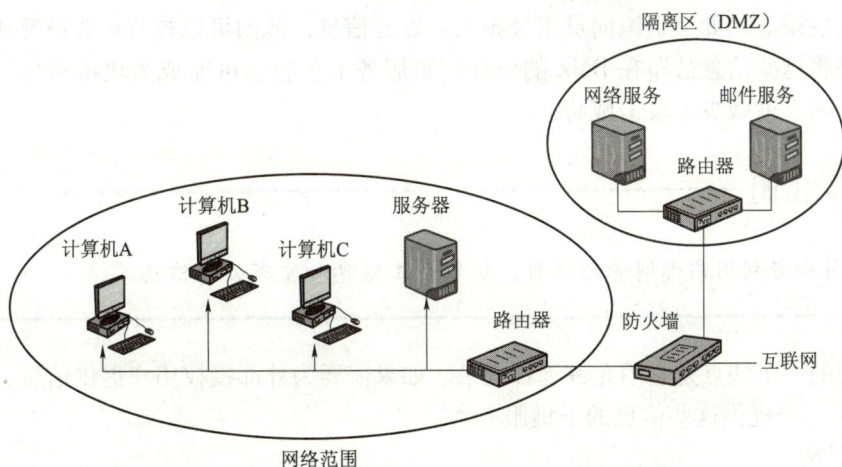

图 4 – 20　隔离区（DMZ）

作为附加安全层，有些网络使用双防火墙的隔离区，如图 4 – 21 所示。设置的理念就是外部用户不能访问内部防火墙，因为它可能会存在漏洞。攻击者要冲破两重防火墙才可以进入安全网络。

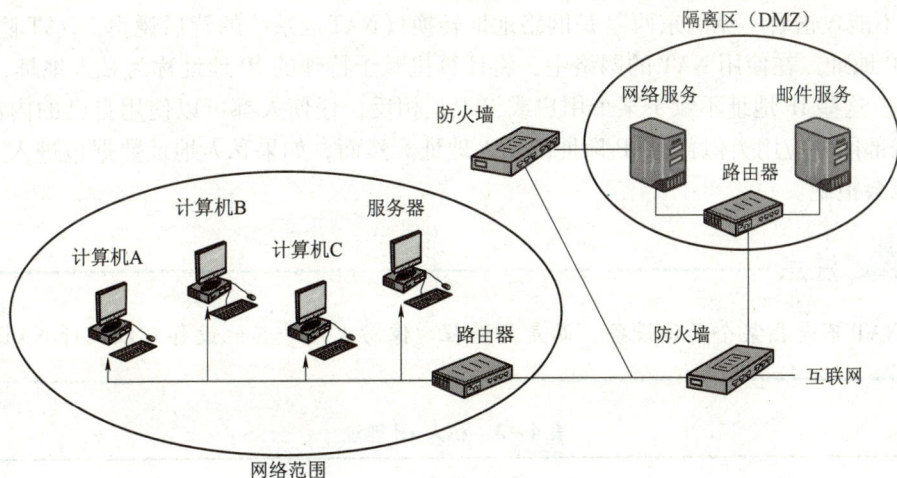

图 4 – 21　双防火墙 DMZ

在 DMZ 中设置的服务有以下几种：

◇ 网页服务；

◇ 邮件服务；

◇ 远程登录服务；

◇ FTP 服务（双向）。

2. 内部网

内部网（不要与互联网混淆）也使用同样的协议（HTTP、HTTPS 等），但只有内部授权用户可以登录。例如，组织向员工公布人力资源信息，他们可以查看病假情况或改变邮箱地址。如果将这些信息公布在 DMZ 的公开网页服务上，它就可能成为攻击目标。然而，在安全的内部网上就减少了攻击威胁。

> **说明**
>
> 公司一般利用内部网管理项目、提供员工信息和发布公司信息。

内部网的一个缺点是它不允许远程登录。如果需要为外部授权用户提供信息，就需要在 DMZ 中安装一个提供这些信息的子集服务。

3. 外部网

有时将外部网称为内部网和互联网的交叉，外部网是由授权的外部用户提供的。不是所有的外部用户都可以登录外部网，而是允许公司的供应商和合作伙伴登录。外部网是利用互联网技术与供应商、顾客或其他具有共同目标的业务伙伴连接的合作网站。外部网是业务伙伴交换信息的普遍途径。

4.4.2 网络地址转换

"你不能攻击看不见的东西"是网络地址转换（NAT）系统的背后逻辑。NAT 隐藏网络设备的 IP 地址。在使用 NAT 的网络中，将计算机赋予特殊的 IP 地址称为私人地址，如表 4-3 所示。这些 IP 地址不赋予某个用户或组织；相反，任何人都可以使用自己的内部网络。不能在内部网中应用类似普通 IP 地址的私人地址。然而，如果私人地址数据包进入互联网，路由器也会拒绝。

> **注意**
>
> NAT 不是指某个具体设备，而是指进程。像防火墙等其他设备可以执行 NAT。

表 4-3　私人 IP 地址

类　别	开始地址	结束地址
类别 A	10. 0. 0. 0	10. 255. 255. 255
类别 B	172. 16. 0. 0	172. 31. 255. 255
类别 C	192. 168. 0. 0	192. 168. 255. 255

数据包离开网络后，NAT 从发送包中删除该私人 IP 地址，并用替代 IP 地址替换，如图 4-22 所示。NAT 软件含有地址替换列表。当数据包回到 NAT 时，就会进行反过程。虽然攻击者在互联网上截获数据包，但他并不能获得发送者的真实 IP 地址。没有该地址就很

难攻击计算机。

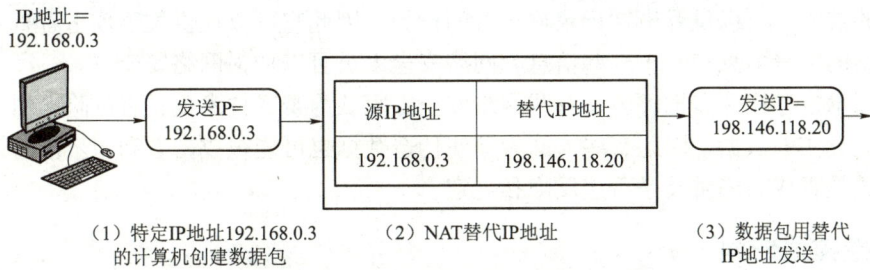

图 4 – 22　网络地址转换（NAT）

NAT 的变异就是端口地址转换（PAT）。不是赋予每个发送数据包不同的 IP 地址，而是每个数据包都有相同的 IP 地址和不同的 TCP 端口号。多个用户允许使用一个 IP 地址。现在一般将 PAT 应用于家庭路由器，允许多个用户共享互联网服务供应商（ISP）的相同 IP。

4.4.3　蜜罐技术

大多数网络安全都是被动防御的。然而，蜜罐技术是为攻击者设置了陷阱。蜜罐是在 DMZ 中设置并载入软件和数据的计算机，表面看似可信。然而，只是模仿真实数据文件，并不被阻止使用。蜜罐会故意设置一些安全漏洞，以诱惑攻击者攻击。如图 4 – 23 所示的蜜罐。

说明

有时也将蜜罐称为牺牲的羊羔或陷阱。

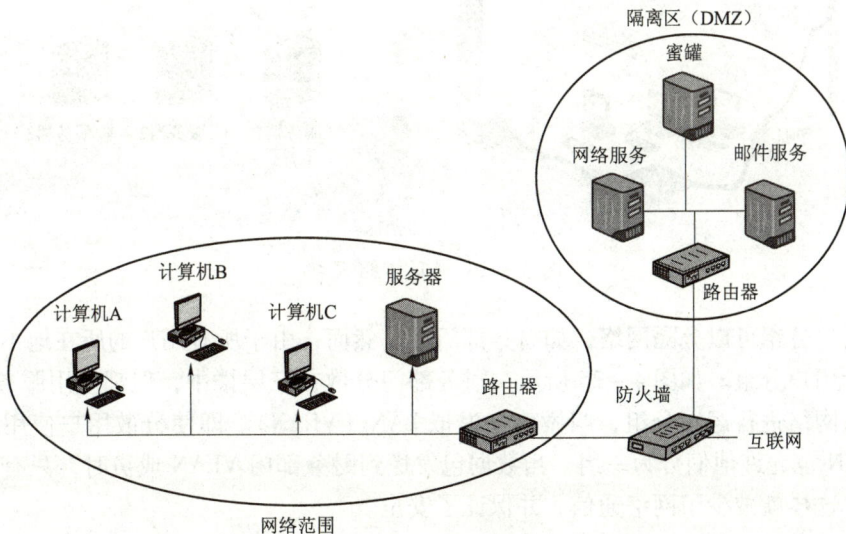

图 4 – 23　蜜罐技术

蜜罐的目的有两个。第一个目的是它转移攻击者的视线，保护网络中真正的服务器。蜜罐技术希望攻击者在假服务器上花费时间，而保护真正服务器上的数据。第二个目的是要探测攻击者的技术。可以设置蜜罐记录攻击者的行为，因此它可以提供关于攻击者查看网络及其攻击类型的宝贵信息。基于这些信息，网络安全人员可以加强网络安全。

蜜罐技术也存在许多批评者。有些网络安全专家认为蜜罐技术也具有危险。由于蜜罐需要包含看似真实的数据，因此有些人认为即使伪造数据也可能被攻击者利用。同时，有些专家怀疑蜜罐是否成为陷阱及是否违反隐私规定。

4.4.4 虚拟局域网

分割网络不仅可以避免域名冲突，也可以限制数据包传输从而提高安全性。此外，可以使用交换机为网络分层。核心交换机在顶层，负责交换机间的通信。工作组交换机直接连接在网络设备上。由于核心交换机必须处理工作组交换机间的通信，因此它必须比工作组交换机运行更快，如图 4 - 24 所示。

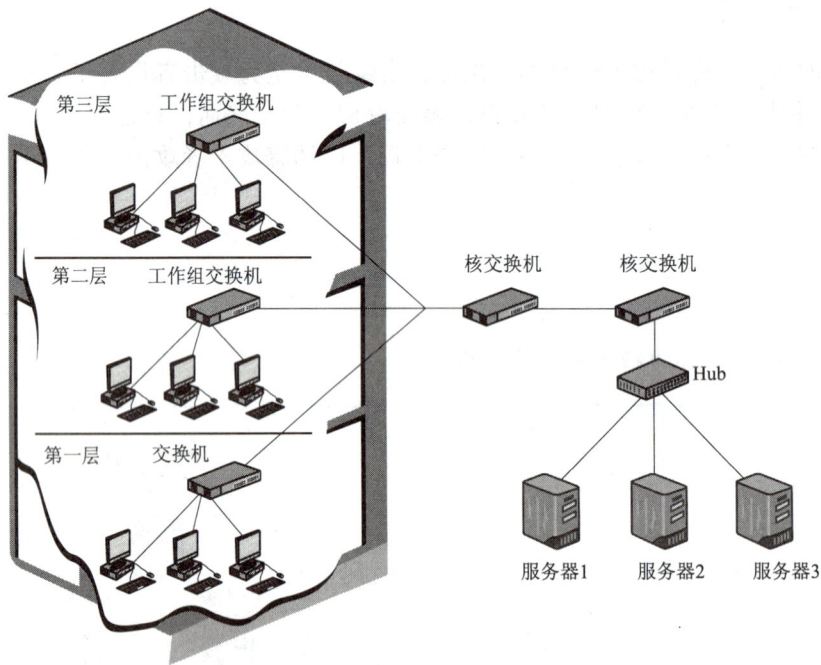

图 4 - 24   工作组交换

通过用户分组可以分隔网络，如财务部门组。然而，由于所有用户的所在地不同，因此有时难以给用户分组。如图 4 - 25 所示，财务部门分散在三层楼中，但都使用服务器 1。此外，可以对网络进行逻辑分组，叫做建立虚拟 LAN（VLAN）。即使分散用户使用不同的交换机，VLAN 也允许他们分为一组。当数据包发送到财务部门 VLAN 成员时，只有他们能收到数据包，这样就减少了网络通信，并保证了安全。

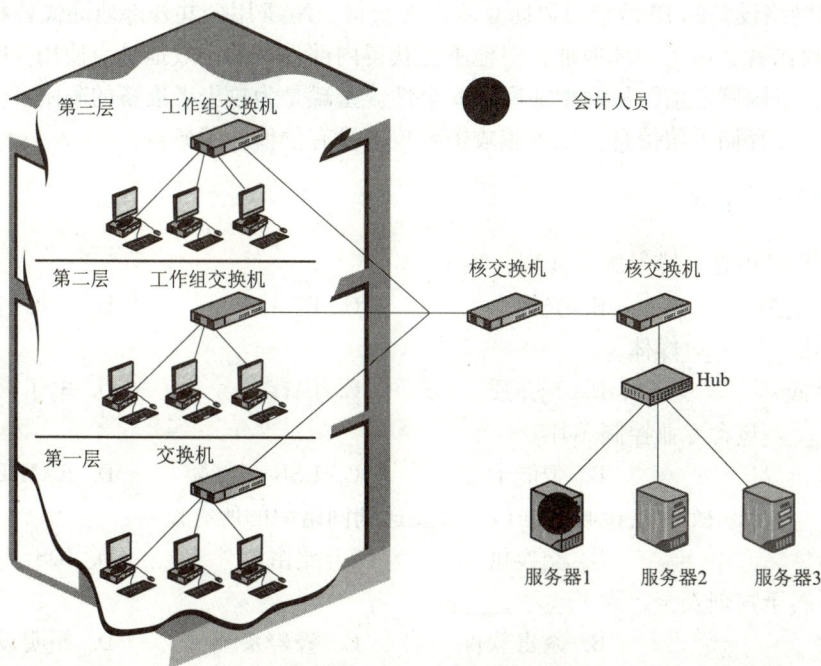

图 4 - 25   虚拟 LAN（VLAN）

4.5   复习与思考

4.5.1   本章小结

◇ 网络的物理架构，如电线、连接器和电缆，将用以承载设备间的通信信号称为电缆设施。在电缆设施中广泛使用的三种通信媒体是：同轴电缆、双绞线和光缆。攻击者可以利用一种称为"嗅探"的技术进入电缆设施，并查看数据包内容。物理安全可以防止入侵者进入电缆设施，如门锁和警告系统。

◇ 用来存储信息的移动媒体包括磁介质（硬盘）、光学媒体（CD 和 DVD）和电子媒体（移动设备、闪存卡和智能卡）。使用移动媒体的危险有容易丢失或被盗和感染恶意代码。移动媒体需要政策和产品的保护，如在所有使用移动媒体的计算机上安装杀毒软件。

◇ 必须加固网络设备以防攻击，如工作站、服务器、交换机或路由器。为加固网络设备，可以定期安装补丁、使用安全密码和限制入侵者访问。网络安全设备可以防止攻击。防火墙是根据规则库过滤数据包的安全设备。IDS 扫描网络或计算机，并寻找攻击证据。一旦发现就可以采取措施。网络主要通过 SNMP 进行监控。

◇ 网络设计，即拓扑，在防御攻击中扮演重要角色。把很多网络分成了安全区域和非安全区域。在 DMZ 中，公共访问服务（网页服务、FTP 和邮件）可以远离安全网络。这就避免了授权用户和非授权用户使用相同网络。进一步将网络分割为内部网和外部网，内部网同网页服务相似，在安全网络中只有授权用户可以访问，这样可以避免攻击者访问重要信息。外部网是允许授权外部用户访问的安全站点，主要用于业务伙伴。

◇ 隐藏网络设备的 IP 地址可以防止攻击者获得。NAT 用公共外部地址代替私人内部 IP 地址。虽然攻击者掌握了外部地址，但他不能获得内部设备的有效地址。使用 VLAN 可以减少域名冲突，且限制通信，从而增加网络安全性。蜜罐是为攻击者准备的陷阱。它们看似为服务器，但实际存储了假信息，以诱骗攻击者攻击没有价值的服务器。

4.5.2 思考练习题

1. 以下都可以在电缆设施中找到，除了_____。
   A. 同轴电缆　　　　　　B. 光缆　　　　　　C. RJ－11　　　　　D. BNC 连接器
2. 软盘是_____媒体。
   A. 磁介质　　　　　　　B. 光介质　　　　　C. 闪存　　　　　　D. 电子
3. _____包含专业控制芯片。
   A. 闪卡　　　　　　　　B. 智能卡　　　　　C. USB 存储棒　　　D. RAM BIOS
4. _____从一个网络接收数据包，并发送到网络中的所有设备。
   A. Hub　　　　　　　　B. 交换机　　　　　C. 路由器　　　　　D. IDS
5. 以下属于物理安全，除了_____。
   A. 门锁　　　　　　　　B. 杀毒软件　　　　C. 警告系统　　　　D. 照明设备
6. 虽然双绞线曾在网络设备中广泛使用，但现在已很少使用了。对还是错？
7. 交换机不能限制嗅觉的影响。对还是错？
8. DSL 宽带连接允许一直上网，而调制解调器则不是。对还是错？
9. 远程登录服务不能识别通用命名规则。对还是错？
10. 移动设备，如 PDA 和手机，对安全没有真正的威胁。对还是错？
11. 用于在设备间传输数据通信信号的物理架构，如电线、连接器和电缆，叫做_____。
12. 攻击者可以利用_____技术截获网络传输的数据包。
13. 在本地计算机中作为程序运行的软件防火墙，称为_____。
14. _____是部分的 TCP/IP，用于收集网络性能的数据。
15. 电信公司比较大的中央交换机办公室的小版本是_____。
16. 解释状态数据包过滤和非状态数据包过滤的区别。
17. 积极侵入检测系统与消极侵入检测系统有何不同？
18. 什么是隔离区（DMZ）？使用它的原因是什么？
19. 解释内部网和外部网的区别。
20. 网络地址交换（NAT）是如何工作的？

4.5.3 动手项目

项目 4－1：设置 Microsoft 因特网连接防火墙

Microsoft 因特网连接防火墙（ICF）是 Windows XP 中状态数据包过滤的防火墙。虽然它不如其他个人防火墙功能齐全，但可以提供基本保护。在本项目中，将打开并设置 ICF。

如果使用的是学校实验室的计算机或其他非自己所有的计算机，首先需要联系实验室管理员或网络管理员，因为完成本项目可能需要特殊的权限。

（1）单击"开始"按钮，选择"开始"菜单中的"连接"命令，再选择"连接"下级菜单中的"显示所有连接"选项（如果"开始"菜单中没有"连接"命令，则单击"开始"按钮，选择"开始"菜单中的"控制面板"命令，打开"网络和 Internet 连接"下的"网络连接"）。显示"网络连接"窗口，并显示计算机使用的网络连接。

（2）右击"希望得到保护的连接"，单击"属性"选项，弹出"属性"对话框。

（3）单击"高级"按钮，查看"通过限制或防止从 Internet 访问此计算机来保护计算机和网络"窗口。

（4）单击"高级"选项下"设置"对话框中"设置"按钮，显示"高级设置"对话框，如图 4 - 26 所示。利用"高级设置"对话框设置 ICF 的规则库。该设置难以过滤传入通信。由于不需检查 IP 地址源，因此 ICF 不检测任何向外数据包。

（5）单击"添加"按钮，显示"服务设置"对话框。输入以下设置，可允许来自Napster 的数据包穿过防火墙，如图 4 - 27 所示。

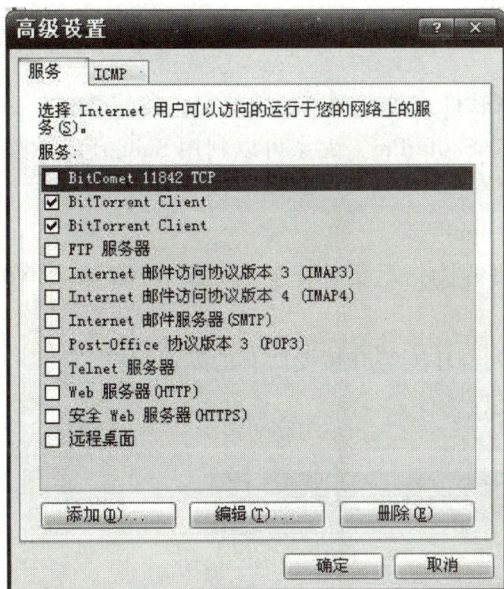

图 4 - 26　ICF"高级设置"对话框　　　　图 4 - 27　添加规则库

◇ 服务描述：Napster。

◇ 主持此服务的计算机名称或 IP 地址：计算机 IP 地址。（如果不清楚 IP 地址，单击"开始"按钮，选择"开始"菜单中的"运行"命令，在弹出的对话框中输入"cmd"命令，按下 Enter 键。在命令提示符中，输入"ipconfig/all"命令，按下 Enter 键。）

◇ 服务的外部端口号为 6699。

◇ 服务的内部端口号为 6699。

（6）单击"确定"按钮。现在就允许 Napster 数据包通过防火墙。

（7）在"例外"选项对话框中，选择需要记录的防火墙行为。

（8）在"安全日志记录"中查看"记录丢弃数据包和记录成功数据包"的信息。

（9）单击 ICMP 选项。注意默认设置的 ICF 不对称反应（不选择"允许传入请求"选项），单击"确定"按钮，关闭"高级设置"对话框，单击"确定"按钮，关闭"属性"对话框。

（10）关闭所有窗口。

现在测试 ICF 连接，由于公司防火墙总是保护网络，可疑数据包不会到达 ICF。在执行下列几步之前，记录计算机的 IP 地址，并使用另一台联网计算机。

（11）单击"开始"按钮，选择"开始"菜单中的"运行"命令，弹出"运行"对话框。

（12）在该对话框中输入"cmd"命令，按下 Enter 键。弹出"命令提示符"对话框。

（13）在"命令提示符"对话框中，输入"ping ip-address"命令，"ip-address"就是需要测试 ICF 连接的系统 IP 地址。按下 Enter 键。

（14）输入"Exit"命令，按下 Enter 键，关闭"命令提示符"窗口。返回设置防火墙的计算机。

（15）打开并查看 ICF 日志文件（默认地址是"C：\Windows\pfirewall. log"）。

项目 4 - 2：安装数据包嗅探软件

迄今为止，只有网络专家可以购买数据包嗅探软件这种昂贵产品。然而，目前已经有一些免费的数据包嗅探软件了。其中最受欢迎的就是 SnifferPro。大家可以利用 SnifferPro 软件进行检测、统计、发展软件和协议以及教学。

（1）登录网站"www. SnifferPro.com/download. html"。

网站下载程序可能会改变。如果改变了，认真阅读指示文件，下载一款在 Windows XP 下运行的 SnifferPro 软件。

（2）下载完毕后，单击"打开"按钮。按下列程序安装并接受所有的默认设置。

现在使用 SnifferPro 截获发送邮件服务的数据包。

（3）打开 SnifferPro 主窗口，如图 4 - 28 所示。

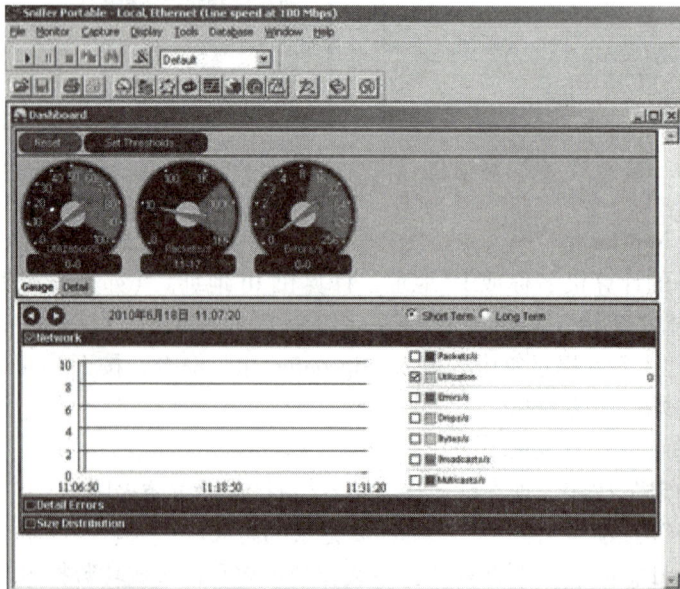

图 4 - 28　Sniffer 主窗口

（4）在主菜单中单击"截获"选项，再单击"开始"按钮，打开 SnifferPro 软件，弹出"截获选项"对话框。

（5）接受默认设置，单击"确定"按钮。现在就可以利用该软件截获数据包。

（6）在 DOS 方式中，输入"ftp 172.18.25.109"（FTP 服务器 IP 地址）。

（7）用户名输入"ftp"（若该用户名不存在，会发送错误提示）。然后输入密码"ftp"，按下 Enter 键，如图 4-29 所示。

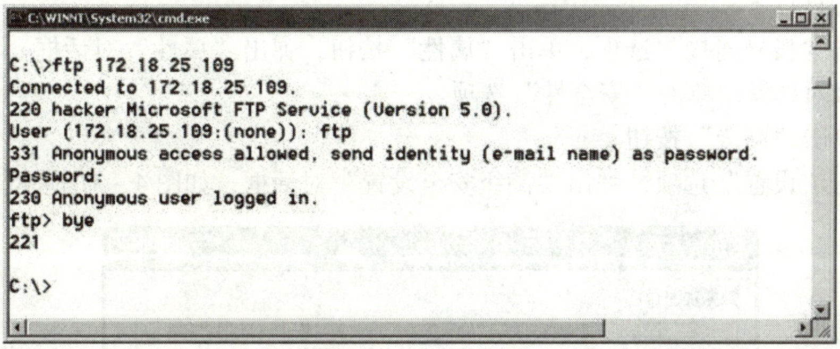

```
C:\>ftp 172.18.25.109
Connected to 172.18.25.109.
220 hacker Microsoft FTP Service (Version 5.0).
User (172.18.25.109:(none)): ftp
331 Anonymous access allowed, send identity (e-mail name) as password.
Password:
230 Anonymous user logged in.
ftp> bye
221

C:\>
```

图 4-29　DOS 窗口

（8）返回 SnifferPro 窗口，单击"停止"按钮。注意被截获的大量信息。顶上的窗口显示了传输的每个数据包，中间的窗口提供每个数据包的详情，最下面的窗口显示数据包的内容。

（9）在最上面窗口中，查看数据包内容。注意用户名和密码显示在文本框中，如图 4-30 所示。

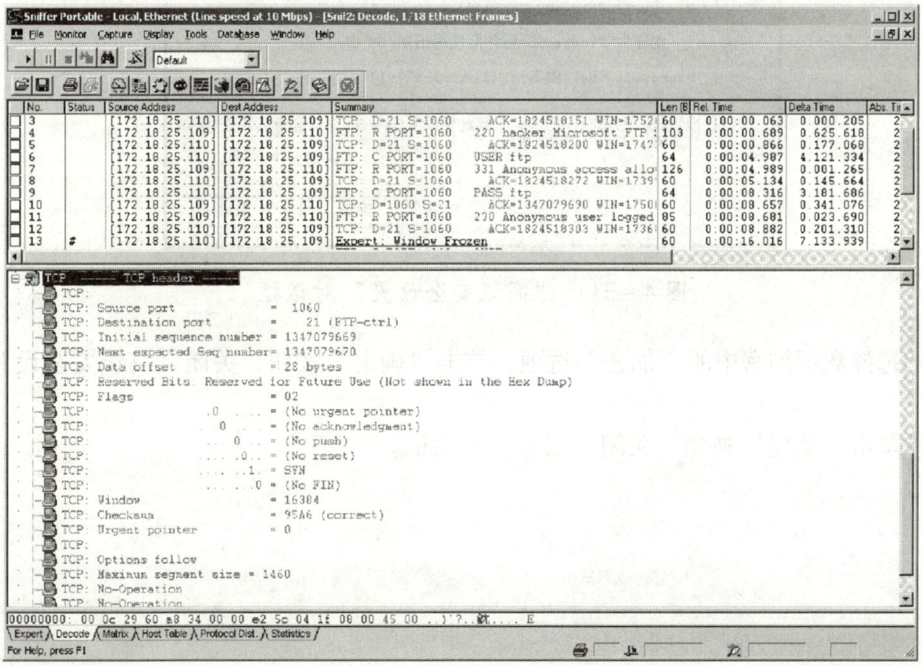

图 4-30　用户名和密码文本

（10）关闭 SnifferPro，并不保存数据。

项目 4 - 3：设置远程登录客户端

在本项目中，将设置 Windows XP 系统下的远程登录客户端。

（1）单击"开始"按钮，选择"开始"菜单中的"连接"命令，再选择"连接"下级菜单中的"显示所有连接"命令（如果"开始"菜单中没有"连接"命令，则单击"开始"按钮，选择"开始"菜单中的"控制面板"命令，打开"网络连接"文件夹）。显示"网络连接"窗口。

（2）右击"拨号连接"选项，单击"属性"按钮，弹出"属性"对话框。

（3）在该对话框中单击"安全性"选项。

（4）再单击"高级"按钮。

（5）单击"设置"选项，弹出"高级安全设置"对话框，如图 4 - 31 所示。

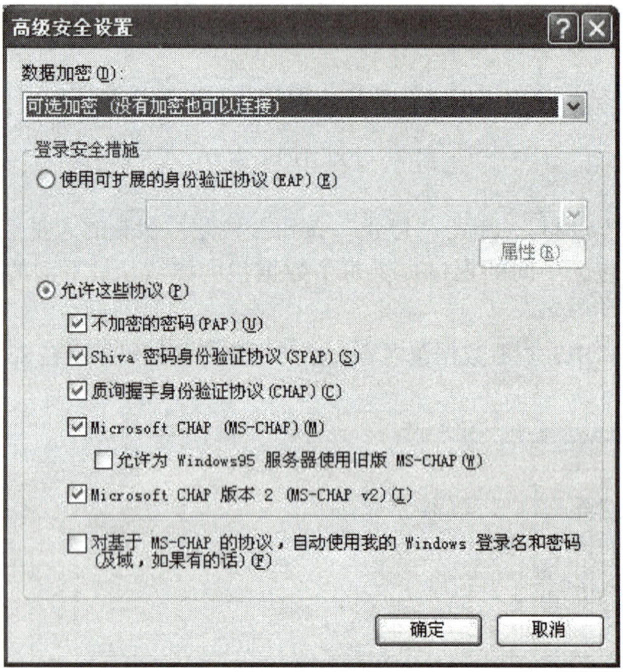

图 4 - 31   "高级安全设置"对话框

（6）选择数据加密中的"加密"选项。单击"确定"按钮，关闭"高级安全设置"对话框。

（7）单击"确定"按钮，关闭"属性"对话框。

■ Chapter 5

第5章 网页安全

 情境引入 ○○○

　　或许没有一个软件开发商会受到比微软更多的关于程序缺陷的指责。批评指出微软程序每隔一段时间就会出现漏洞。例如，2009 年 5 月 19 日，江民全球病毒监控系统、云安全防毒系统监测到一个利用微软 MS08-67 漏洞入侵网站服务器，进行批量挂马的"牧童"变种 k 病毒，该病毒运行后会利用其释放的恶意驱动程序强行关闭安全软件的自我保护功能，终止大量的安全软件、系统工具和应用程序的进程，使得用户计算机失去保护，致使用户面临更多的网络安全威胁。

　　据江民反病毒专家介绍，"牧童"变种病毒运行后会感染所有磁盘分区中的".html"和".htm"文件，通过向其尾部添加额外代码来实施网页挂马。而病毒一旦入侵到某个网站的服务器中，就会把这台网站服务器上的所有网页插入木马脚本，使所有通过互联网访问到这些网页的用户中毒，造成大量用户感染病毒，从而实现病毒的进一步传播。

　　据了解，该病毒除了会通过 MS08-67 漏洞进行传播外，还会感染 C 盘以外的大量 .exe 文件，受感染的文件一旦被运行，就会在被感染计算机系统的后台秘密连接黑客指定的远程服务器，下载大量恶意程序并自动调用运行，所下载的恶意程序包括大量网络游戏盗号木马、远程控制木马等，严重威胁用户私密信息安全。

　　然而，微软承认仅有 12 个安全专家与超过 20 000 个软件工程师合作。现在微软会在软件发行前后将它们发送给外界独立公司进行检测。

　　为什么倾向于攻击软件？安全专家总结了三个主要原因。

　　第一个原因是由于软件承担任务的数量巨大，现在软件的代码都很长。华尔街日报指出，即使优秀的软件代码每 1 000 行也会存在一个缺陷。例如 Windows XP 有 4 000 万行代码，Debian GNU/Linux 有 5 500 万行代码。代码的程度和复杂性使软件易受到攻击。

　　第二个原因是扩展性。可扩展系统可以接受升级，并具有新功能。扩展系统会提供诱人的新服务，然而也会付出巨大代价。新模块可能不会被合理检测或与其他模块发生冲突，为攻击者提供安全漏洞（目前操作系统通过设备驱动和模块支持扩展性，需要时便可下载）。

　　第三个原因是连接性。随着更多计算机和设备为连接因特网而设计，攻击者不需要对系统进行物理访问就可以发动攻击。攻击者可以在大洋彼岸发动攻击，感染众多联网计算机。为减少攻击威胁，必须集中精力保护互联网中计算机的基本通信。

本章内容结构 ○○○

本章内容结构如图 5 – 0 所示。

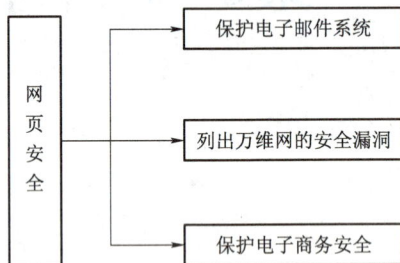

图 5 – 0　本章内容结构图

本章学习目标 ○○○

◎ 保护电子邮件系统；

◎ 列出万维网的安全漏洞；

◎ 保护网络通信安全；

◎ 保证即时信息传输安全。

5.1　保护电子邮件系统

自从 1971 年开发商 Ray Tomlinson 发送第一封电子邮件起，电子邮件就成为人们每天生活的重要组成部分。依据 Jupiter 研究结果，现在组织员工平均每天收到 81 封邮件，发送 30 封邮件。电子邮件已经取代了传真成为主要的商业通信工具。

说明

虽然 Ray Tomlinson 开发了第一个电子邮件系统，但印象更为深刻的是他将@ 用于邮箱地址中，如 administrator@ course.com。Ray 自称他的灵感来源于商务交易中单位价格的说明。

电子邮件已成为攻击者的重要目标，必须予以保护。在本章中，将探讨电子邮件的工作原理以及学习检测漏洞和保护电子邮件的方式。

5.1.1 电子邮件系统的工作原理

电子邮件系统利用两个传输控制协议/互联网协议（TCP/IP）发送和接收信息。简单邮件传输协议（SMTP）处理发送的邮件，邮局协议（POP，现在更普遍的版本为 POP3）负责接收邮件。SMPT 服务在端口 25 等待，而 POP3 在端口 110 等待，如图 5-1 所示。

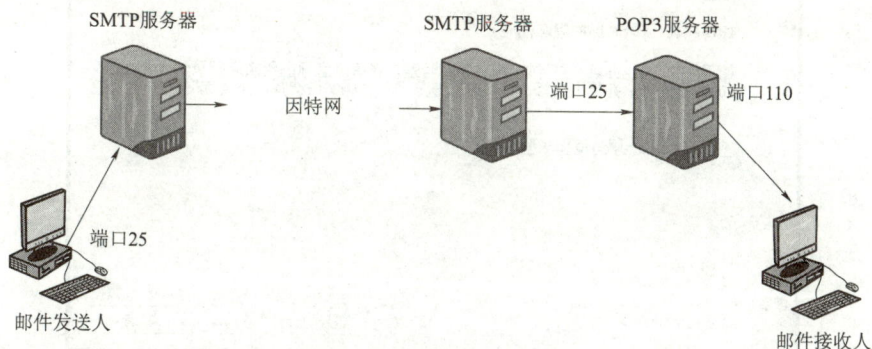

图 5-1 邮件服务器

电子邮件工作原理如下：

（1）发信人（sender@ source.com）使用独立的电子邮件客户端，如 Microsoft Outlook 向收信人（receiver@ destination.com）写邮件，并发送。例如，发信人单击 Microsoft Outlook 上的"发送"按钮。

（2）Outlook 使用端口 25 连接 mail. source.com 的 SMTP 服务器，并发送邮件。

（3）SMTP 服务器将收信人地址分为两部分：收信人名称（receiver）和域名（destination.com）。如果收信人与寄信人的域名相同，SMTP 服务器利用程序传递代理，把信件交给 source.com 本地 POP3 服务器。由于收信人的域名不同，SMTP 向域名服务器（DNS）发送请求，查看 destination.com 的 IP 地址。

（4）source.com 的 SMTP 服务器通过因特网使用端口 25 连接 destination.com 的 SMTP 服务器，并发送邮件。

（5）destination.com 的 SMTP 服务器确认信件的域名为 destination.com，它把信件通过传递代理交给 destination.com 的 POP3 服务器，然后放进收件人信箱中。

如果 source.com 的 SMTP 服务器不能连接 destination.com 的 SMTP 服务器，信件就在等待序列中。大多数机器中的 SMTP 服务器使用发信程序作为实际的发送，所以这些队列叫做发信对。发信程序定期尝试重新发送队列中的信件，大约每 15 分钟 1 次。4 个小时后，它会向发信人发送有关该问题的信息。5 天后，大多数发信程序就停止发送信件了。

当设置电子邮件客户端时，必须设置 SMTP 和 POP3 服务，如图 5-2 所示。POP3 是在服务器上允许用户存储信件的基本协议。邮件客户端连接 POP3 服务器并下载信件到本地计算机中。完成信件下载后，信件就从 POP3 服务器上删除。删除从邮件服务器上取回的信件，然后存储在本地计算机中，使管理多台计算机信件很困难。

因特网邮件访问协议（IMAP，现在的版本为 IMAP4）是解决问题更先进的协议。利用 IMAP，邮件留在邮件服务器上。可设置文件夹存储邮件，并随时读取。客户端邮件软件允

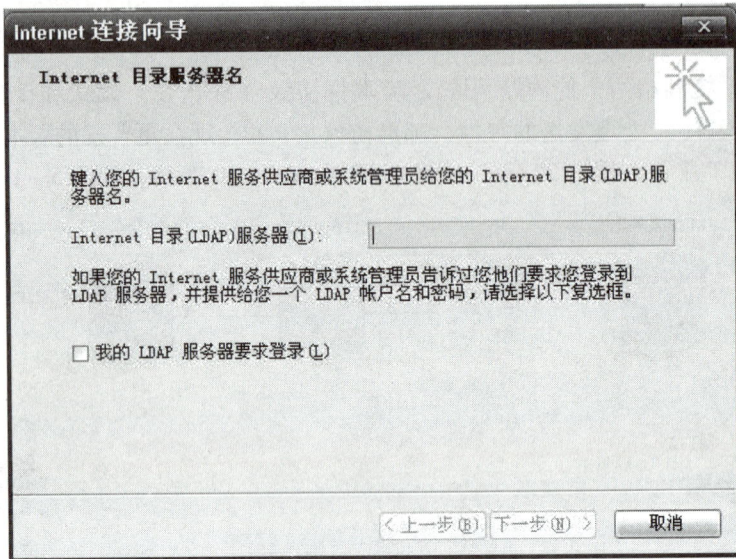

图 5－2　设置邮件账户

许 IMAP 用户下线时处理邮件。这是因为下载邮件到本地计算机，而不删除 IMAP 上的邮件。用户在下线时可以读取和回复邮件。当用户上线时，新邮件会发送出去。客户端邮件通过端口 143 连接 IMAP 服务。

邮件附件是二进制文件（非文本），如 Word 文档、电子数据表、声音文件或图片。在传输前必须将这些非文本文件转化为文本格式。典型的转换过程是 3 个字节的二进制文件转化为 4 个字节的文本文件。转换过程每次取 6 位字符，加上 32，就变成了 ASCII 文本字符。

注意

在邮件客户端之前，发信人需要利用程序手动转换二进制文件。（收信人也要利用程序进行转化）

5.1.2　电子邮件的安全漏洞

随着电子邮件对用户和组织日趋重要，攻击者会利用许多邮件漏洞。这些漏洞包括：木马、垃圾邮件和骗局。下面将分别进行讨论。

1. 木马

由于电子邮件广泛存在，因此它取代软盘并成为木马恶意代码的主要载体。选择邮件作为木马载体的原因有两点：第一，由于所有因特网用户都有邮箱，因此具有攻击的广泛性，第二，木马可以利用邮件自我繁殖，蠕虫可通过邮件进入用户计算机，然后把自己发送给地址列表的所有用户，或把自己作为回复发送到未读邮件中，收件人看到熟悉用户发送的回复信件，会毫无顾虑地打开邮件。

有些电子邮件木马设置不需要用户打开附件就能感染计算机。例如，蠕虫 VBS.BubbleBoy 利用 Microsoft Outlook 和 IE 的安全漏洞，在 Windows 操作系统中插入了脚本文件。当阅读邮件内容而不是打开附件时，就发生了病毒感染。其他蠕虫，如 Nimda 和 W32.Klez，当打开附件时就会感染病毒。虽然单击附件可能会启动相应的应用程序（如 Microsoft Word 会打开 .doc 文件），但同时也可能启动一些未知文件，而不是实际执行含蠕虫的附件。

木马病毒可能会影响邮件客户端。木马是记录用户执行步骤的脚本程序。木马经常在电子表格中使用允许新用户操作数据的命令，如搜索某个文本，而不需要具有电子表格的知识。木马记录熟练用户搜索数据的必要步骤，新用户只需按照步骤操作即可。木马病毒利用木马执行恶意功能。不只是电子表格，电子邮件客户端也可以在 Word 程序和其他应用软件中运行木马，进而通过电子邮件系统感染病毒。

注意

在早期版本的 Microsoft Word 和 Excel 中，当打开文件时，木马可以自动运行。除非是低等级的安全设置，否则现在更多版本在运行程序之前都先询问用户。

最有效防御邮件木马的方式是三步法。

第一步，向用户宣传木马通过邮件进入系统的方式以及减少感染危险的合理措施。由于每天收到大量邮件，用户必须是防御的第一线。例如，建议邮件用户不要打开含有下列文件扩展名的附件：

◇ .bat：批处理文件。
◇ .ade：微软访问项目扩展。
◇ .wsf：Windows 脚本文件。
◇ .exe：可执行文件。
◇ .pif：程序信息文件。

第二步，必须安装杀毒软件和防火墙产品，并合理设置以防止恶意代码通过邮件进入网络。

第三步，必须要开发和加强包括关闭端口（如 143，当 IMAP 不用时）和删除打开邮件回复服务的程序。

2. 垃圾邮件

因特网中的垃圾邮件或主动发送的邮件是很难判断的。根据 Pew Memorial Trust 的调查，在约 300 亿日常邮件中，有将近一半是垃圾邮件。调查还显示，垃圾邮件对用户有负面影响：

◇ 25% 的邮件用户表示，不断增长的垃圾邮件使他们不愿使用电子邮件。
◇ 52% 的邮件用户表示，垃圾邮件使他们减少对电子邮件的信任度。
◇ 70% 的邮件用户表示，垃圾邮件使他们上网不愉快或心烦。

垃圾邮件也影响工作效率。超过 11% 的人每天接收超过 50 封垃圾邮件，花费在删除垃圾邮件的时间上超过了半小时。Nucleus Research 报告显示，花费在阻止垃圾邮件上的成本平均每年每人为 $874。

许多国家已经开始通过法律处理垃圾邮件。2003 年，美国国会通过了非请求色情及广告信息攻击控制法案（CAN – SPAM）。该法律总结为表 5 – 1。早期调查显示该法律对垃圾邮件没有任何影响。

表 5 – 1　CAN – SPAM 法案

规定	描　　述
对象	◇ 发送垃圾邮件的人及提供类似服务的人 ◇ 知道（或应该知道）该服务或产品被禁止的组织或个人
合法项	◇ 含有交易或关系信息的邮件，如订购程序或产品升级信息 ◇ 含有准确发信人的联系信息且主动发送的商业邮件
非法项	◇ 欺骗性的标题或邮件地址 ◇ 向网站随机或大量生产的地址发送邮件 ◇ 没有明确标题的发送内容邮件 ◇ 不含最少 30 天内可停止订阅系统的邮件 ◇ 虚假信息注册的电子邮件地址 ◇ 接收请求后不能按时删除的邮件地址
起诉人	◇ 联邦交易委员会（FTC） ◇ 州法院 ◇ 因特网服务供应商（ISP） （个人收信人不能提起诉讼）
处罚	◇ 州法院可处以每封垃圾邮件 $250 的罚款，最高 $200 万 ◇ ISP 可处以每封垃圾邮件 $100 的罚款，最高 $100 万 ◇ 3 ~ 5 年的监禁

有些措施可以限制垃圾邮件，如在网络终端过滤邮件，可防止垃圾邮件进入 SMTP 服务器。同时建立垃圾邮件黑名单，阻止从该地址发出的任何邮件。

不仅可以利用邮件客户端过滤邮件。图 5 – 3 显示了在 Microsoft Outlook 的垃圾邮件设置。Outlook 具有确认垃圾邮件的内置过滤功能，还可以标示邮件或把它放到文件夹中进行稍后查看或删除。

如果这些内置功能不能捕获垃圾邮件，则可以安装单独的软件并和邮件客户端软件一同运行。同时可以使用贝叶斯过滤技术过滤复杂的邮件。用户将邮件分为两类：垃圾邮件和非垃圾邮件。分析每封邮件中每个字的过滤器会比较每个字在垃圾邮件类和非垃圾邮件类中的使用频率。如"the"字在两类中出现频率相似，就给予中间等级 50% 。又如"report"在非垃圾邮件中出现的频率很高，可能就给予 99% 的等级并确定为非垃圾邮件字，而"sex"就有 100% 的可能成为垃圾邮件字。一旦收到邮件，过滤器会找到 15 个频率最高的字，计算邮件整体的等级。虽然贝叶斯过滤器并不完美，但它确实比其他技术更有效。

3. 骗局

将含有错误警告或欺骗性提示的邮件称为骗局。骗局并不像病毒或蠕虫那样感染邮件系

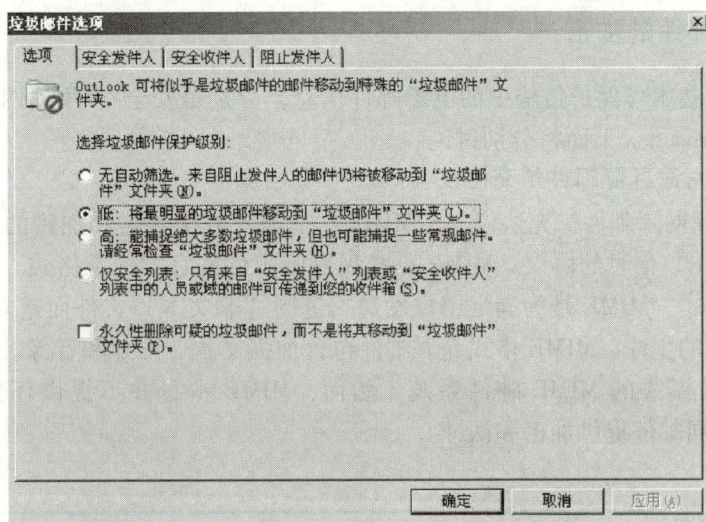

图 5 – 3 Microsoft Office Outlook "垃圾邮件选项" 对话框

统，它们会使 SMTP 服务超载，并剥夺用户的宝贵时间。以下都是一些声名狼藉骗局的实例：

◇ 微软介绍了一种新的邮件追踪系统，以维护 IE 浏览器的市场地位。这是新软件的测试版，微软已经慷慨地补偿了这些测试过程的参与者。收到该邮件的人会获得 $5；再向外发送的人会获得 $3；再收到该邮件的人会获得 $1。

◇ 病毒通过邮件发送。这叫做 A. I. D. S. VIRUS。它不仅会毁坏内存、声卡、音响和硬盘，还会感染指示器和键盘，以至于屏幕上不能显示输入内容。在硬盘存储 5 MB 时，它会自动关闭，并删除所有程序。它也会收到名为 "OPEN：VERY COOL！" 的邮件。

◇ GAP 介绍一种新邮件追踪系统，寻求最忠诚追随者。这是新软件的测试版，GAP 已经慷慨地补偿了这些测试过程的参与者。收到该邮件的人会获得一条裤子；再向外发送的人还会获得一件 T 恤；再收到该邮件的人会获得一顶帽子。

与垃圾邮件不同，骗局几乎不可能过滤。邮件骗局的防御就是忽略它。貌似真实的邮件信息很有可能是虚假的。

在攻击者中也会应用邮件骗局。表明虚假发信人的邮件被发送到可靠的收件人。由于发件人的地址看似正常（如 auditor@ internalrevenueservice.com），收件人就会受骗并认为该邮件是合法的。由于收件人认为邮件可信，他就会按照发信人的要求购买高价商品或发送个人信息（如社会保险号）到发信人信箱。邮件骗局已经成为了一个严重的问题，不仅损害个人，而且损害那些被攻击者利用的合法商业组织的邮件地址。

说明

商界现在也开始打击邮件骗局。2003 年，Amazon.com 在美国和加拿大起诉并限制 11 位商人利用标有 Amazon 的邮箱发送邮件。Amazon 索要上百万美元的赔偿惩金，以形成对攻击者的威慑。

5.1.3　电子邮件的加密

目前有两项技术可保护传输中的电子邮件信息，分别是安全/多用途网际邮件扩充协议和 Pretty Good Privacy。下面将分别讨论。

1. 安全/多用途网际邮件扩充协议

安全/多用途网际邮件扩充协议（S/MIME）是加入数字签名和加密的多用途网际邮件扩充协议（MIME）信息的协议。MIME 是扩展网际邮件的官方标准格式。由于最初将电子邮件限制为纯文本，MIME 是为满足用户发送二进制（非文本）文件而建立的。MIME 定义了如何构造邮件的主体。MIME 格式允许邮件包含加强文本、图片和音像。邮件可以通过包括这些元素标准模式的 MIME 邮件系统。然而，MIME 本身并不提供任何安全服务。S/MIME 的目的是向邮件提供加密和认证。

> **注意**
>
> 由于用户通常发送二进制数据而不是以 MIME 作为附件，因此 MIME 成为广泛使用的标准而受到质疑。

S/MIME 提供了以下功能：

◇ 数字签名：S/MIME 允许通过数字签名确认发信人。发信人可以自动为每封邮件签名且每封一签。但发送人必须有数字证书才可以签名。

◇ 差异性：由于 S/MIME 是开放标准，因此不同邮件客户可采用不同 S/MIME 产品。图 5-4 显示了 Microsoft Outlook 的 S/MIME。

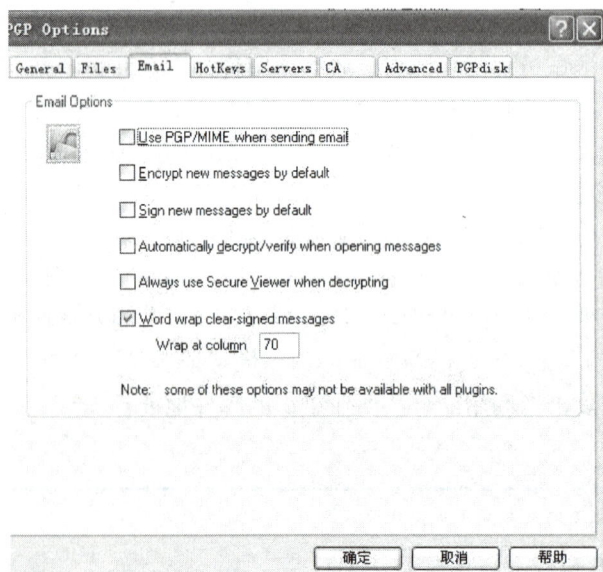

图 5-4　Microsoft Office Outlook S/MIME 设置

◇ 信息隐私：S/MIME 加密邮件，仅使发送人和目标接收人可以读懂。

◇ 无缝集成性：对于大多数客户端，S/MIME 是集成的，签字和加密信息是自动的且对用户透明。用户可以建立绝密信息或对每封信设置按钮，从而说明接收信件的安全级别。

◇ 修改检测：通过数字签名，S/MIME 使收信人确认信息是否被修改过。

虽然人们认为 S/MIME 是邮件加密和认证的通用工具，但是其主要缺点是用户可以选择加密密钥的长度（40、64 或 128 字符）。其中 40 字符的 S/MIME 密钥易于被破解。

2. Pretty Good Privacy

加密邮件的另一种程序为 Pretty Good Privacy（PGP）。PGP 的功能与 S/MIME 通过数字签名加密信息很相似。用户可以不加密邮件信息而检验发信人，但并不阻止任何人查看其内容。

当用户使用 PGP 加密邮件信息时，PGP 首先压缩信息。数据压缩既降低了传送时间，也节约了磁盘空间，这是因为采用压缩技术十分安全。大多数密码分析攻击技术企图破解邮件加密方式。压缩既降低了危险，也加大了密码分析的难度。

然后 PGP 建立会议密钥，这是仅使用一次的秘密密钥。此密钥是通过鼠标的移动或键盘输入而随机产生的。会议密钥与加密算法一起加密压缩信息。会议密钥与接收密钥一起加密数据后，再将全部数据传送到收件人。PGP 如图 5-5 所示。

说明

> PGP 密钥长度为 128 字符或 168 字符。

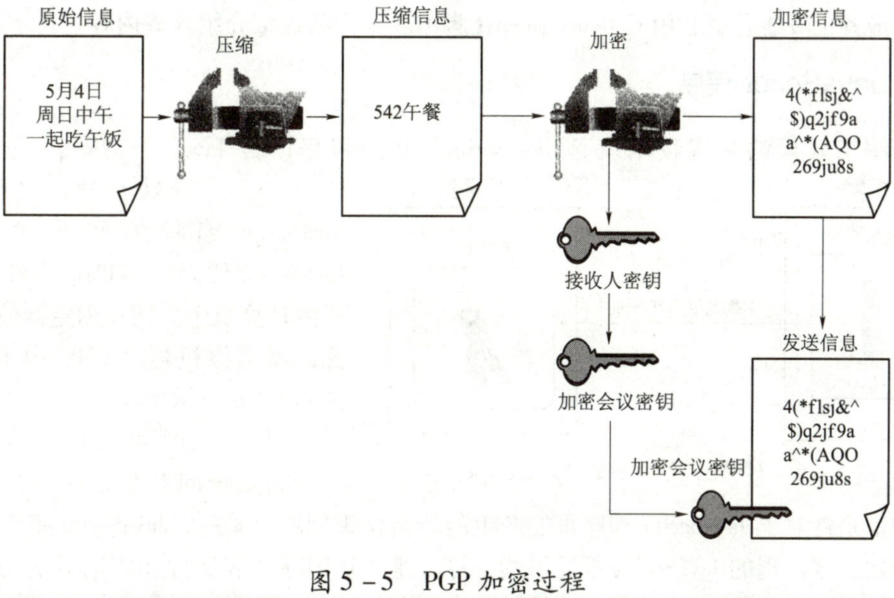

图 5-5 PGP 加密过程

PGP 使用密码短语加密本地计算机中的私有密钥。密码短语是更长或更安全版本的密码。典型的密码短语由多个字符组成，因此它可更为安全地防御字典攻击。用户密码在磁盘上使用散列密码作为安全密钥进行加密。然后用户利用密码短语解密并使用。

> **注意**
>
> 与密码相似，最安全的密码短语也是较长且复杂的。它们同样包含大小写字母、数字和标点符号，如"! My521Flight Number 4 156DLA!"。

大多数的 PGP 类似于 S/MIME，邮件客户端有一个用于自动加密和解密的管理单元。虽然人们认为它们是安全的邮件加密工具，但是 PGP 的某些软件是存在缺陷的。例如，早期版本 Windows Outlook 的缓冲溢出产生了允许攻击者进入计算机系统的安全漏洞，但并不泄露 PGP 邮件内容。

5.2　万维网的安全漏洞

虽然网页含有丰富的信息和服务，但它也是攻击者发动攻击的途径。正如前面所说，缓冲溢出攻击是非法访问网页服务的普遍方式。

网页攻击的另一个立足点来自于网页程序工具。在早期的网页中，用户通过浏览器查看静态内容（不变动的信息），如文本和图片。随着因特网的普及，逐渐出现了对动态内容的需求，如动画图片或依据观看人或时间定制的信息。动态内容要求比基本 HTML 编码更复杂的编程工具。

虽然动态内容在网页上广泛使用，但它也可以被攻击者利用。有时将它称为变相编程，这是一种更为有害的编程工具。这种编程工具包括 JavaScript、Java Applets 和 ActiveX 控件。此外，攻击者也可能恶意利用 Cookies 和 CGI 脚本。下面将详细介绍这些内容。

5.2.1　JavaScript 程序

制作动态效果的常用技术就是 JavaScript。基于编程语言 Java，JavaScript 是嵌入在 HTML 中的特殊程序。当访问用 JavaScript 编程的网站时，含有 JavaScript 代码的 HTML 文件载到用户的计算机中。网页浏览器使用 Java 翻译器虚拟机器（VM）执行代码，如图 5-6 所示。

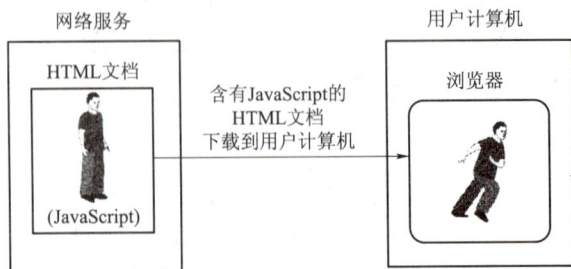

图 5-6　HTML 文件中的 JavaScript

网站自动下载程序到计算机上运行的安全问题是很明显的。很多防御措施都是针对于 JavaScript 程序可能产生的严重伤害问题。第一，JavaScript 不支持某些功能。例如，客户端的 JavaScript 不提供读、写、建立和删除列表文件和驱动器的功能。这就防止了 JavaScript 删除数据或用户计算机感染病毒。

此外，JavaScript 没有网络功能。除了载入 URL 和通过 HTML 发送数据到网络服务器，JavaScript 程序不能建立与网络中其他计算机的直接联系。这就防止了 JavaScript 程序使用本地计算机向网络中其他计算机发动攻击。

然而，还存在其他安全问题。JavaScript 程序可以未经用户知道或许可就能获得和发送用户信息。例如，JavaScript 程序可截获和发送用户的邮箱地址或者甚至发送恶意邮件到用户自己的邮箱中。

JavaScript 安全是通过限制网页浏览器来控制的。图 5-7 显示了 IE "安全设置"对话框中的 VM 设置。通常浏览器限制了从网页载入计算机的 JavaScript 程序的行为，但也提供了从计算机硬盘载入 JavaScript 程序的功能。如果用户可以自行编写 JavaScript 程序，那么他会收到可靠的 JavaScript 程序。然而，网页中的安全漏洞会使恶意 JavaScript 程序在用户不知情的状况下造成伤害。

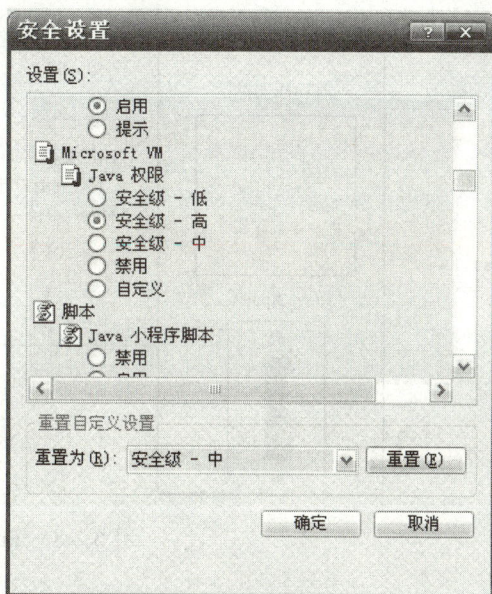

图 5-7 IE "安全设置"对话框中的 VM 设置

> **注意**
>
> 如果在浏览网页后，浏览器的默认网页设计未经允许就被修改了，这很可能是运行了恶意 JavaScript 程序。

5.2.2 Java Applet 程序

另一种恶意利用的网页程序工具是 Java Applet。与 JavaScript 嵌入在 HTML 文档中不同，Java Applet 是单独的程序。Java Applet 存储在网页服务上，然后随 HTML 代码一同载入用户计算机中。由于用户请求不必发送回网页服务器执行，再返回答案，Java Applet 可以很快运行交互式动画、即时计算或其他简单任务。所有过程都在本地计算机中执行。如图 5-8 显示的 Java Applet。

Java Applet 也可能存在恶意代码。对恶意 Java Applet 的防御叫做沙盒。在沙盒中载入并运行 Java Applet 程序，就如同是程序周围的围栏，把私人数据和计算机上的其他资源与程序相隔离。但是如果 Java 沙盒被攻破，恶意 Java 就可以访问存储在硬盘上的数据和密码。

应该了解两种 Java Applet 及其与沙盒的关系。非签名 Java Applet 来自于非信任源的程序。而签名 Java Applet 具有数字签名，证明程序来自于信任来源，并没有被更改。非签名 Java Applet 在沙盒中运行，限制其行为；而签名 Java Applet 不受限制。如果非签名 Java Applet 企图进行沙盒之外的行为，用户就会收到自动生成的警告信号。然而，这些信息可能并不好懂。图 5-9 显示了攻击者企图获得密码信息而产生的 Java Applet 对话框。浏览器在对话框底部显示警告信息（"警告：Applet 窗口"），警告这是个非签名 Java Applet。但是很多用户不知道这是警告信息，还是照样提供密码。

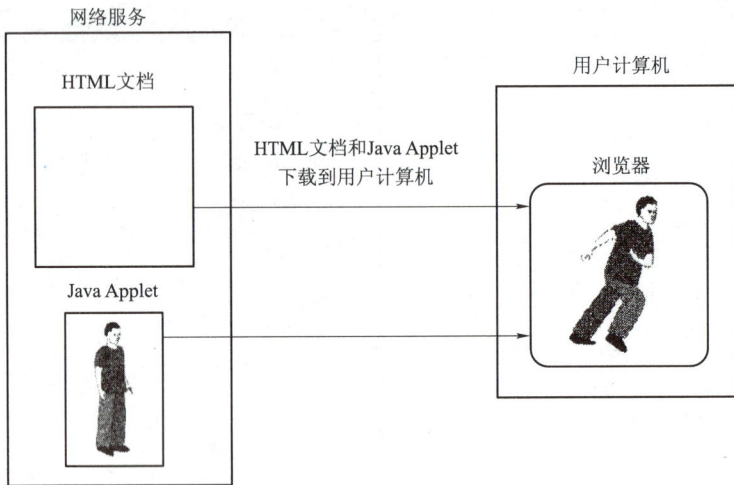

图 5-8　Java Applet

防御 Java Applet 的主要方法是利用网页浏览器的设置。图 5-10 显示了 Java Applet 的 IE 设置。

图 5-9　非签名 Java Applet

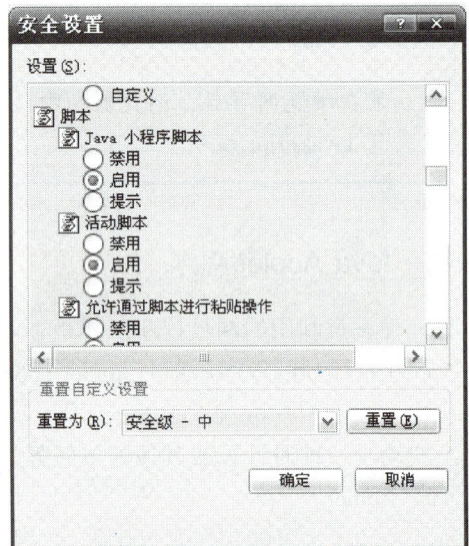

图 5-10　Java Applet 的 IE 设置

5.2.3　ActiveX

ActiveX 是微软开发的一套技术。其他微软技术的两个派生物是 OLE（对象连接与嵌入）和 COM（组件对象模型）。ActiveX 不是程序语言，而是应用程序共享信息方式的一套规则。ActiveX 控件表示安装 ActiveX 的一种特殊方式。

程序员可以用多种语言开发 ActiveX，如 C、C++、Visual Basic 和 Java。ActiveX 控件也可通过使用脚本语言或直接用 HTML Object 由网页调用。如果在本地没有安装 ActiveX 控件，网

— 114 —

页可以说明含有控件的地址。一旦连接到含有 ActiveX 控件的地址，控件便自动安装。

ActiveX 控件与 Java Applet 相似，可以运行很多相同的功能。然而，与 Java Applet 不同，ActiveX 不在沙盒中运行，而完全可以访问 Windows 操作系统。ActiveX 可以运行任何用户行为，如删除文件或硬盘格式化。微软开发了限制系统以控件风险，在下载 ActiveX 控件之前，浏览器必须确认和认证。ActiveX 控件可以分为签名的 ActiveX 控件和非签名的 ActiveX 控件。签名的 ActiveX 控件提供了高度确认，证明内容没被修改过。然而签名并不代表签名者的可信度，只是提供该控件是直接来源于签名者的保证。

Java Applet 和 ActiveX 控件的其他不同点是 Java Applet 可以运行在所有平台上，而 ActiveX 控件目前还限制在 Windows 系统环境下。

ActiveX 存在很多安全问题：

◇ 用户是否安装 ActiveX 控件取决于 ActiveX 控件的来源，而不是 ActiveX 控件本身。控件签名的人或许并不了解其安全性。任何如 ActiveX 控件的这种签名制度都有类似的问题，即安全控件可能来源于非信任人，而不安全控件可能来源于信任人。

◇ 控件每台计算机仅注册一次。如果多个用户共享同一计算机，则其他用户都可以接触任何用户下载的控件。这就说明恶意 ActiveX 控件可以感染计算机上的所有用户。

◇ 几乎所有 ActiveX 控件机制都在 IE 上设置。然而，ActiveX 控件并不只在 IE 上运行，它可以独立地执行。使用 ActiveX 技术的第三方应用程序可能就不提供 IE 这种安全机制。

◇ IE 提供的许多安全机制都只提供全选或全不选的两种选择，迫使用户在功能性和安全性上选择。如不能单独运行某种"不安全脚本"控件，而必须运行所有"不安全脚本"控件。

◇ 当执行 ActiveX 控件时，它通常具有当前用户的优先权。不能再限制控件的优先权。

◇ 由于 ActiveX 控件可由网页远程调用，每个控件都有可能成为被攻击者利用的网络通道。

◇ 由于每个 ActiveX 控件都具有自身的运行时间和行为，用户不能控件其行为。

通过 IE 管理 ActiveX 控件。建议把 ActiveX 控件设定为最高限制级别，如图 5 – 11 所示。

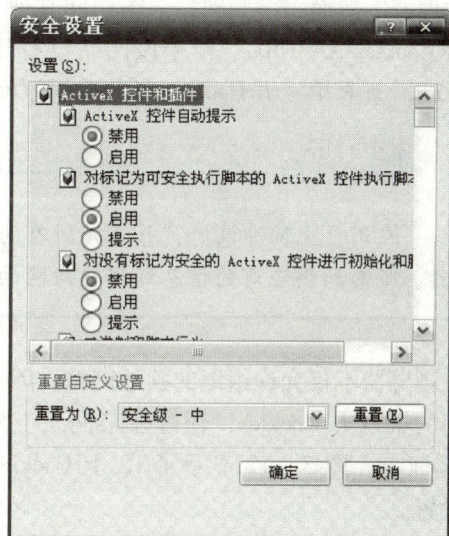

图 5 – 11　IE 中 ActiveX 设置

5.2.4　Cookies

Cookies 是含有用户信息的计算机文件。Cookies 的需求是基于超文本传输协议（HTTP）的。HTTP 规则不允许网站跟踪用户。任何用户进入网站之前的相关信息，如名称和地址，都需要删除。网页服务可以将个人信息存储在本地计算机的文件中。该文件就是 Cookies。Cookies 的内容如下所示：

RMID

449aa21d3f873a20

realmedia.com/

1024

3567004032

30124358

886173696

29593447

　*

Cookies 本身并不危险。Cookies 既不含病毒，也不会盗取个人信息并将其存储在硬盘中。它只是含有网页服务需求的信息。

然而 Cookies 存在安全隐患。由于 Cookies 含有敏感信息，如用户名和其他私人信息，攻击者经常攻击 Cookies。此外，通过 Cookies 可以了解用户上网的网站。每次浏览网站时，它都会留下一些信息，如计算机的名称和 IP 地址、浏览器的类型、操作系统、访问的网站地址或最后浏览网页地址。没有 Cookies 跟踪上网路径，就不可能了解上网习惯。然而，利用 Cookies 可轻易跟踪路径。

第一方 Cookies 是由目前浏览的网站建立的。例如，在浏览网站 www.a.org 时，Cookies A－ORG 就会存储在计算机硬盘中。每当返回该网站，www.a.org 就会利用 Cookies 查看用户的偏好。然而，一些网站企图访问其他 Cookies。当登录网站 www.b.org 时，该网站希望获得 Cookies A－ORG。由于该网站没有建立此 Cookies，而企图进行查看，被称为第三方 Cookies。查看第三方 Cookies 最普遍的原因就是了解用户偏好和喜爱访问的网站类型。

> **注意**
>
> 在用户上网冲浪时，并不是所有的信息都是隐秘的。浏览器会默认发出关于浏览器、版本和供应商的信息到用户访问的网站上。因此 IP 地址也是透明的。

浏览器不仅允许组织的其他网站访问不属于他们的第三方 Cookies，还可在某网站上定制处理 Cookies。图 5－12 显示了 IE 上 Cookies 的安全设置。

5.2.5　通用网关接口

通用网关接口（CGI）是描述网页服务与其他软件之间通信的一套规则。CGI 普遍用于允许网页服务显示数据库中的信息或用户通过数据库中的网页进入信息。任何根据 CGI 标准处理输入输出的软件，都可能成为 CGI 程序。CGI 脚本是依据 CGI 规则并使用脚本语言编写的短指令。

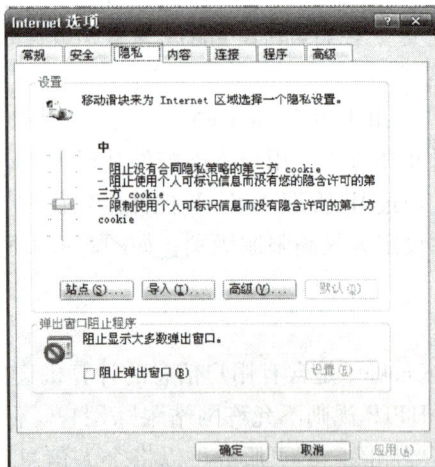

图 5－12　IE 中 Cookies 的设置

由于 CGI 脚本不过滤用户输入，而是通过网页 URL 发布命令，因此它也会产生安全危险。例如，攻击者可能通过网站浏览器进入故障链接：http：//www.course.com/cgi-hin/query?%0a/bin/cat%20/etc/passwd。

攻击者想要查看网页服务正在运行的 Linux 密码文件。URL 企图访问用 CGI 存储程序的服务（http：//www.course.com/）驱动器（cgi-hin）。攻击者加入新的代码（%0a）。在新代码行中，指定查看（cat）密码文件（/etc/passwd）的命令，且在命令和文件名中间有空格（%20）。如果网页服务上的 CGI 设置不合理，用户可以向 Linux 操作系统发布该命令。其他关于使用 CGI 的安全问题都是 CGI 脚本编程不佳或使用 CGI 程序的结果。

CGI 安全可以通过合理设置 CGI、禁用不必要 CGI 脚本或程序和检测使用 CGI 的程序代码漏洞来加强。

5.2.6　8.3 命名规则

在微软磁盘操作系统（DOS）中，文件名限制在 8 字符加点和 3 字符的扩展名，如 Filename.doc。这叫做 8.3 命名规则。最近的 Windows 版本没有此限制，允许文件名有 256 个字符。然而，为保持 DOS 的延续性，Windows 自动对长文件名建立符合 8.3 命名规则的别名。例如，文件 ALongerFileName.doc 赋予别名 Along-1.doc。此别名与长文件名一同存储在操作系统中。

8.3 命名规则会产生安全漏洞。微软因特网信息服务 4.0 和其他网页服务会继承上级驱动器而不是被请求驱动器，如果被请求驱动器使用的是长文件名。例如，驱动器 C:inetpub\wwwroot\具有显示驱动器内容的权限，其下的驱动器 C:inetpub\wwwroot\subdirectory 禁用驱动器列表。如果用户发出显示 http://server/subdirectory/所存文件的请求，则请求会被拒绝。然而，如果请求使用别名而不是长文件名，如 http://server/subdir-1/，驱动器列表就会显示其内容。其漏洞如图 5-13 所示。

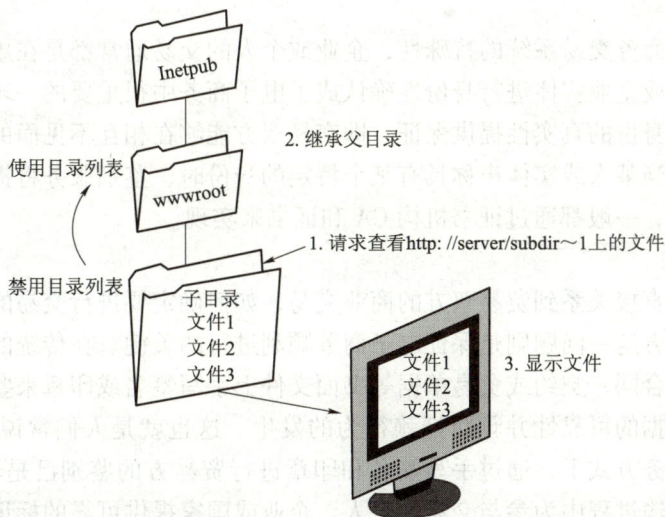

图 5-13　8.3 命名规则的漏洞

漏洞的解决方法就是改变 Windows 注册表，且禁用 8.3 别名。然而采用这种解决方式，不能识别长文件名的已有程序就不能访问文件和子驱动器。

5.3　电子商务安全

5.3.1　电子商务安全需求

电子商务在提供机遇和便利的同时，也面临着一个最大的挑战，即交易的安全问题。

电子商务面临的威胁导致了对电子商务安全的需求，也是真正实现一个安全电子商务系统所要求做到的各个方面，主要包括机密性、完整性、认证性和不可抵赖性。

1. 机密性

电子商务作为贸易的一种手段，其信息直接代表着个人、企业或国家的商业机密。传统的纸面贸易都是通过邮寄封装的信件或通过可靠的通信渠道发送商业报文来达到保守机密的目的。电子商务是建立在一个较为开放的网络环境上的（尤其 Internet 是更为开放的网络），维护商业机密是电子商务全面推广应用的重要保障。因此，要预防非法的信息存取和信息在传输过程中被非法窃取。机密性一般通过密码技术对传输的信息进行加密处理来实现。

2. 完整性

电子商务简化了贸易过程，减少了人为的干预，同时也带来维护贸易各方商业信息的完整、统一的问题。由于数据输入时的意外差错或欺诈行为，可能导致贸易各方信息的差异。此外，数据传输过程中信息的丢失、信息重复或信息传送的次序差异也会导致贸易各方信息的不同。贸易各方信息的完整性将影响到贸易各方的交易和经营策略，保持贸易各方信息的完整性是电子商务应用的基础。因此，要预防对信息的随意生成、修改和删除，同时要防止数据传送过程中信息的丢失和重复并保证信息传送次序的统一。完整性一般可通过提取信息消息摘要的方式来获得。

3. 认证性

由于网络电子商务交易系统的特殊性，企业或个人的交易通常都是在虚拟的网络环境中进行，所以对个人或企业实体进行身份性确认成了电子商务中很重要的一环。对人或实体的身份进行鉴别，为身份的真实性提供保证，即交易双方能够在相互不见面的情况下确认对方的身份。这意味着当某人或实体声称具有某个特定的身份时，鉴别服务将提供一种方法来验证其声明的正确性，一般都通过证书机构 CA 和证书来实现。

4. 不可抵赖性

电子商务可能直接关系到贸易双方的商业交易，如何确定要进行交易的贸易方正是进行交易所期望的贸易方这一问题则是保证电子商务顺利进行的关键。在传统的纸面贸易中，贸易双方通过在交易合同、契约或贸易单据等书面文件上手写签名或印章来鉴别贸易伙伴，确定合同、契约、单据的可靠性并预防抵赖行为的发生。这也就是人们常说的"白纸黑字"。在无纸化的电子商务方式下，通过手写签名和印章进行贸易方的鉴别已是不可能的。因此，要在交易信息的传输过程中为参与交易的个人、企业或国家提供可靠的标识。不可抵赖性可通过对发送的消息进行数字签名来获取。

5. 有效性

电子商务以电子形式取代了纸张，那么如何保证这种电子形式的贸易信息的有效性则是开展电子商务的前提。电子商务作为贸易的一种形式，其信息的有效性将直接关系到个人、企业或国家的经济利益和声誉。因此，要对网络故障、操作错误、应用程序错误、硬件故障、系统软件错误及计算机病毒所产生的潜在威胁加以控制和预防，以保证贸易数据在确定的时刻、确定的地点是有效的。

5.3.2 电子商务安全体系

近年来，IT 业界与金融行业一起，推出了不少有效的安全交易标准。从 TCP/IP 体系结构的角度可以将电子商务安全分成两个层次：

（1）传输层安全性。

在 TCP 传输层之上实现数据的安全传输是一种安全解决方案，安全套接层（SSL）协议和传输层安全（TLS）协议通常工作在 TCP 层之上，可以为更高层协议提供安全服务，结构如下所示。

HTTP	FTP	SMTP
SSL 或者 TLS		
TCP		
IP		

（2）应用层安全性。

将安全服务直接嵌入在应用程序中，从而在应用层实现通信的安全，如下所示。

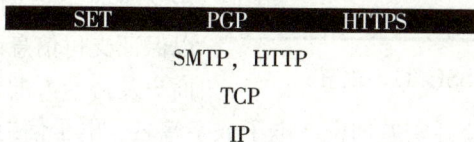

SET	PGP	HTTPS
SMTP，HTTP		
TCP		
IP		

SET 协议是一种安全交易协议，PGP 协议用于安全电子邮件的标准。HTTPS 协议依靠密钥对的加密，保障 Web 站点间的交易信息传输的安全性。

5.3.3 电子商务安全协议

1. 传输层安全协议

（1）安全套接字层协议（Secure Socket Layer，SSL）。

安全套接层协议是由网景（Netscape）公司推出的一种安全通信协议，是对计算机之间整个会话进行加密的协议，提供了加密、认证服务和报文完整性。它能够对信用卡和个人信息提供较强的保护。SSL 被用于 Netscape Communicator 和 Microsoft IE 浏览器，用以完成需要的安全交易操作。在 SSL 中，采用了公开密钥和私有密钥两种加密方法。

（2）传输层安全协议（TLS）。

是保证因特网应用程序通信隐私和数据完整的协议。TLS 是 SSL 的扩展，经常将它们表述为 SSL/TLS。

SSL/TLS 协议由两层组成，即 TLS 握手协议允许服务和客户端间的认证，以及在传输真实数据前加密算法和沟通密钥。TLS 记录协议位于可靠传输协议之上，如 TCP。它确认通过数据加密的连接是隐秘和可靠的。TLS 记录协议也用来包装更高层的协议，如 TLS 握手协议。

@ 说明

TLS 是独立的应用程序协议。更高层协议可透明地位于 TLS 协议之上。

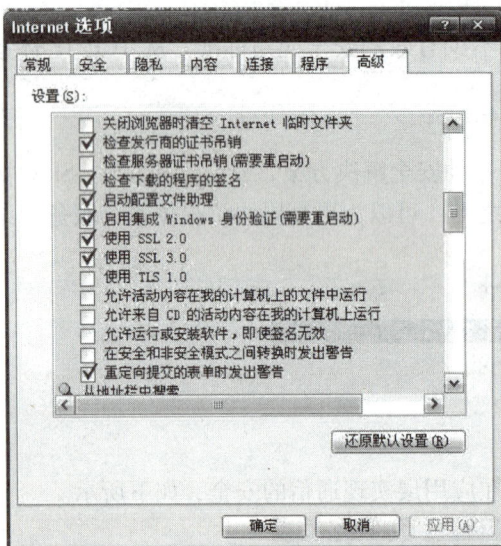

图 5 - 14   IE 中 SSL/TLS 设置

由于服务器和客户端都需要进行认证，SSL/TLS 可以防御中间人攻击。此外，由于加密数据，它可以防御并截获传输中的数据包。图 5 - 14 显示了浏览器中 TLS 和 SSL 的设置。

2. 应用层安全协议

（1）安全电子交易协议（SET）。

1996 年 2 月，美国 Visa 和 MasterCard 两大信用卡组织联合国际上多家科技机构，共同制定了应用于 Internet 上的以银行卡为基础进行在线交易的安全标准。

SET 主要是为了解决用户、商家和银行之间通过信用卡支付的交易而设计的，以保证支付信息的机密、支付过程的完整、商户及持卡人的合法身份，以及可操作性。SET 中的核心技术主要有公开密匙加密、电子数字签名、电子信封、电子安全证书等。

SET 是一种基于消息流的协议，它主要由 MasterCard 和 Visa 以及其他一些业界主流厂商设计发布，用来保证公共网络上银行卡支付交易的安全性。SET 已经在国际上被大量实验性地使用并经受住了考验，但大多数在 Internet 上购物的消费者并没有真正使用 SET。

SET 是一个非常复杂的协议，因为它非常详细而准确地反映了卡交易各方之间存在的各种关系。SET 还定义了加密信息的格式和完成一笔卡支付交易过程中各方传输信息的规则。事实上，SET 远远不止是一个技术方面的协议，它还说明了每一方所持有的数字证书的合法含义，希望得到数字证书以及响应信息的各方应有的动作，与一笔交易紧密相关的责任分担。

（2）PGP 协议。

PGP（Pretty Good Privacy）加密技术是一个基于 RSA 公钥加密体系的邮件加密软件，提出了公共钥匙的加密技术。PGP 加密技术的创始人是美国的 Phil Zimmermann。他创造性地把 RSA 公钥体系和传统加密体系结合起来，并且在数字签名和密钥认证管理机制上有巧妙的设计，因此 PGP 成为目前最流行的公钥加密软件包。

（3）安全超文本传输协议（HTTPS）。

SSL 的一个普遍用途就是浏览器和网页服务间的 HTTP 通信安全。安全模式就是由 SSL/TLS 发送"无格式"的 HTTP 并依据 SSL 命名的超文本传输协议。有时将其指定为支持 HTTP 协议的扩展 HTTPS。SSL/TLS 建立客户端和服务间的安全连接并传输大量数据，HTTPS 是为安全传输个人信息而设计的。

> **注意**
>
> 　　依据 SSL 的超文本传输协议（HTTPS），不应将它与安全 HTTP（S－HTTP）相混淆，HTTP 是另一个网页上并不著名的安全通信技术。

　　除了使用 SSL/TLS，HTTPS 使用端口 443，而不是 HTTP 使用的端口 80。用户需要在 URL 中输入 HTTPS://，而不是 HTTP://。在浏览器状态栏中的锁型图标表示传输安全。

5.4　复习与思考

5.4.1　本章小结

　　◇ 保护基本通信系统是阻止攻击的关键。最重要的系统就是电子邮件。目前电子邮件系统使用两种 TCP/IP 发送和接收信息，即 SMTP 和 POP3 或 IMAP。在传输邮件附件前，必须将其从二进制文件转化为文本格式。

　　◇ 电子邮件攻击可能是木马、垃圾邮件或邮件骗局。木马攻击可以通过附件或宏传播，如特洛伊木马、病毒或蠕虫。最有效的防御措施就是指导用户安装杀毒软件、防火墙和某些程序，如关闭端口和删除打开邮件回复服务。垃圾邮件不仅会影响工作效率，还可通过网络和客户端计算机过滤防御。对于邮件骗局，忽略即可。可利用 S/MIME 或 PGP 加密邮件信息。

　　◇ 网页漏洞会为一系列攻击打开系统。攻击者经常使用编程软件进行攻击。JavaScript 是嵌入 HTML 文档中的特殊程序代码。将代码载入用户计算机并使用 Java 翻译器在浏览器中执行它。虽然 JavaScript 不支持一些攻击者可以利用的功能（如文件访问），但它仍然是攻击的目标。JavaScript 安全通过限制网页浏览器来处理。

　　◇ Java Applet 是存储在网页服务中的独立程序，与 HTML 代码一同载入用户计算机中。虽然 Java Applet 设计是用于在沙盒中运行，但它已被攻破。

　　◇ ActiveX 是微软说明应用程序共享信息的一套技术。由 ActiveX 控件执行的功能会产生严重的安全问题。

　　◇ Cookies 是含有用户特别信息的计算机文件。Cookies 可以成为攻击目标，并由浏览器限制。

　　◇ CGI 是描述网页服务和其他软件间通信方式的一套规则。如果不加以合理设置，则 CGI 可以为攻击者服务。

　　◇ 保护公共因特网通信有两个主要工具。SSL 使用私有密钥加密由 SSL 连接传输的数据。TLS 是保证应用程序间隐私和数据完整的协议。HTTPS 是为通过因特网秘密传输个人信息而设计的。

5.4.2　思考练习题

1. 以下都是软件容易被攻击的原因，除了_____。

A. 成本　　　　　　　B. 长度和复杂性　　　C. 扩展性　　　　　　D. 连接性

2. 使用端口 25 处理发送邮件的部分传输控制协议/因特网协议（TCP/IP）是_____。

A. 简单邮件传输协议（SMTP）　　　　　B. 邮局协议（POP）

C. 因特网邮件访问协议（IMAP）　　　　D. 安全/多用途网际邮件扩充（S/MIME）

3. 下列攻击都可以利用邮件，除了_____。

A. 中间人攻击　　　　B. 病毒　　　　　　　C. 蠕虫　　　　　　　D. 特洛伊木马

4. 以下协议都可以用于加密因特网传输，除了_____。

A. 安全套接字层（SSL）　　　　　　　　B. 个人通信技术（PCT）

C. FORTEZZA　　　　　　　　　　　　　D. 通用网关接口（CGI）

5. 根据非请求色情及广告信息攻击控制法案（CAN - SPAM），以下都是非法的，除了_____。

A. 发送主动邮件信息　　　　　　　　　　B. 使用欺骗性标题或邮件地址

C. 发送邮件到随机生成的地址　　　　　　D. 没有 30 天内取消订阅的系统

6. 宏是记录用户行为的脚本。对还是错？

7. 安全/多用途网际邮件扩充（S/MIME）的主要缺陷是它使用了长度仅为 1 024 字符的弱密钥。对还是错？

8. Pretty Good Privacy（PGP）使用一次性密钥加密。对还是错？

9. JavaScript 是嵌入超文本链接标示语言（HTML）文档的特殊程序代码。对还是错？

10. JavaScript 安全是限制在客户端操作系统，而不是网页浏览器处理。对还是错？

11. _____是组织用来按该名单地址阻止垃圾邮件的地址列表。

12. 不像 JavaScript 是嵌入在超文本链接标示语言（HTML）文档，_____是当访问网站时，载入用户计算机的单独程序。

13. Java Applet 在_____中运行，就如同是程序周围的围栏，把私人数据和计算机上的其他资源与程序相隔离。

14. _____是网页服务建立含有用户信息并存储在用户计算机上的计算机文件。

15. _____是描述网页服务与其他软件通信的一套规则。

16. 解释因特网邮件访问协议（IMAP）和邮局协议（POP3）之间的区别。

17. Bayesian 过滤如何工作？

18. 什么是 ActiveX 控制？它有哪些用途？

19. 第一方 Cookies 和第三方 Cookies 有什么区别？

20. HTTP 和 HTTPS 有什么区别？

5.4.3　动手项目

项目 5 - 1：设置浏览器安全

用户通常会选择多种安全设置限制程序、Cookies 和在浏览器上的其他网页活动。在本项目中，将设置 IE 浏览器到最高安全级。如果不能正常运行，则改变必要的单独设置，而不改变所有的安全设置。

(1) 在 Windows XP 和 IE6 的计算机上，打开 IE 浏览器。例如，单击"开始"按钮，选择"开始"菜单中的"IE 浏览器"命令。

(2) 在菜单栏中单击"工具"按钮，再单击"Internet 选项"，弹出"Internet 选项"对话框。

(3) 在该对话框中单击"高级"选项卡，如图 5－15 所示。

(4) 向下滚动到最后一组"安全"选项。单击"打开每一个设置"，单击"应用"按钮。如果单击"确定"按钮，而不是"应用"按钮，则关闭"Internet 选项"对话框。单击菜单栏中的"工具"选项，然后单击"因特网选项"，再打开该对话框。

(5) 单击"常规"选项卡。

('6) 在历史记录中，单击"清除历史记录"按钮，然后单击"是"按钮，清除在 IE 上存储的访问网站的记录（这并没有删除任何 Cookies）。设置网页保存历史记录的天数为 0。

(7) 单击"安全"选项卡。

图 5－15 "高级"选项卡

(8) 单击"Internet 图标"选项。单击"默认级别"按钮，然后单击"应用"按钮。默认设置为中级。

(9) 单击"自定义级别"选项，弹出"安全设置"对话框。拖拉滚动条，找到并选择"中级安全水平"选项。思考中级中有哪些必要的设置。

(10) 单击"重置"按钮，然后单击"高"选项。在单击"重置"按钮时，如果弹出"警告"对话框，则单击"是"按钮。

(11) 滚动窗口查看高安全级别的设置。如果不能接受其中的设置，则改变个别设置。注意不要改成"低安全水平"选项。单击"确定"按钮。如果弹出"警告"对话框，则单击"是"按钮。

(12) 单击"确定"按钮，关闭"因特网选项"对话框。

项目 5－2：安装和设置 PGP

PGP 是加密邮件的主要工具。在本项目中，将下载并设置一款免费的 PGP 产品。

(1) 登录网站"www. pgp. com/products/freeware. html"。

如果网站改变了，可利用网络搜索引擎搜索 PGP 产品。然后根据链接下载最新的免费 PGP 产品。

(2) 阅读该版本的说明，按指令下载到计算机中。如果在前一项目中设置安全级别为高，则不能下载该软件。必要时重新设置安全级别为中。

(3) 双击下载的文件，将其解压缩。

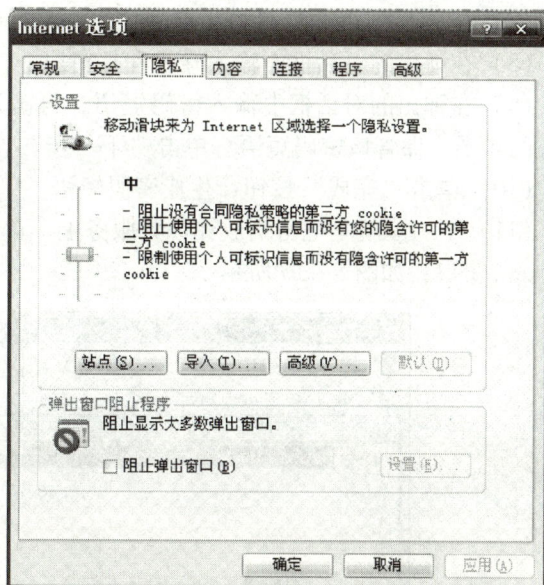

（4）解压缩后，双击 PGP8. exe 程序，按指令逐步安装。

（5）接受默认设置，完成安装。

设置 PGP 完成 3 项任务：购买加密密钥、把密钥放在公共服务上和取回其他用户的密钥。

（6）重启计算机。当弹出的 PGP 对话框询问序列号时，选择"稍后"选项。

（7）在显示的 PGP 窗口中，单击"下一步"按钮。

（8）在弹出的对话框中输入姓名和邮箱地址，单击"下一步"按钮。

（9）在弹出的对话框中输入密码短语，再确认输入。密码短语必须是多个字符和标号组成的句子。保管该密码短语。单击"下一步"按钮两次。

（10）单击"完成"按钮，生成密码短语。

（11）下一步就是把密钥放在公共服务上。单击 PGP 按钮，再单击 PGPkeys 按钮，显示 PGPkeys 窗口，如图 5-16 所示。

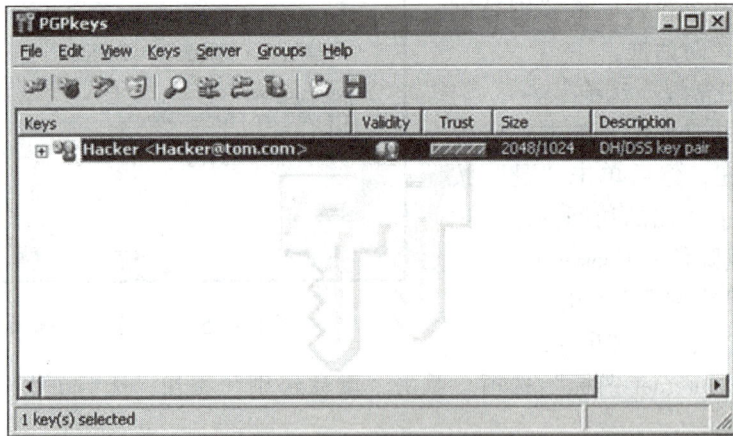

图 5-16　PGPkeys 窗口

（12）单击菜单栏中 Server 选项，再单击 ldap：//keyserver. pgp.com。单击"确定"按钮。现在其他人就可以访问该密钥了。然而，他们只能用该密钥解密发送的信息。

（13）最后一步就是取回其他用户的密钥以解密他们的信息。单击 PGP 按钮，再单击 PGPkeys 按钮，显示 PGPkeys 窗口。

（14）单击菜单栏中的"服务"按钮，再单击"搜索"按钮。

（15）输入姓名，然后单击"搜索"按钮。搜索到后将它拖到 PGPkeys 窗口中。请不要关闭该窗口，下个项目还需使用。关闭 PGPkeys 搜索窗口。

项目 5-3：发送和接收 PGP 加密邮件

现在已经设置了 PGP，就可以使用其发送和接收邮件。

（1）打开"邮件客户端"，如 Microsoft Office Outlook，编辑信息，但先不要发送。

（2）选择"邮件文本"选项。单击 PGP 按钮，然后单击当前窗口。有以下发送邮件的选项：

◇ 加密。用密钥加密信息，这样其他人就不能读懂。

◇ 签名。用户签名信息，证明其身份。然而，信息本身是文本的，任何人都可以读懂。

◇ 加密并签名。可以同时进行加密和签名。

（3）单击"加密和签名"。

（4）选择"接收人的公共密钥"选项，单击"确定"按钮。

（5）出现提示时，输入已建立的密码短语，单击"确定"按钮。现在就将信息加密和签名了，并显示在屏幕上，如图 5 – 17 所示。

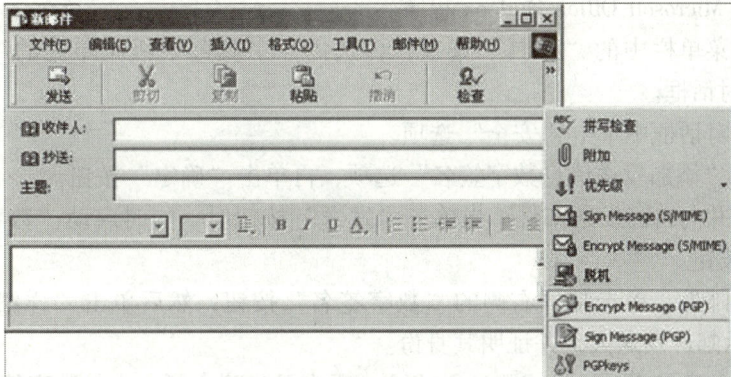

图 5 – 17 加密 PGP 信息

（6）发送邮件。

（7）阅读他人的加密邮件，打开信息，选择文本，单击 PGP 按钮。

（8）单击当前窗口，再单击"解密"按钮。

（9）出现提示时，输入密码短语。文本框里就显示了解密信息。

（10）关闭所有窗口。

项目 5 – 4：安装数字证书

除了 PGP，还可以通过安装数字证书认证发信人的邮件，这叫做数字标识。在本项目中，将安装和使用 Microsoft Office Outlook 或 Outlook Express 的数字标识。

（1）运行"Microsoft Office Outlook"或"Outlook Express"程序。

（2）单击菜单栏中的"工具"选项，再选择"工具"下级菜单中的"选项"命令，弹出"选项"对话框。

（3）在该对话框中单击"安全"选项卡，如图 5 – 18 所示。

（4）再单击"获取数字标识"按钮。Outlook 将打开下载数字标识的网页。

（5）在可获得标识列表中，单击"VeriSign 网站链接"按钮。打开网页。

（6）单击"单击这里链接下载 60 天免费的试用版"选项。

（7）输入相关信息。注意不要更改

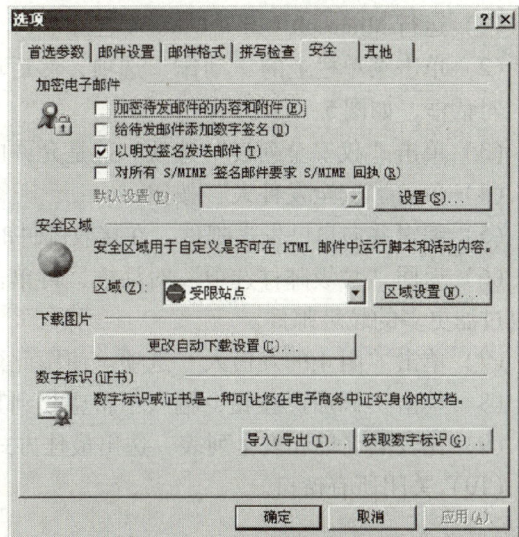

图 5 – 18 "安全"选项卡

加密服务供应商。查看保护私有密钥的信息。单击"接受"按钮。

（8）根据屏幕上的提示，数字标识的信息会发送到邮箱中，单击"确定"按钮，关闭"Outlook 选项"对话框。当收到邮件时，单击"继续"按钮。

（9）单击"安装"按钮。当询问是否加入证书时，单击"是"按钮。现在已经安装了数字证书，可以利用它来保证发送邮件的安全。

（10）运行 Microsoft Office Outlook 程序。

（11）单击菜单栏中的"工具"选项，再选择"工具"下级菜单中的"选项"命令，弹出"选项"对话框。

（12）在该对话框中单击"安全"选项。

（13）单击"添加发送信息数字签名"选项，再单击"确定"按钮。

（14）编辑并向自己发送邮件。当单击"发送"按钮时，同时启动"数字证书"选项。单击"确定"按钮。

（15）打开邮件。单击邮件右侧的"数字签名"按钮，然后单击"详细"按钮。弹出的对话框会显示邮件发送人，并证明其身份。

（16）关闭信息和 Microsoft Office Outlook。现在已经建立了个人的数字签名。

（17）打开 IE 浏览器。

（18）单击菜单栏中的"工具"选项，再选择"工具"下级菜单中的"Internet 选项"命令。

（19）单击"内容"选项。

（20）再单击"证书"按钮，弹出"证书"对话框。

（21）在该对话框中单击"个人"按钮，在列表中就会显示安装的证书。

（22）关闭所有窗口。

项目 5 - 5：过滤垃圾邮件

可以在网络的两边过滤垃圾邮件，以防止垃圾邮件的进入。在本项目中，将设置 Microsoft Office Outlook 垃圾邮件过滤。

（1）运行 Microsoft Office Outlook 程序。

（2）单击菜单栏上的"动作"选项，然后单击"垃圾邮件"选项。弹出"垃圾邮件选项"对话框，如图 5 - 19 所示。

（3）单击"仅安全列表"选项。这是允许向其他人发送邮件的指定用户。

（4）单击"安全发件人"按钮。

（5）编辑并向自己发送邮件。在接收邮件时，注意可能出现的问题。

（6）返回"垃圾邮件选项"对话框，再单击"高"选项。这样就禁用了安全列表，同时也过滤更多的垃圾邮件。

（7）单击"阻止的发信人"选项。使用此列表建立黑名单。

（8）单击"添加"按钮，输入不希望收到其邮件的地址。

（9）比较黑名单和安全列表，选出最佳方式并解释其原因。

（10）关闭所有窗口。

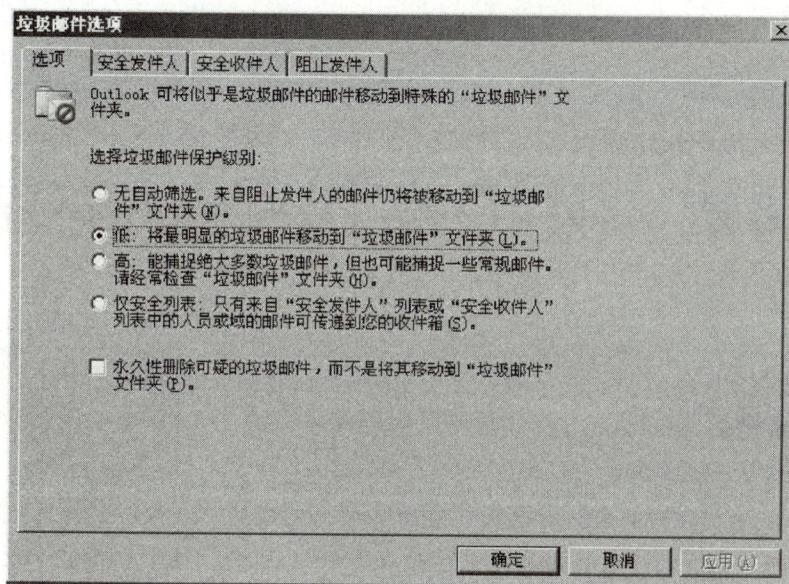

图 5 - 19 "垃圾邮件选项"对话框

6 ■ Chapter

第6章 保护高级信息交流

情境引入 ○○○

1998 年，我国某银行的网络管理员和他的弟弟内外勾结，在银行的计算机终端机植入了一个控制软件，同时用各种化名在该银行开设了 16 个账户。他们利用这个软件将虚拟的 720 000 元人民币电汇划入银行账户之后从该银行的 8 个分行提取人民币 260 000 元。后来此兄弟 2 人被江苏省扬州市人民法院依法判处了死刑。

当你坐在熟悉的咖啡屋，习惯性地打开笔记本，连上咖啡屋提供的无线接入点，一边漫不经心地在笔记本上翻看自己的个人 Blog，一边听着 MP3 时，可曾想过就在街对面，有人正试图通过无线网络，窃取你计算机上备份的公司内部发展计划？

这不是危言耸听的传言，也不是好莱坞的科幻电影，而是我们身旁网络真实存在的安全隐患。随着先进通信技术的数量显著增长，上网不再局限于邮件、网上冲浪和即时信息（IM）。因特网数据传输和无线数据传输也极大地增强了世界各地用户的通信能力。

这些技术的安全隐患同优势一样引人关注。无线数据信号可以在离办公室 100 ft 以外的地方被接收到，从而为潜在的用户提供截获信号、进入网络的机会。公共互联网用以传输私人数据，因此向攻击者暴露数据的危险是很高的。

本章将主要讲述保护先进通信技术的方法。首先，探讨如何利用互联网传输文件和远程登录更安全；其次，介绍目录服务的危险及加固的方法；最后，介绍无线数据传输及其缺陷，以及如何实现安全无线传输。

本章内容结构 ○○○

本章内容结构如图 6 - 0 所示。

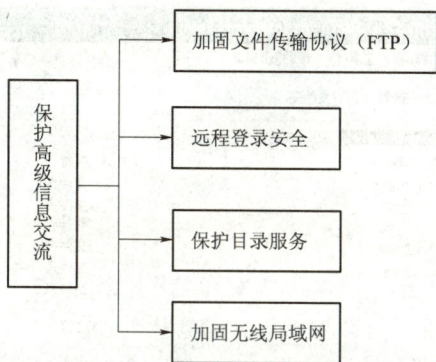

图 6-0 本章内容结构图

本章学习目标 ○○○

◎ 加固文件传输协议（FTP）；
◎ 保证远程登录安全；
◎ 保护目录服务；
◎ 加固无线局域网（WTLS）。

6.1 加固文件传输协议

随着万维网和超文本传输协议（HTTP）的发展，互联网主要用来进行设备间的文件传输。文件传输最广泛的方式就是利用传输控制协议/互联网协议（TCP/IP）的部分文件传输协议（FTP）。回顾第 3 章中，同 HTTP 连接网页服务的方式类似，FTP 用来连接客户端计算机和 FTP 服务。

小技巧

FTP 变得很普遍，以致该缩写可以当动词用，如"你可以 FTP 给他"。

可以通过三种方式利用 FTP：

（1）网页浏览器。不输入协议 http://的统一资源地址（URL），而输入 FTP 协议（ftp://），然后是 FTP 服务器，如 ftp://ftp. cise. ufl. edu/pub/mirrors/GNU，如图 6-1 所示。

（2）FTP 客户端。可以利用单独的 FTP 客户端，如图 6-2 所示。

（3）命令行。可以在操作系统提示中输入命令，如图 6-3 所示。不单击按钮，而是利用命令，如 ls（列表文件）、get（从服务器上接收文件）和 put（传输文件到服务器）。

FTP 服务允许设置未授权的用户传输文件，叫做匿名 FTP。FTP 服务设置账户名为

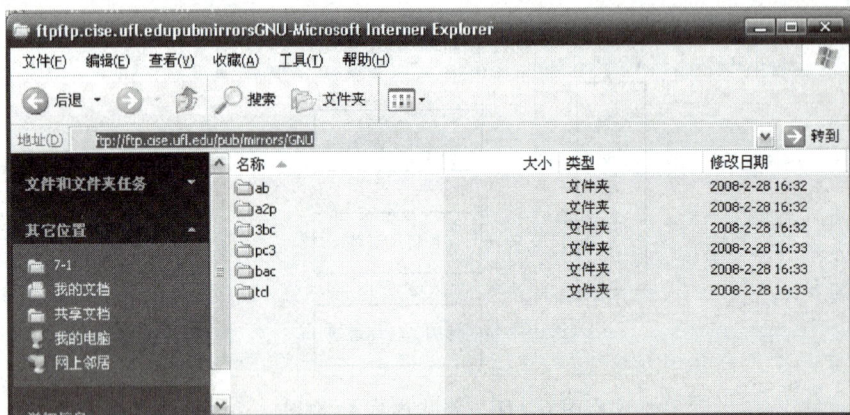

图 6-1　网络浏览器 FTP

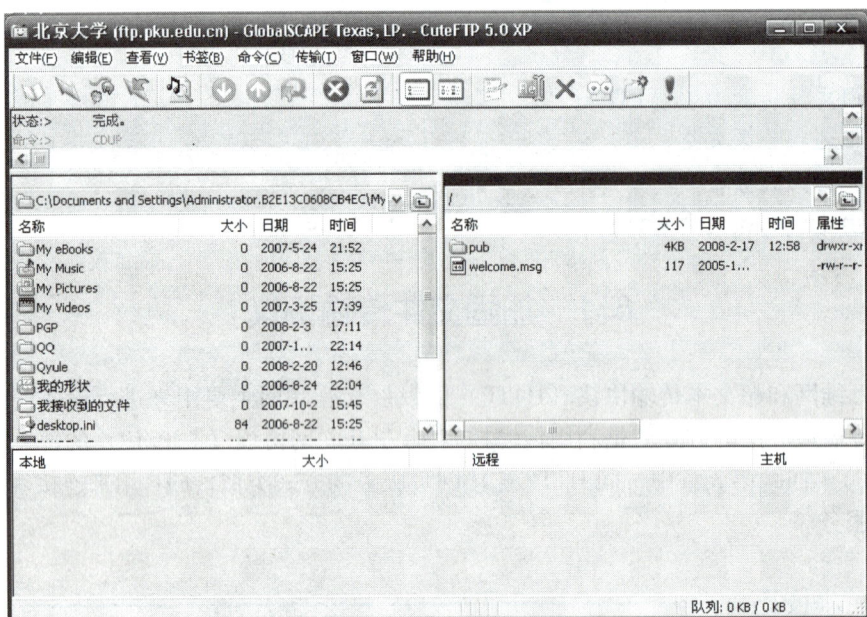

图 6-2　FTP 客户端

anonymous，就是允许所有人登录。虽然这种方式不常见，但 FTP 服务也可设置为允许匿名用户上传文件，如图 6-4 所示。

关于 FTP 的漏洞有很多。首先，FTP 不使用加密。这就表明用户名、密码甚至文件传输都是纯文本的，攻击者都可以截获。其次，FTP 传输的文件容易遭受中间人攻击，因为攻击者截获数据后可以在发送时加以修改。由于很多网站使用的是不安全的 FTP 升级网页，结果导致这种攻击程序成为丑化网站的主要方式。即攻击者发现网站的互联网协议（IP）地址后进行截获。一旦网站管理人登录升级网站，攻击者就截获了密码和登录信息。使用登录信息，攻击者下载站点网页到自己的计算机上，用欺骗性新闻编辑网页，然后再使用 FTP 在网站上发布网页。

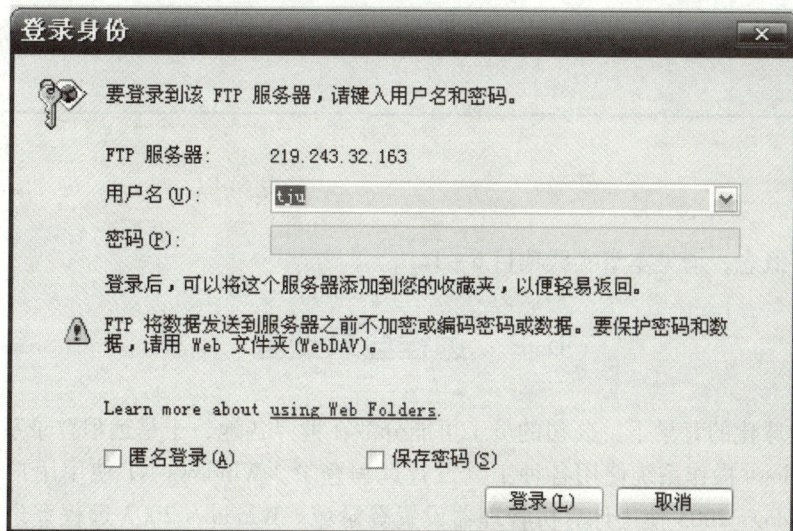

图 6-3 命令行 FTP

图 6-4 匿名 FTP

🌱 小提醒

虽然 FTP 可以传输二进制文件，但这些文件在传输前都被转化为文本格式。

　　降低攻击危险的一种方式就是使用安全 FTP。安全 FTP 不是标准，而是供应商描述加密 FTP 传输的词语。大多数安全 FTP 产品使用安全套接字层（SSL）进行加密，但一些安全 FTP 产品的缺点是其仅在特定的 FTP 客户端中使用。与此不同，一些供应商提供的是运行在网页浏览器中的 Java Applet，加密和解密用 SSL 传输的内容。

当设置 FTP 传输的数据包过滤器（防火墙）时，必须设置规则用以支持两个独立的连接。TCP 端口 21 是 FTP 的控制端口，用来执行 FTP 命令。TCP 端口 20 是 FTP 的数据端口，用以发送和接收数据。然而，由于有两种 FTP 模式，因此端口 20 不很常用。一种是 FTP 积极模式，客户端从中随机选取大于 1 024 的端口（端口 N）连接 FTP 服务器命令端口 21（第一步）。然后，客户端开始等待端口 N + 1，并发送 FTP 命令端口 N + 1 到 FTP 服务器。服务器连接客户本地端口 20（第二步），然后文件开始传输（第三、四步）。实际上，这需要服务器返回连接客户端；另一种就是 FTP 消极模式，客户端两次启动与服务器的连接。当打开 FTP 连接时，客户端打开两个随机选择的大于 1024 的端口。第一个端口连接端口 21（第一步），服务器打开一个大于 1024 的随机端口（端口 P），发送信息命令回到客户端（第二步）。客户端启动端口 N + 1 和端口 P 的连接（第三步），传输文件（第四步）。积极和消极 FTP 如图 6 - 5 所示。在数据包过滤中应将服务器目的端口设为"任何"。

> **说明**
>
> 加固 FTP 服务本身对阻止攻击也很重要。查看第 3 章中关于 FTP 服务安全的介绍。

【动手项目】

应用本节概念，请见本章实践项目 6 - 1。

6.2 远程登录安全

在经济全球化的背景下，公司的员工可能分散在世界各地，于是远程登录系统就变得尤为重要。Windows 操作系统使用各种工具设置远程登录。Windows NT 使用用户管理器进行登录，而 Windows 2003 使用计算机管理器设置登录域。Windows 2003 远程登录政策确保那些需要远程登录的用户享有权利。一些功能，包括 Called - Station - ID、Caller - Station - ID、Client - IP - Address 和 Tunnel - Type 都有设置。事件，如财务、请求、认证和周期状态，都会被记录。

利用公共互联网进行私人传输会有很多严重的安全问题。有些技术可以保证远程传输安全，包括隧道协议、认证技术、安全传输协议和虚拟专用网络，下面将详细讨论。

6.2.1 隧道协议

隧道是以另一种形式压缩数据包，建立安全传输连接的技术，如图 6 - 6 所示。原始数据包被装入"外层"，它是数据包的又一种形式。最初，隧道是用来保障基于不同协议的网络通信。例如，TCP/IP 网络本来不能与 Apple Talk 网络通信。然而，把 TCP/IP 数据包压缩在 Apple Talk 数据包中就允许 TCP/IP 数据包访问 Apple Talk 网络。由于目前 TCP/IP 是默认

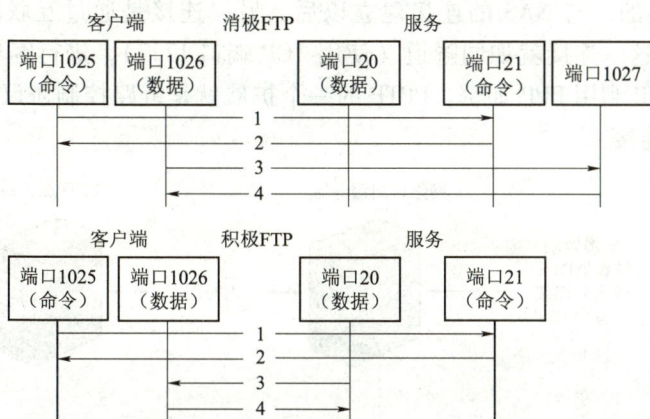

图 6-5　积极 FTP 和消极 FTP

协议，因此该技术主要用于安全方面。为躲避攻击者，数据包被压缩成另一种形式。主要有两种安全隧道协议：点对点隧道协议（PPTP）和第二层隧道协议（L2TP）。

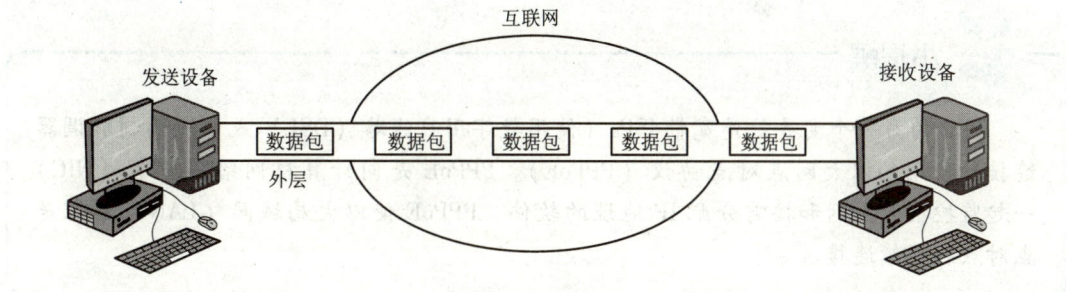

图 6-6　隧道

说明

除了加密外，其他协议还提供了额外的功能。将在本章后面讨论。

点对点隧道协议（PPTP）是使用最广泛的协议。它不仅是 Microsoft Windows 操作系统的一部分，而且 Cisco、Nortel 及其他制造商的设备都支持这一协议。除了 TCP/IP，PPTP 还支持其他协议。

小提醒

PPTP 是由 3Com、US Robotics、Ascend 和其他供应商的协会共同开发的。

PPTP 如图 6-7 所示，该连接基于点对点协议（PPP），是建立线路或两点间拨号连接的广泛使用的协议。客户端连接网络并接入服务器（NAS）中，NAS 基本是由互联网服务供应商（ISP）提供的。与 NAS 的连接建立以后，另一连接是通过互联网建立在 NAS 和 PPTP 服务器之间。这一连接就如同隧道（使用 TCP 端口 1723），进行客户端和 PPTP 服务器之间的通信。PPTP 利用 PPP 加密。PPTP 的一个扩展就是链路控制协议（LCP），用以建立、设置和测试该连接。

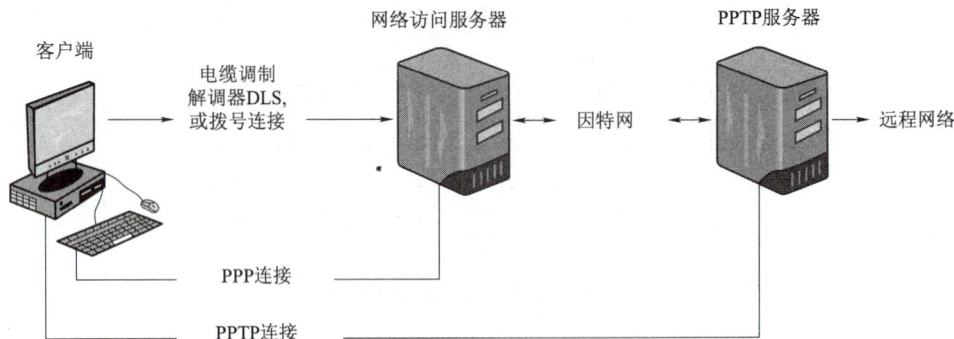

图 6-7 点对点隧道协议

小提醒

PPP 的另一个变异就是宽带 ISPs（使用数字用户线路（DSL）或电缆调制解调器连接）使用的以太网点对点协议（PPPoE）。PPPoE 是同计算机网络接口卡（NIC）一起监控拨号上网和按需分配 IP 地址的软件。PPPoE 使以太局域网（LAN）看似是点对点的连续连接。

由于 PPTP 是 Windows 的一部分，也存在于一些供应商的设备中，并与网络地址转换（NAT）兼容，所以它被广泛应用。早期微软版本的 PPTP 存有一些漏洞，现在已被修复。

6.2.2 第二层隧道协议

第二层隧道协议（L2TP）代表了 PPTP 功能和 Cisco 的第二层转发协议（L2F）的融合，最初是为弥补 PPTP 的漏洞而设计的。L2TP 不只限于 TCP/IP 网络，也支持很多其他协议。与 PPTP 不同，L2TP 不但可作为软件安装在客户端计算机上，而且还可以设置在路由器上。

注意

L2TP 使用用户数据报协议（UDP）端口 1701。
L2TP 也可以支持安全级别更高的加密方法。L2TPv3（L2TP 第三版）升级了 L2TP 标准。L2TP 只支持 Windows 2000 及 Windows 2000 以上系统。

6.2.3 认证技术

传输认证用以确保访问来自于授权用户，可以增加远程登录用户的安全级别。三种主要的认证技术类型为：IEEE 802.1x、远程用户拨号认证系统（RADIUS）和终端访问控制器访问控制系统（TACACS＋）。

1. IEEE 802.1x

基于电气和电子工程师协会建立的标准，IEEE 802.1x 是备受认可的认证标准。802.1x 提供的是基于 802 局域网（如以太网、Token Ring 和无线局域网）认证框架的 IEEE 标准。其使用是基于端口的认证机制，即交换机除通过端口连接网络的授权用户外，拒绝其他用户。802.1x 不进行任何加密，相反是利用加密密钥为授权用户提供安全的交换路径。

如图 6-8 所示，支持 802.1x 协议的网络由三部分组成。请求者是需要安全网络登录的客户端设备，如台式计算机或个人数字助理（PDA）。请求者向作为中间设备的认证者发送请求，认证者用网络交换机或无线设备将该请求发送到认证服务器上，然后认证服务器把接受或拒绝的信息返回认证者。802.1x 协议的一个优点是请求者从不直接与认证服务器连接。这就削弱了用户登录信息的认证服务被攻击的威胁。

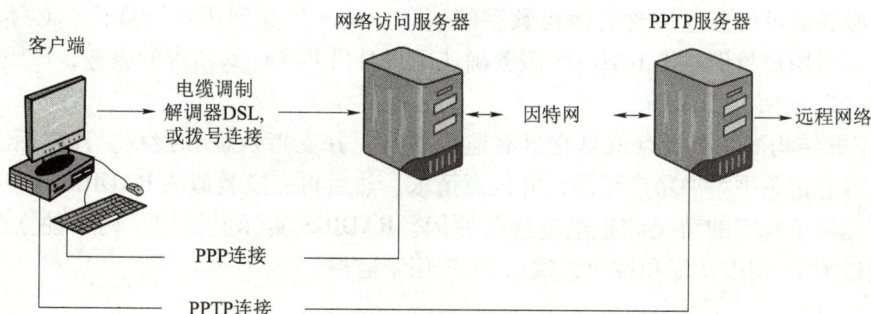

图 6-8 802.1x 协议

802.1x 协议是基于可扩展认证协议（EAP）的，是 PPP 的延伸，因为 EAP 的一些变异可同 802.1x 一起使用，例如：

◇ EAP-传输层安全（EAP-TLS）需要确认请求者的用户证书，由微软支持，包含在 Microsoft Windows XP 和 Server 2003 中。

◇ 轻级 EAP（LEAP）是 Cisco 支持的标准。LEAP 提供基于 Windows 登录用户名和密码的认证，不需要证书。

◇ EAP-隧道 TLS（EAP-TTLS）支持高级认证方法，如使用令牌。

◇ 保护 EAP（PEAP）类似于网页浏览器的 SSL 使用证书。请求者向认证服务器（通过认证者）出示证书，但不需要出示服务器的证书。一旦认证成功，认证者就为请求者建立加密隧道。

◇ 安全隧道的灵活认证（FAST）是最新的应用，可以不检查证书就设立隧道，也支持令牌。

说明

2003 年，Cisco 发现 LEAP 可用以字典攻击，随即 Cisco 建议用户使用 PEAP。

2. 远程用户拨号认证系统（RADIUS）

远程用户拨号认证系统（RADIUS）协议最初是进行中心认证和访问控制，无须每个 NAS 都保存授权用户名和密码，而是将请求送达 RADIUS 服务器，这样就建立起信息登录的用户中心数据库。

> **说明**
>
> 在 802.1x 协议中，认证服务器基本都是 RADIUS 服务器。

当用户要连接网络时，请求首先被发送到 NAS，由它向 RADIUS 传播信息，如用户名和密码、连接类型和其他信息。服务器首先判断 NAS 本身是否允许发送请求，如果可以，RADIUS 服务器就在数据库中寻找用户名称，然后通过密码判断是否允许用户登录。根据认证方式，服务器可能会返回含有随机数字的信息。NAS 传播到用户计算机，必须有相应的正确值来证明用户身份。当 RADIUS 服务确认用户身份并允许其请求的服务，该服务器就会返回"接受"的信息到 NAS。

RADIUS 结构的一个优点就是它具有监控功能，并支持认证和授权。连接后，RADIUS 服务器在日志记录中添加账户记录，并同意请求。然后再交换类似的 RADIUS 信息，这样监控记录就反映了真实的情况和拒绝连接的原因。RADIUS 实际上使用了两个独立的 UDP 端口，即端口 1812 用以认证和授权，端口 1813 用于监控。

> **小提醒**
>
> RADIUS 监控功能要返回到 ISP 最初实施时，主要是为了便于记录。

RADIUS 允许计算机在集中数据库中保存所有远程服务器可共享的用户文件。这样不仅增加了安全性，而且还允许公司设立应用于单独管理站点的政策。同时拥有中心服务也更容易跟踪用户和保存网络状态。

3. 终端访问控制器访问控制系统

类似于 RADIUS，终端访问控制器访问控制系统（TACACS＋）是传输用户名和密码信息到集中服务器的行业标准协议。集中服务器可以使 TACACS＋数据库或 TACACS 协议支持的 Linux 或 UNIX 密码文件数据库。TACACS＋（及其他远程登录安全协议，如 RADIUS）是为支持远程连接而设计的。在大型网络中，由于用户数据库庞大，最好是将其存储在集中服务器中。这样既节省登录设备的内存，同时也减少了因增加新用户或改变密码而升级每个登录服务的需要。TACACS＋支持认证、授权和监控。

> **小提醒**
>
> TACACS＋使用 TCP 端口 49 通信。

TACACS + 的一个缺点是，NAS 和 TACACS + 服务间的通信是加密的，但客户端和 NAS 之间的通信是不加密的。由于这些传输没有被加密，信息很可能被截获。

6.2.4　安全传输协议

隧道协议 PPTP 和 L2TP 提供了防止查看传输的安全机制。其他两个协议加强了隧道的功能。这就是安全壳和 IPSec。下面将详细讨论。

1. 安全壳（SSH）

最终成为因特网主要目标之一的就是远程登录。使用 Telnet 程序或 UNIX 远程登录命令，远程用户可以登录其他系统的资源。虽然 Telnet 和远程登录命令目前仍在使用，但包括用户名和密码的所有传输都是纯文本的，这就为攻击者提供了截获和查看信息的机会。

安全壳（SSH）是基于 UNIX 为安全登录远程计算机的命令接口和协议。SSH 实际上是 3 个实体的组合——slogin、ssh 和 scp，它们是非安全 UNIX 相应实体的安全版本。这些命令总结如表 6 - 1 所示。客户端和服务连接端都使用数字证书和加密密码认证。SSH 甚至可以作为安全网络备份的工具。

表 6 - 1　UNIX 命令

UNIX 命令名	描　　述	结　　　构	安全替代命令
rlogin	登录远程计算机	rlogin remotecomputer	slogin
rcp	远程计算机间复制文件	rcp [options] localfile remtecomputer：filename	scp
rsh	不登录而执行远程主机命令	rsh remotecomputer command	ssh

小提醒

SSH 被网络管理员广泛使用，其远程控制是基于 UNIX 的网页服务器。

SSH 可以保护以下几类攻击：

◇ IP 欺骗。利用 IP 欺骗，远程计算机发送伪装数据包骗取主机的信任，SSH 甚至可以防御伪装成外部网络路由器的本地网络用户。

◇ DNS 欺骗。攻击者伪造 DNS 服务器记录。

◇ 翻译信息。攻击者翻译密码和数据。

除了提供加密，SSH 可以通过标准密码、证书或 Kerberos 认证用户。

应用本节概念，请见本章实践项目 6 - 3。

2. IP 安全（IPSec）

不同安全工具在开放系统互联（OSI）模型的不同层中运行。图 6 - 9 显示了 OSI 模型不同层的一些工具。如安全/多用途网际邮件扩充协议（S/MIME）和 Pretty Good Privacy（PGP）等工具在应用层，而 Kerberos 运行在会话层。处于最高层安全工具的优势是其专门为应用层而设计。然而，保护这一层需要多个安全工具。安全套接字层（SSL）/传输层安

应用层	S/MIME	PGP		
表示层				
会话层	Kerberos	HTTP	UDP	SSL
传输层	TCP			
网络层	IP			IPSec
数据链路层				
物理层				

图 6-9　OSI 模型的安全工具

全（TLS）在会话层运行，虽然仍需做微调，但在该层运行这些安全工具的优点是可以使更多的应用程序能够受到保护。如果保护设在网络层，可以保护大范围的应用程序，而不需做调整。即使是忽略安全的应用程序，如 MS-DOS 应用程序，它也可以被保护。这就是 IPSec 运行的级别。

IPSec 是 IP Security 的缩写，是支持数据包安全交换的一套协议。由于它在 OSI 模型的低级水平，IPSec 被认为是透明的安全协议。它对以下实体透明：

◇ 应用程序：程序不需改动就可以在 IPSec 下运行。

◇ 用户：与一些安全工具不同，用户无须进行特定安全程序的培训（如 PGP 加密）。

◇ 软件：由于 IPSec 安全设在如防火墙或路由器这种设备中，因此在本地客户端不需更改软件。

说明

SSL 是用户应用程序安装的一部分，而 IPSec 是在操作系统或通信硬件上。由于 IPSec 同其他系统程序和硬件亲密合作，因此它更易高速运行。

IPSec 相应于 3 种 IPSec 协议，并提供以下 3 个领域的保护：

（1）认证。IPSec 从数据包中的信息认证是从源头发送的，中间人攻击和再现式攻击不能改变其内容，由认证头（AH）协议完成的。

（2）机密性。通过加密数据包，IPSec 确保其他人不能查看其内容。机密性是通过封装安全负载（ESP）协议实现的。ESP 支持发送人和加密数据的认证。

（3）密钥管理。IPSec 管理密钥确保其免受非授权用户的使用。应用 IPSec，发送和接收设备必须使用同一密钥。因为 IPSec 是通过互联网安全关联和密钥管理协议/Oakley（ISAKMP/Oakley）来实现对用户的保护的，它允许接收者获得密钥，并利用数字证书认证发送人。

小提醒

IPSec 同 IP 安全通信。TCP 和 UDP 从 IPSec 获得安全性。

IPSec 支持两种加密模式：传输和隧道。传输模式只加密每个数据包的数据部分，而头部不加密。更安全的隧道模式则同时加密数据和头部。IPSec 通过向 IP 数据包添加新头部来完成传输和隧道模式。此原始数据包（头部和数据）都被视为新数据包的数据部分，如图 6-10 所示。由于隧道模式保护整个数据包，它基本用于网络中网关对网关的通信。当设备必须查看数据包的来源和目标地址时，就使用传输模式。例如，数据包在从客户端计算机发送到本地 IPSec 防火墙时，要使用传输模式通过本地网络，到达防火墙后，在发送到互联网之前就变成了隧道模式，再到达客户端计算机前，防火墙就会接收、解密和认证原始数据包。

AH 和 ESP 都可以在传输和隧道模式中使用，建立 4 种可能的传输机制。这些机制如下：

◇ 传输机制中的 AH。这是用来认证数据包数据（来自发信人）和部分头部信息。传输机制中的 AH 如图 6-11 所示。

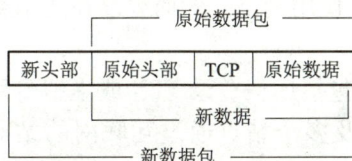

原始数据包

图 6-10 新 IPSec 数据包

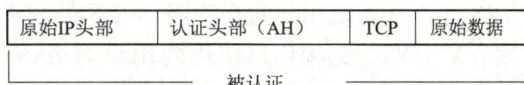

图 6-11 传输模式的 AH

◇ 隧道模式的 AH。在隧道模式的 AH 中，整个数据包的内容，包括原始头部和数据，都被加密，如图 6-12 所示。

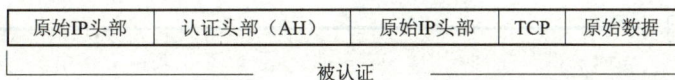

图 6-12 隧道模式的 AH

◇ 传输模式的 ESP。传输模式的 ESP 加密和认证原始数据包的数据部分，如图 6-13 所示。

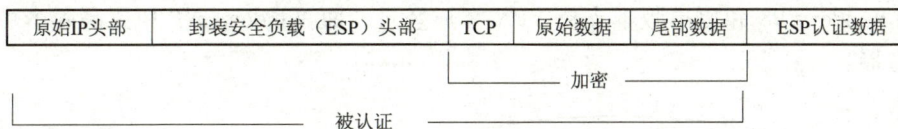

图 6-13 传输模式的 ESP

◇ 隧道模式的 ESP。在隧道模式的 ESP 中，整个数据包都被加密和认证，如图 6-14 所示。

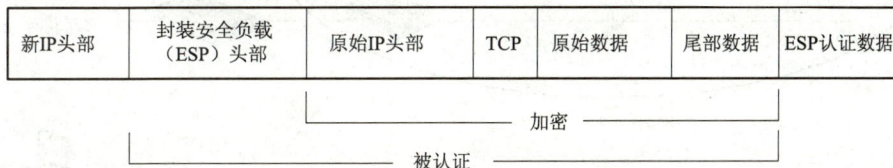

图 6-14 隧道模式的 ESP

IPSec 与现在版本的 TCP/IP 是可选协议，被称做 IPv4，它并不是最初说明的一部分。在最新版本的 TCP/IP IPv6 下，IPSec 嵌入在 IP 中，左右数据包均有。然而，其使用还是可选项。

6.2.5　虚拟专用网络

虚拟专用网络（VPNs）像私人网络那样利用公共互联网。在 VPN 之前，组织被迫为个人发布昂贵的数据连接，使他们的员工能够远程连接公司网络（如果需要比拨号更快的网速），因为中继的租用线路，如 T1（1.5 Mbps）或 T3（44.73 Mbps）连接，对单个用户是很昂贵的。另一种是使用公共交换数据网络（PSDN），它是发布服务的广域网（WAN）。20 世纪 90 年代中期互联网迅速发展，各组织都尽力培训职员使用网络。然而也存在通信被攻击的威胁。

VPN 允许私人使用公共互联网。VPN 的两种普遍形式包括远程登录 VPN 或虚拟专用拨号网络（VPDN），远程用户使用的用户对 LAN 连接，以及多个站点通过互联网的站对站 VPN。站对站 VPN 可以基于内部网，也可以基于外部网。

VPN 传输是通过和端点通信来实现的，端点是 VPN 设备间隧道的末尾。端点可以是本地计算机上的软件、专业硬件设备，如 VPN 连接器，甚至是防火墙。端点如图 6-15 所示。

> **说明**
>
> VPN 依靠隧道建立端点间的安全传输。很多隧道协议可以使用，如 PPTP、IPSec、SSH 和 L2TP。

VPN 已被证明是互联网个人通信的最受欢迎方式之一。很多操作系统支持 VPN。Microsoft Windows 98 和更高版本支持 VPN 客户登录，而 Windows NT 和更高版本可以运行 VPN 服务器。

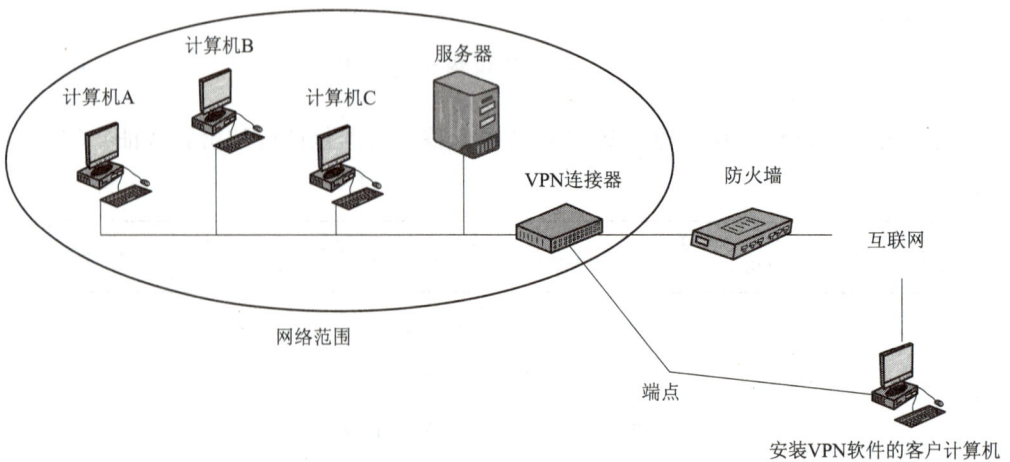

图 6-15　虚拟私人网络

应用本节概念，请见本章实践项目 6-6。

6.3 保护目录服务

目录服务是存在网络中的数据库，含有关于用户和网络设备的所有信息。目录服务含有用户名、电话、邮件地址和登录名等信息。目录服务也记录网络资源及用户授权，根据驱动器服务信息接受或拒绝登录。目录服务对网络用户授权更加容易。

国际标准组织（ISO）设立了驱动器服务标准 X.500。X.500 的目的是建立数据存储标准，任何计算机系统都可以访问该驱动器。它提供通过姓名查找信息（白页服务）以及浏览和搜索信息（黄页服务）的功能。

信息存储在目录信息库（DIB）中。DIB 中的内容以树结构存储，叫做目录信息树（DIT）。每个输入都是命名的对象，并具有各种属性。每个属性都有属性类型和若干个值。目录为每类对象定义强制的或可选的属性。每个命名对象都有与之相关的若干个对象类。

> **说明**
>
> X.500 标准本身没有定义任何数据代表，定义的是对象名的结构。基于 X.500 的系统，如 DCE 目录、Novell's NDS 和微软的活动目录，都定义了代表。

X.500 标准定义的客户端应用程序访问 X.500 目录的标准，叫做目录访问协议（DAP）。然而，由于 DAP 需要空间较大，其不能在个人计算机中运行。轻级目录访问协议，有时也叫做 X.500 Lite，是 DAP 的一个子集。DAP 和 LDAP 的主要区别有以下几方面：

◇ 不像 X.500 DAP，LDAP 设计在 TCP/IP 运行，使其成为互联网和内部网的理想应用程序。X.500 DAP 需要特殊网络软件。

◇ LDAP 功能更简单，使其实施更加简单和方便。

◇ LDAP 编码协议组件比 X.500 流线请求更简单。

◇ 如果请求信息不在目录中，DAP 只向请求信息的客户端返回错误信息，再发布一个新的搜索请求。相比之下，LDAP 服务只返回结果，分布式 X.500 服务看似是单独的逻辑目录。

> **说明**
>
> LDAP 最初是 1996 年由 Netscape 通信和 Michigan 大学开发的。

LDAP 使几乎任何计算机平台上的应用程序都能得到目录信息，如邮件地址和密钥。由于 LDAP 是开放协议，应用程序不用考虑驱动器上服务的类型。现在，很多 LDAP 服务使用标准关系型数据库管理系统，通过 HTTP 服务的扩展标记语言（XML）文档通信。

LDAP 安全问题集中于数据纯文本传输及其可以被非授权用户获得。为通过加密保护

LDAP 数据，大多数用户借助于 SSL/TLS。除加密外，SSL/TLS 可以通过确认数据源进行认证。这都可以利用证书有效进行。

6.4　加固无线局域网（WLAN）

近年来，无线数据传输的影响是巨大的。考虑现在无线技术的应用，飞机上可以上网，宾馆和旅店普遍具有免费的无线登录，大多数高校都为学生提供了无线网络，甚至连体育场都有无线网络信号。

然而，无线网络技术也存在一些严重的安全漏洞。包括以下几方面：

◇ 非授权用户也可以接收无线信号，登录网络。

◇ 攻击者可以在传输中截获和查看传输信息。

◇ 办公室员工可以安装个人无线设备，并攻破安全区域。

◇ 攻击者可以使用脚本轻松攻破无线局域网安全。

> **注意**
>
> 在马路和街道上就可以截获未受保护的无线数据信号。

无线数据传输安全需要使用现有的有线网络技术。下面将讨论如何保护无线 LAN。

6.4.1　IEEE 802.11 标准

除了不使用电缆接入网络的设备，无线局域网（WLAN）与标准基于数据的 LAN 具有相同的特点。相反，使用无线电频率（RF）发送和接收数据包，有时被称为 Wi-Fi 无线保真度，网络设备在 150～375 ft 范围的传输速度为 11～108 Mbps。WLAN 通过在 RF 信号范围内提供网络登录从而实现了用户真正的移动。

> **说明**
>
> 具有 Wi-Fi 商标的无线以太网兼容联盟（WECA）是测试 WLAN 设备并确保其符合标准的交易团体。

1990 年，IEEE 为开发 1～2 Mbps 速度标准的 WLAN 而成立了委员会。草稿之前已有若干建议，先后修订草稿 7 次，并历时约 7 年才完成。1997 年 6 月 26 日，IEEE 推出最后的草稿。802.11 标准定义了 LAN，在移动或固定的地点提供无电缆数据访问，最高速度为 2 Mbps。802.11 标准还说明 WLAN 的特点属于最高标准的 802.11，即物理（PHY）和媒体访问控制（MAC）层的功能提供了所有 WLAN 功能的实施，所以其他层不需进行调整，如图 6-16 所示。由于所有 WLAN 功能在 PHY 和 MAC 层都是独立的，任何网络操作系统和 LAN 应用程序都可以在 WLAN 上运行，为完成该目标，一些高层独立的功能也都在 MAC 层运行，而不再进行调整。

802.11 标准中的 2 Mbps 的带宽都不足以满足大多数网络应用程序的需求。IEEE 又重新考察了 802.11 标准，寻求增加速度的方法。1999 年 9 月，新的 802.11b 高等级标准发布。802.11b 标准添加了两个更高的速度，5.5 Mbps 和 11 Mbps，补充最初 802.11 标准的 1 Mbps 或 2 Mbps。通过更快的数据速度，802.11b 很快成为了 WLAN 的标准。

在 802.11b 标准颁布的同时，另一个 802.11a 标准也出现了。802.11a 有中等速率 54 Mbps，同时支持 5 GHz 的 48 Mbps、36 Mbps、24 Mbps、18 Mbps、12 Mbps、9 Mbps 和 6 Mbps 传输。802.11a 具有 802.11b WLAN 的 MAC 层的

应用层	
表示层	
会话层	无WLAN 802.11 功能运行
传输层	
网路层	
LLC MMC	WLAN 802.11 所有功能运行
PHY	

图 6-16　PHY 和 MAC 层 WLAN 的特征

功能，但在物理层有区别。802.11a 可通过高频率、更多的传输通道、多元传输技术和高效纠错功能，在速度和灵活性上都超过了 802.11b。此外 802.11a 标准也允许供应商安装自己的技术，使传输数据的速度达到 108 Mbps。

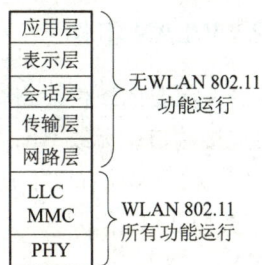

说明

虽然 802.11a 和 802.11b 的说明书在 IEEE 802.11b 产品出现的同时很快被颁布了，但 802.11a 产品直到 2001 年才出现。802.11a 产品出现的比较晚是由于技术问题和安全标准而导致的高成本。基于 802.11a 标准的设备不能像 802.11b WLAN 那样使用互补金属氧化物（CMOS）作为半导体，必须使用砷化镓（GaAs）和锗化硅（SiGe）等混合物。

不久以后，IEEE 802.11b 标准的成功颁布极大地促使 IEEE 考虑 802.11b 和 802.11a 是否可以开发第 3 种媒介物标准。802.11b 在两种网络中都可以使用，因而其被广泛接受，但与 802.11a 相似，它增加了数据传输率。于是 IEEE 建立了一个任务组来研究这种可能性。到 2001 年，草协议 802.11g 出现。802.11g 草稿表明其用与 802.11b 完全相同的无线电频率（2.4 GHz）运行，但使用的却是与 802.11a 相同的传输技术。如同 802.11a 标准，802.11g 标准同样允许供应商实施适当的技术，使传输数据速度达到 108 Mbps。

说明

IEEE 802.11g 最初是多个芯片生产商意见的妥协。虽然大多数商业无线网络产品供应商是基于已有标准生产和销售产品的，但芯片生产商并不是这样。这些公司不需在设计、样本制作和生产无线网络产品的硅芯片上进行巨额投资。他们必须要把这些芯片卖给设计和制造商业产品的供应商。

6.4.2　WLAN 组件

WLAN 需要的组件少得惊人，但每个网络设备必须有一个无线网络接口卡。除了没有网络有线连接端口，无线 NIC 与有线 NIC 的功能相同，在该位置上是一个天线，发送和接收 RF 信号。无线 NIC 有以下几种形式：

◇ 类型 II PC 卡；

◇ Mini PCI；

◇ CompactFlash（CF）卡；

◇ USB 设备。

由于 WLAN 广受欢迎，有线 NIC 很快就过时了。一些供应商已经宣布直接整合无线 NIC 到可装在母板上的单独芯片上的计划，减少单独芯片卡的使用，但有些供应商还不同意该计划。为减少与笔记本音频系统的干扰，有些笔记本供应商不愿让 RF 信号进入笔记本。与此相反，他们整合无线 NIC 到笔记本的表面，在 LCD 后显示，使 RF 信号远离母板。

无线 NIC 与计算机键的通信软件可以是操作系统本身的一部分，也可以将单独的程序加载到计算机上。所有现在的 Microsoft 台式计算机和移动操作系统都不用外部软件驱动就可以确认无线 NIC。以前版本的 Windows 操作系统需要外部驱动。安装驱动可以提供额外的功能，如自动连接不同 WLAN，不用手动设置。一些无线 NIC 供应商包括其他操作系统，如 DOS、Windows 3.x 和 Linux 的软件驱动。

第二个需要的组件是接入点（AP）。AP 包含 3 个主要部分。第一，含有天线和无线电传输/接收器发送和接收信号。第二，有 RJ-45 有线网络接口，允许它通过电缆连接到标准有线网络。第三，接入点有特殊桥梁软件。接入点有两个基本功能。其一，接入点是有线网络的基本站，所有具有有线 NIC 传输到 AP 的设备会把信号传输到其他无线设备。其二，就是 AP 作为无线和有线网络的桥梁。AP 可以通过电缆连接到标准网络，允许无线设备访问数据网络，如图 6-17 所示。

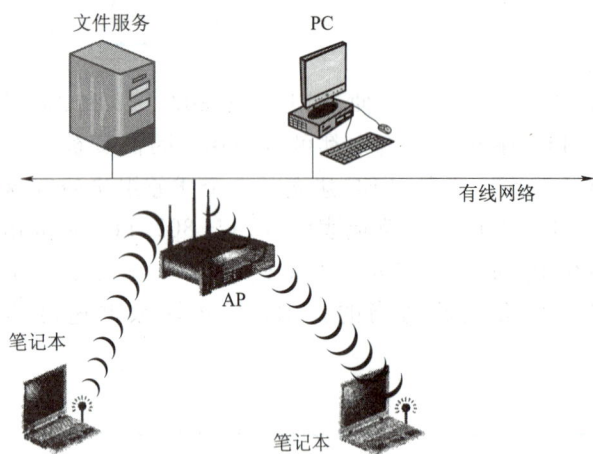

图 6-17　接入口

当覆盖区域超过一个 AP 时，多个 AP 可以提供扩展区域覆盖。类似手机覆盖，AP 的交叠允许用户在更广范围使用无线信号，如图 6-18 所示。AP 的位置对其提供覆盖范围很重要。站点调查大体上就可以决定 AP 的最优位置。

6.4.3　基本 WLAN 安全

WLAN 安全保护可以分为两个部分：基本 WLAN 安全和更高的企业 WLAN 安全。基本

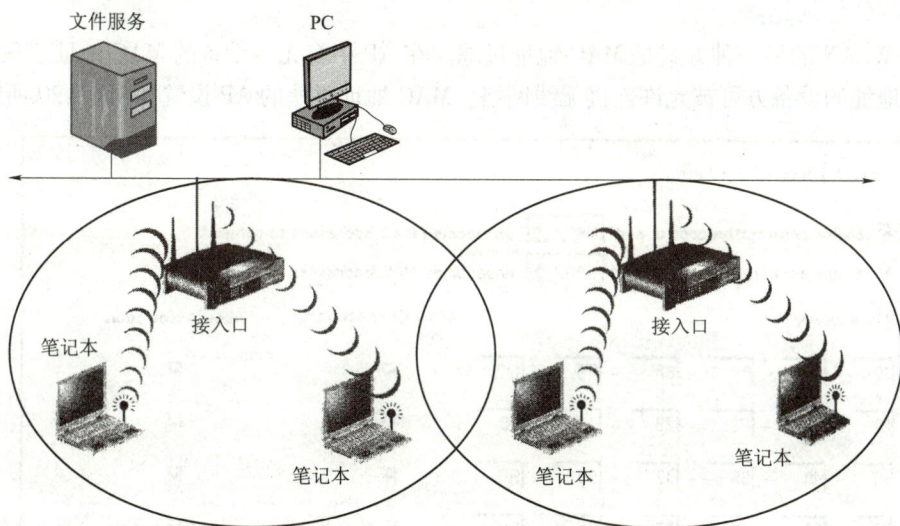

图 6-18   多接入口

WLAN 安全使用两种新的无线工具和一种有线工具。这些工具是服务设置标志号（SSID）标向，MAC 地址过滤和有线等效保密（WEP）。下面将分别讨论。

1. 服务设置标志号（SSID）标向

服务设置是描述 WLAN 网络的技术术语。有以下三种类型：

（1）独立基本服务设置（IBSS），也叫做 ad hoc 或对等网络。这些 WLAN 只在设备间通信，不向 AP 发送传输。

（2）基本服务设置（BSS）。WLAN 使用 AP 向其他无线设备或有线网络设备发送信号。

（3）扩展服务设置（ESS）。网络使用多个 AP 覆盖广阔区域。

每个 WLAN 有唯一的名字，即被称为服务设置标志号（SSID），又被称为网络密码，任何想要连接 WLAN 的设备都需要 SSID。在 BSS 和 ESS 网络中，AP 可以向无线客户端每 100 μs 传播包含重要网络信息的数据包。信息包括网络支持的数据率、目前信号的强度和 SSID。传播信息的一个目的是帮助客户端在不同覆盖范围间移动。

然而，传播 SSID 的一个安全漏洞就是，它也向非授权用户提供 SSID。AP 在每个设备中需手动设置。如图 6-19 所示，大多数 AP 默认传播 SSID，很多 AP 甚至建议传播 SSID 使其更方便。

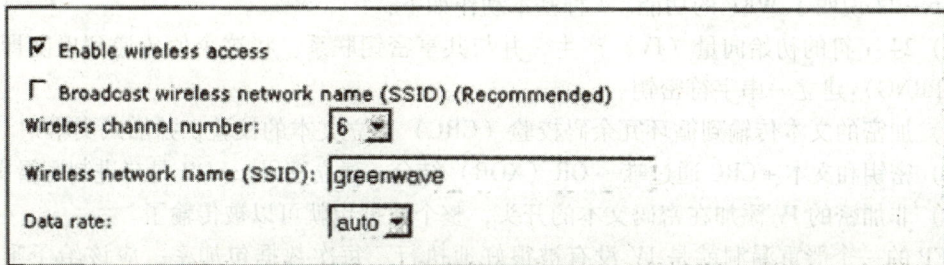

图 6-19   禁止 SSID 标向

2. MAC 地址过滤

加固 WLAN 的另一种方式是 MAC 地址过滤。在 AP 中有无线设备的 MAC 地址。只有那些具有可信地址的设备方可被允许连接无线网络。MAC 地址过滤的 AP 设置如图 6–20 所示。

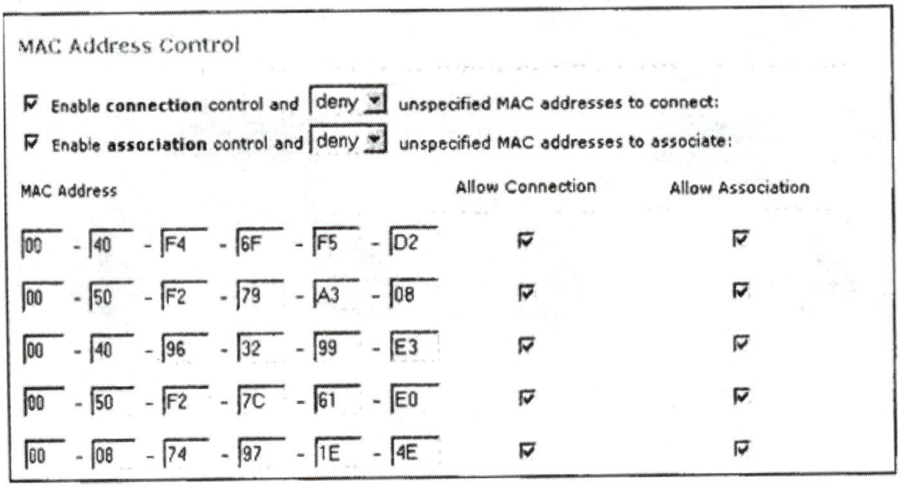

图 6–20　MAC 地址过滤

WLAN 上的 MAC 地址过滤本身就存在漏洞。第一，MAC 地址过滤可以被欺骗。当首次打开计算机时，MAC 地址从无线 NIC 上读取并稍后存储在内存上。改变内存值的软件随后就绪。第二，当无线设备和 AP 首次交换数据包及设备连接无线网络时，因为无线设备的 MAC 地址是纯文本的，所以攻击者可以截获和查看该交换。如果攻击者在设备首次连接网络时没有查看其交换，那么其可以加入暂时分离网络设备和 WLAN 的分离数据包。当设备企图重新连接 AP 时，攻击者也可以查看 MAC 地址。

应用本节概念，请见本章实践项目 6–2。

3. 有线等效保密

有线等效保密（WEP）是 WLAN 在传输过程中加密数据包免受攻击的一种可选设置。WEP 使用共享密钥，也就是说在 AP 和每个无线设备上都必须安装加密和解密的相同密钥。在 AP 上设置 WEP 如图 6–21 所示。WEP 还可以用以认证。当无线设备要连接 WLAN 时，AP 向设备发送 128 字符的挑战文本。客户端使用 WEP 密钥加密挑战文本后返回 AP，AP 用自己加密的版本与 WEP 加密的比较。如果符合，客户端就拥有了正确的 WEP 密钥。

图 6–22 说明了 WEP 的功能。4 种基本动作如下：

（1）24 字符的初始向量（IV）产生，并与共享密钥联系。将这个值传递到虚随即数产生器（PRNG）建立一串字符密钥。

（2）加密的文本传输到循环冗余码校验（CRC）建立文本的校验，并加入文本中。

（3）密钥和文本 + CRC 通过唯一 OR（XOR）结合，建立密码。XOR 是二进制逻辑操作。

（4）非加密的 IV 添加在密码文本的开头，整个数据包就可以被传输了。

WEP 的一个严重漏洞就是 IV 没有被很好地执行。每次数据包加密，应该给予唯一的 IV。由于 IV 只有 24 位，所以它只有 16 777 215 种组合的可能。而 WLAN 以 11 Mbps 的速度传输大约每秒传输 700 个数据包。这就表明在不到 7 小时，所有 IV 的值都会被使用一遍。

由于 IV 是纯文本传输，当 IV 重复时，攻击者就可以截获数据包。利用这一信息，他们就可以攻击加密方法。

> **小提醒**
>
> WEP 加密在 AP 上默认关闭。一些产品提供可选的 128 位加密，但它仍有 IV 漏洞。

图 6 - 21　WEP 设置

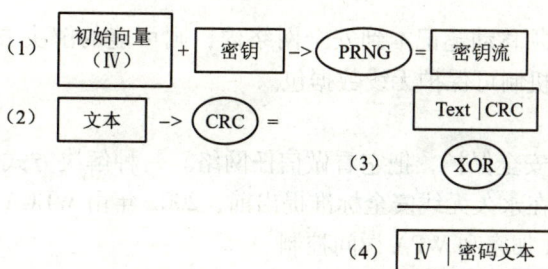

图 6 - 22　WEP 加密

6.4.4　企业 WLAN 安全

WLAN 基本安全的 SSID 标向，MAC 地址过滤和 WEP 加密不能满足企业安全使用。目前 WLAN 安全有两种方法。可将网络视为两种，即信任的和不信任的网络，不同的工具可用于加固 WLAN，如图 6 - 23 所示。下面将详细讨论。

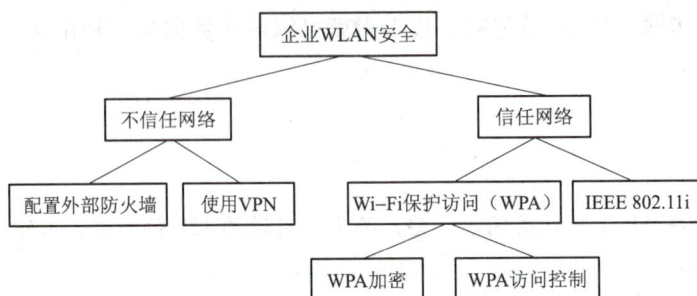

图 6-23　加密 WLAN 安全

1. 不信任的网络

WLAN 安全的一种方法就是把它视为不信任的和不安全的网络。这就要求把 WLAN 放置在信任网络的安全范围之外，如图 6-24 所示。高校、旅店、机场及咖啡厅的 WLAN 都需要设置成这种拓扑结构。

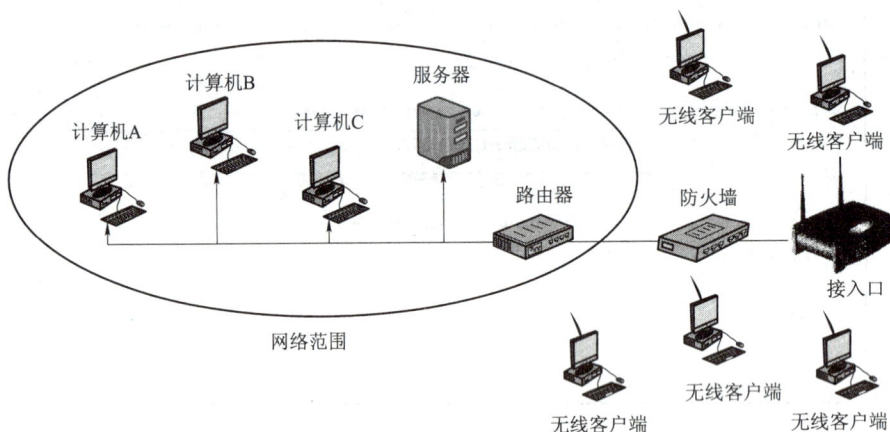

图 6-24　不信任 WLAN

如果 WLAN 用户必须移动笔记本到安全网络内，则可能的解决方式就是为每位用户设置一个 VPN。这种隧道机制可保护无线数据包。

2. 信任的网络

可以向 WLAN 提供安全保护，把它看做信任网络。一种解决方式就是使用 Wi-Fi 保护访问（WPA）。WPA 是在永久无线安全标准提出前，2002 年由 WECA 提出的中间解决方案。WPA 有两个组件：WPA 加密和 WPA 访问控制。

说明

早期的 802.11b、a 和 g 设备可以通过软件和防火墙升级支持 WPA。微软为 Windows XP 提供了 WPA 组件。

WPA 加密使用暂时密钥集成协议（TKIP）弥补了 WEP 的缺点，TKIP 每个数据包加入密钥增加安全性。在图 6 – 25 中，使用了两个密钥，暂时密钥和 MIC 或信息完整代码密钥。暂时密钥和发送人的 MAC 地址一起建立暂时值（值 1），然后又和序列号建立值 2，成为 PRNG 的输入。这个文本与 MIC 和发送人及接收人的 MAC 地址一起建立文本 + MIC。TKIP 弥补了 WEP 的若干漏洞，阻止再现式攻击和弱密钥攻击。

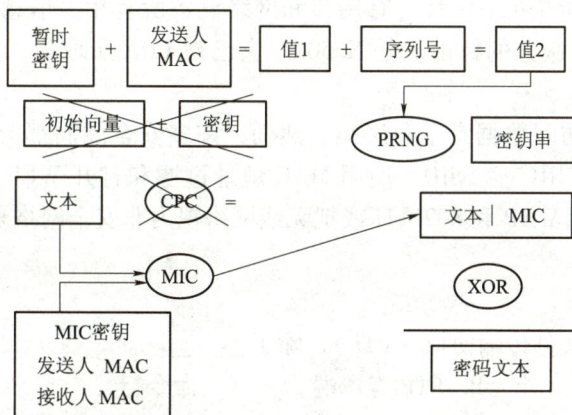

图 6 – 25　TKIP

WPA 访问控制使用 802.1x 认证。802.1x 阻止基于端口对端口的通信，直到客户端根据存储在 RADIUS 或类似服务器上的信息认证。

虽然 WPA 提供更高的安全，但 IEEE 802.11i 的解决方式更安全。这种标准是用一个不同的加密机制来加密数据包。802.11i 同时提供认证和数据完整。802.11i 标准在 2004 年颁布。

应用本节概念，请见本章实践项目 6 – 4。

6.5　复习与思考

6.5.1　本章小结

◇　FTP，作为部分的 TCP/IP，是用于在设备间传输文件的。将 FTP 可设置成用户无须认证模式。FTP 存在若干安全漏洞，它自身并不加密，易被中间人攻击。FTP 也可通过 SSL 加密进行加固。

◇　随着目前日益增加的用户使用互联网访问安全信息，保护远程登录传输变得尤为重要。主要防御方式就是隧道或是压缩数据包，以建立安全传输链接的技术。PPTP 是应用最广泛的一种隧道协议，L2TP 除了支持 TCP/IP，也支持其他协议。

◇　利用认证传输来确认其发送者可为远程访问用户提供更高的安全等级。IEEE 802.1x 标准作为基于端口的认证机制受到普遍欢迎。802.1x 标准是以 EAP 为基础，并具有很多变种。RADIUS 向含有认证记录的服务发出请求。请求设备既不直接访问服务器，也不需要通过中介。TACACS + 和 RADIUS 都使用含有认证记录的远程服务器；然而，TACACS + 传输并不加密。

◇ SSH 是安全访问远程计算机且基于 UNIX 的命令接口和协议。除加密外，SSH 还可用于认证用户。IPSec 在 OSI 的网络层运行，为多种应用程序提供保护。IPSec 支持两种加密方式。VPN 允许用户使用公共互联网发送私人数据。VPN 可以是用户对 LAN，也可以是站点对站点的。

◇ 目录服务是存储在网络中且含有用户和网络设备所有相关信息的数据库。虽然难以使用客户协议，但目录服务的标准仍是 X.500。它已被 LDA 所取代。LDAP 是纯文本传输，应该使用 SSL/TLS 进行加密。

◇ WLAN 对用户访问数据有重要影响。然而，许多安全漏洞都与 WLAN 有关。WLAN 的基本保护方式包括禁用广播 SSID、使用 MAC 地址过滤和打开 WEP 加密。然而，每一种都存在漏洞。需要使用 WAP 和 802.11i 或把无线网络视为非安全网络来加强加密保护。

6.5.2 思考练习题

1. 下列均可访问文件传输协议（FTP），除了_____。

A. 网页浏览器　　　　B. FTP 客户端　　　　C. 命令行　　　　D. LPTP 服务

2. 匿名 FTP 的另一个名称叫做_____。

A. 盲 FTP　　　　B. 免费 FTP　　　　C. 免费网　　　　D. 未宣布 FTP

3. 最广泛使用的隧道协议是_____。

A. L2TP　　　　B. RADIUS　　　　C. PPP　　　　D. PPTP

4. 下列均是第二层隧道协议（S2TP）的特点，除了_____。

A. PPTP 和第二层隧道协议（S2TP）的功能综合

B. 需要 TCP/IP 网络

C. 可在如路由器的设备上安装

D. 支持先进加密方法

5. 下列均是认证技术，除了_____。

A. IEEE802.11b　　　　B. RADIUS　　　　C. TACACS +　　　　D. IEEE 802.1x

6. 802.1x 协议是基于扩展认证协议（EAP）的，是 PPP 的扩展。对还是错？

7. RADIUS 架构的一个优点是，它不仅支持监控功能，还支持认证和授权。对还是错？

8. 与 RADIUS 相似，终端访问控制器访问控制系统（TACACS +）是有关用户名和密码信息的集中服务器的标准协议说明。对还是错？

9. 安全壳（SSH）是基于 Windows 的命令接口和协议，取代了 3 个 Windows 实体：wlogin、wcp 和 wsh。对还是错？

10. IP 安全（IPSec）在 OSI 模型的第一层运行。对还是错？

11. 减少 FTP 漏洞的方式之一是使用_____。

12. _____协议保护 IP 安全（IPSec）的机密性。

13. _____利用公共互联网，与使用私人网络相似。

14. _____是在网络上含有所有用户及其对网络资源优先权信息的数据库。

15. _____是无线访问协议（WAP）的安全层，并提供隐私性、数据完整性和认证。

16. 解释 IEEE 802.1x 标准运行的 3 个元素。

17. IPSec 在 OSI 模型低层运行有哪些优点？

18. 两种 IPSec 加密模式是什么？举例说明为什么这两种模型是必需的。

19. 什么是有线对等隐私（WEP）？它有哪些缺点？

6.5.3 动手项目

项目 6-1：使用安全 FTP Client

减少攻击威胁的一种方式就是使用安全 FTP。虽然安全 FTP 不是标准，但不同供应商都利用它来描述加密 FTP 传输。

（1）打开 IE 浏览器，登录网站"http://www.glub.com/"，选择产品 secure FTP Client，下载适用于 Windows 的最新版本，安装该程序。

（2）如果计算机中没有安装 Java 的最新版本，登录网站"http://www.java.com/zh_CN/download/"，下载适用于 Windows 的 Java，安装该程序。

（3）运行 secure ftp 程序。在菜单栏中单击 File 选项，再选择 Connect 命令，弹出 Open Connection 对话框，如图 6-26 所示。

（4）在主机名中，输入"daac.gsfc.nasa.gov"，匿名 FTP 服务器有可能因服务器停止服务而不能使用，请查询可用的匿名 FTP 服务器。

（5）单击"匿名使用匿名 FTP"选项，再单击"连接"按钮。则安全 FTP 连接到 daac.gsfc.nasa.gov FTP 站点，窗口右侧显示了 FTP 服务器上的内容。

（6）在右侧双击软件文件夹。双击 hdf 文件夹，再双击 hdf 文件。右侧显示了 hdf 的内容。

图 6-26　安全 FTP 连接远程 FTP 服务

（7）将 README 文件拖到右侧。运行该程序并向计算机传输文件。

（8）关闭所有窗口。

项目 6-2：安装和使用 MAC 欺骗实体

欺骗 MAC 地址是 WLAN 中攻击者攻击 MAC 地址的一种方式。在本项目中，将下载 MAC 欺骗实体。

（1）打开 IE 浏览器，登录网站"www.klcconsulting.net/smac/"。

（2）单击 SMAC 1.2 Eval Edition。由于软件在不断更新，也许会出现新版本。请下载最新版本的软件。

（3）单击"下载"按钮，再单击"保存"按钮。选择下载文件夹进行保存。

（4）双击并打开文件，接受默认设置安装。

（5）双击桌面上的 SMAC 图标，运行 SMAC 程序。单击"接受协议"按钮，显示 SMAC 主窗口，如图 6-27 所示。

（6）在计算机中选择 NIC 适配器。

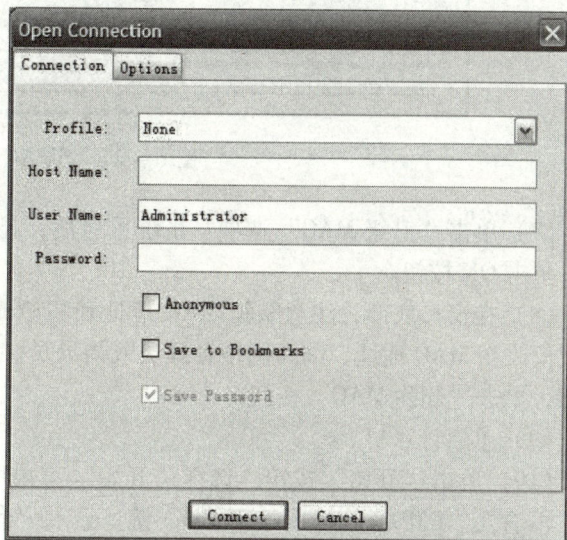

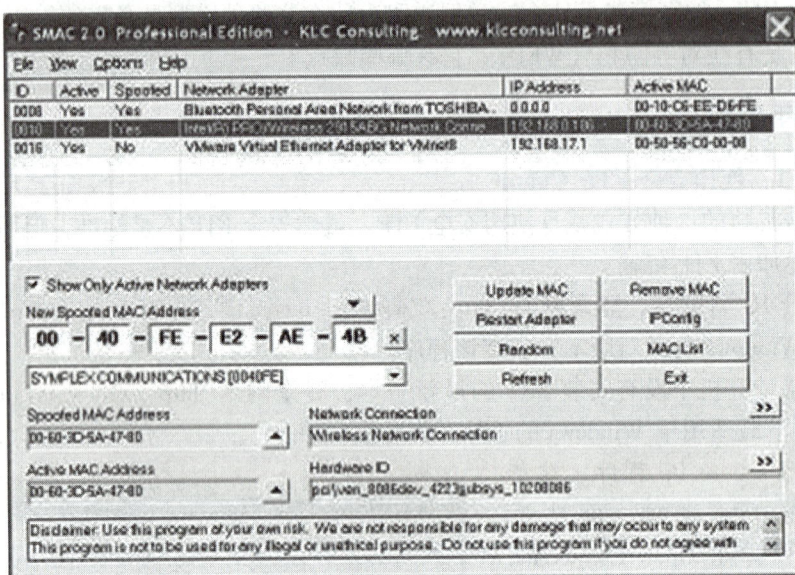

图 6-27 SMAC 窗口

（7）单击"升级 MAC"选项。系统重启后，显示信息窗口并说明 MAC 将变为欺骗地址。单击 OK 按钮。

（8）在窗口底部，注意欺骗 MAC 地址和积极 MAC 地址是不同的。依据网络设置，可能建议改变 MAC 地址。询问网络管理员或指导员。如果对改变地址有任何疑惑，跳过以下步骤，单击"删除 MAC"按钮。

（9）重启计算机。

（10）单击"开始"按钮，选择"开始"菜单中的"运行"命令，弹出"运行"对话框。再输入"CMD"命令，按下 Enter 键。显示"命令提示符"窗口。

（11）在命令提示符中，输入"ipconfig/all"命令，按下 Enter 键。注意目前的 MAC 地址。

（12）启动 SMAC 程序。

（13）单击"删除 MAC"按钮，存储原始 MAC 地址。

（14）重启计算机。

项目 6-3：使用安全壳（SSH）

SSH 向 Linux 或 UNIX 服务器加密远程传输。在本项目中，将下载和使用 SSH 客户端。为了完成本项目的所有步骤，需要 Windows、Linux 或 UNIX 系统的账户，并必须知道系统的 IP 地址。系统必须还允许 SSH 连接。通过实验室管理员和指导员可获得更多信息。

（1）单击"开始"菜单，选择"开始"菜单中的"运行"命令，弹出"运行"对话框。

（2）在该对话框中输入"CMD"命令，按下 Enter 键。显示"命令提示符"窗口。

（3）在"命令提示符"窗口中，输入"Telnet"命令，按下 Enter 键。Telnet 是纯文本传输所有信息的不安全程序。攻击者可以截获此信息。

（4）关闭"命令提示符"对话框。

（5）打开 IE 浏览器，登录网站"http：//www. chiark. greenend. org. uk/ ~ sgtatham/putty/download. html"。

（6）向下滚动到 Windows 95、Windows 98、Windows ME、Windows NT、Windows 2000 和 Windows XP 部分。右击 putty. exe 文件，再单击"保存"按钮。

（7）在计算机上选择保存位置，单击"保存"按钮。

（8）双击并打开保存后的文件。启动 PuTTY 程序，并显示"设置"窗口，如图 6 – 28 所示。

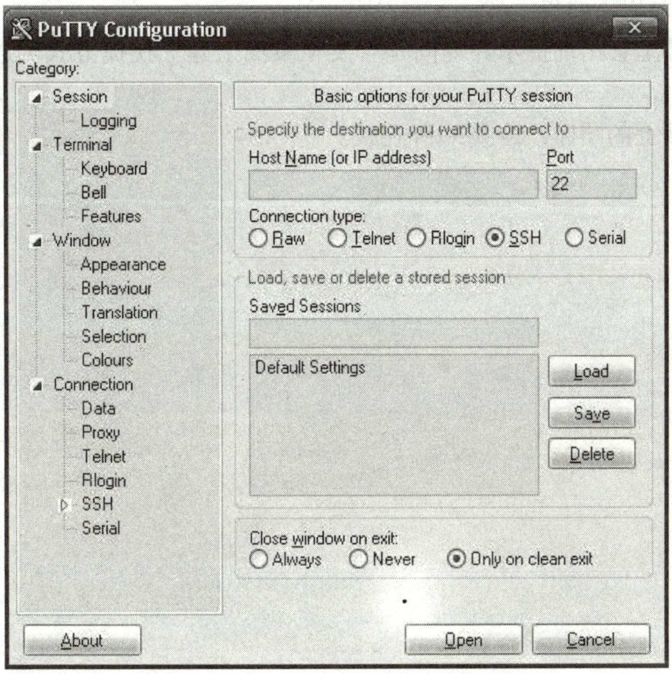

图 6 – 28　PuTTY 设置窗口

（9）在左侧，选中 SSH 选项，检测安全设置。

（10）单击"会议"选项。在主机名中输入服务地址。如果协议选择 SSH，则单击"打开"按钮。

（11）如果收到警告信息，表明服务的主机密钥不在注册表中，则单击"否"按钮。

（12）登录服务。计算机和服务间的通信是安全的。

（13）退出服务。关闭所有窗口。

项目 6 – 4：设置 Windows VPN 客户端

在本项目中，将在 Windows XP 中设置 VPN 客户端。如果拥有 VPN 服务账户，就可使用它设置工作账户。

（1）打开网络连接窗口。（单击"开始"按钮，选择"开始"菜单中的"控制面板"命令。如果控制面板以典型视窗显示，则双击"网络连接"图标。如果控制面板以目录形式显示，则单击"网络和因特网连接"图标，再单击"网络连接"图标。）

（2）在左侧，单击"创建一个新的连接"选项，在弹出的"新建连接向导"对话框中，单击"下一步"按钮，会弹出"网络连接类型"对话框。

（3）单击"连接到我的工作场所的网络"选项，然后单击"下一步"按钮，弹出"网络连接"对话框。

（4）单击"虚拟专用网络连接"选项按钮，然后单击"下一步"按钮，弹出"连接名"对话框。

（5）在该对话框中输入公司名称，然后单击"下一步"按钮，弹出"VPN 服务选择"对话框。

（6）如果在 VPN 服务上有账户，则输入地址，然后单击"下一步"按钮；否则单击"取消"按钮，跳过以下两步。

（7）最后屏幕上会出现提示并询问是否要在桌面上建立快捷方式。选择该选项，再单击"完成"按钮。

（8）双击桌面上的图标，检测 VPN 连接。

第7章 信息加密技术

情境引入 ○○○

《水浒传》第六十一回写道，为了拉卢俊义入伙，"智多星"吴用和宋江便生出一段"吴用智赚玉麒麟"的故事来，利用卢俊义正为躲避"血光之灾"的惶恐心理，暗藏"卢俊义反"四字，广为传播。结果，成了官府治罪的证据，终于把卢俊义"逼"上了梁山。

芦花丛中一扁舟，

俊杰俄从此地游。

义士若能知此理，

反躬难逃可无忧。

乍一看这首诗没什么特别之处，但诗的真意即暗藏于诗句之首，为"卢俊义反"4个字，这种诗叫"藏头诗"。一般人只注意诗的表面意境，很难发现隐藏其中的"话外之音"，这种以信息隐藏为主要目的的原始加密方式可以说是信息加密的开端。

在现代社会，随着Internet的发展，人们越来越多地在网络上从事个人事务处理和商业活动，网络已经发展成为人们日常生活和工作的重要媒体。如使用网络发送电子邮件进行电子购物、资金转账、发布公告、接收重要数据等，信息安全性也变得越来越重要。

加密技术作为一种主要的防卫手段，是网络安全最有效的技术之一。一个加密网络，不但可以防止非授权用户的搭线窃听和入网，而且也是对付恶意软件的有效方法。随着信息技术发展起来的现代密码学，不仅被用于解决信息的保密性，而且也用于解决信息的完整性、可用性和可控性。密码是解决信息安全的最有效手段，密码技术是解决信息安全的核心技术。

在本章中，将主要讲述如何通过加密保护数据。首先，介绍加密的基础知识和普通技术；其次，讲述如何通过算法加固数据；最后，探讨如何利用加密保护网络安全。

本章内容结构 ○○○

本章内容结构如图7-0所示。

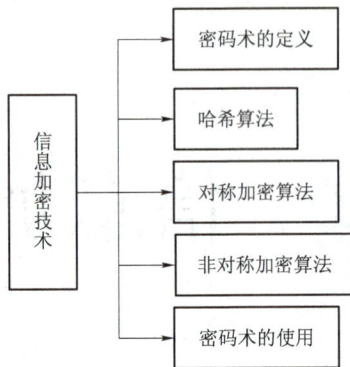

图 7-0　本章内容结构图

本章学习目标 ○○○

◎ 密码术的定义；

◎ 哈希算法；

◎ 对称加密算法；

◎ 非对称加密算法；

◎ 加密的使用方法。

7.1　密码术的定义

加密信息的科学从简单到极度复杂。本节将介绍加密的基础技术和加密提供的安全功能。

小提醒

最初在第2章的基本攻击中曾简单介绍过密码术。

7.1.1　密码术技术

首先应理解密码术技术，然后再使用它保护数字信息。以下是一些关键词：

密码术：密码术是传输信息以保护传输或存储安全的科学。这是通过"混乱"数据，使非授权用户难以理解而完成的。

隐藏术：与密码术混乱数据不同，隐藏术隐藏数据的存在。

加密：利用密码术把原始文本转换为秘密信息的过程。

解密：加密的逆过程，即把秘密信息转化成原始形式。

算法：加密和解密的过程是基于某种数学程序的，叫做算法。

密钥：算法用来加密和解密信息的值。

弱密钥：形成可破译形式或结构的数学密钥。

纯文本：原始未加密的信息。

密码：用于加密或解密文本的算法工具。

密码文本：用加密算法加密的数据。

图 7-1 表述了密码术的过程。将纯文本交予含有密钥值的加密算法。使用密码加密纯文本，再传送到接收人。虽然传输不一定要通过公共非信任网络，但在大多数情况下是使用该公共网络的。当接收人收到加密文本时，必须使用密码解密，并用密钥生成原始纯文本。

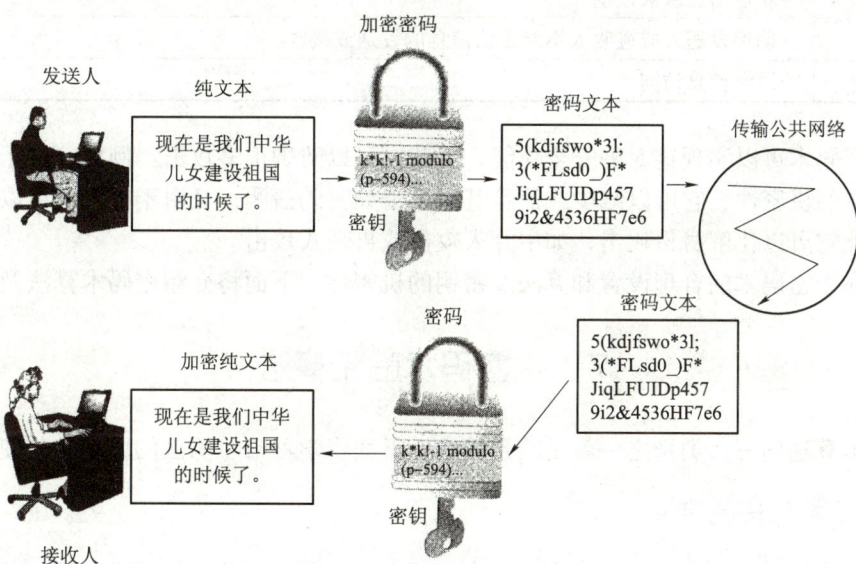

图 7-1　密码术

7.1.2　密码术的安全保护

由于密码术是存储和传输信息的，因此密码术可以实现 5 种密钥安全功能。密码术的第一种功能是可以保护信息的机密性。只有授权用户可以访问加密信息。机密性可以通过多种方式实现。例如，只有信任用户才给予解密文本的密码和密钥。密码术的第二种功能是认证。信息的接收人知道发送人的名字，并确认发送人的身份。密码术的第三种功能是确保信息的完整性。加密信息的接收人应该确信信息在传输中没有被更改过。

密码术的第四种功能是认可，即不能否认自身的行为。信息的发送人不该否认已发送的信息。同样，接收人也不该否认已收到的信息。当密码术为发送人提供发送的证明时，接收人就可证明发送人的身份，此时双方就不该否认自己已发送或接收的信息了。

密码术的最后一种功能是访问控制。操作系统可以利用令牌限制对存储在设备上的加密信息的访问。总之，机密性、认证、完整性、认可和访问控制是密码术提供的 5 个重要的安全元素，如表 7-1 所列。

注意

即使 Windows 操作系统拒绝访问，它也允许管理员进行访问控制。这可以通过管理员获得所有权，并改变访问权限来实现。

表7－1　密码术的安全保护

保护	描　　述
机密性	只允许授权用户访问信息
认证	确认发送人及其身份
完整性	相信信息未被改动
认可	确保发送人或接收人不能否认信息的发送或接收
访问控制	限制信息访问

由于密码术可以实现这 5 种安全功能，因此它可以防御很多攻击。例如，由于密码术可以保护信息的机密性，它可以减少或消除基本攻击如密码猜测；又由于密码术可以确保信息认证，因此它可以化解身份攻击，如中介人攻击或再现式攻击。

关键在于密码术的合理设置和算法及密钥的机密性。下面将介绍密码术算法及其使用。

7.2　密码术哈希算法

密码术算法的三大类别之一就是哈希算法。下面将学习哈希算法的原理及其使用。

7.2.1　哈希算法的定义

哈希算法可以把纯文本转化为密码文本。然而，加密文本就不需再解密了。相反，它是用来确认目的的对比。

如数字 12 345。如果 12 345 乘以 143，结果是 1 765 335。如果给某人数字 1 765 335，并询问其原始数字，他就不能知道原始数字 12 345 了。但如果给他乘数 143，他就会很容易知道原始数字。

密码术哈希算法遵循的基本方法，如表 7 – 2 所列。

表7－2　密码术哈希算法

输入值	乘数	公式	结果
12 345	143	值×乘数	1 765 335
纯文本	密钥	算法	密码文本

哈希算法并不通过传输真实值来确认值的真实性。哈希算法的实际使用案例就是 ATM 卡。假如银行顾客有个人确认号码（PIN）93542。利用哈希算法计算该数字，并将其结果存储在 ATM 卡背后的磁条中。当顾客使用 ATM 时，他首先要插卡，然后输入 PIN。ATM 获得 PIN 号码，并使用相同的哈希算法。如果两个值相符，则用户可以使用 ATM。这里使用

哈希算法的优点就是 ATM 既不需要保存用户 PIN，也不需要从数据库读取 PIN 并传输到 ATM。这两个操作都是攻击者可以利用的。ATM 的哈希算法如图 7 - 2 所示。

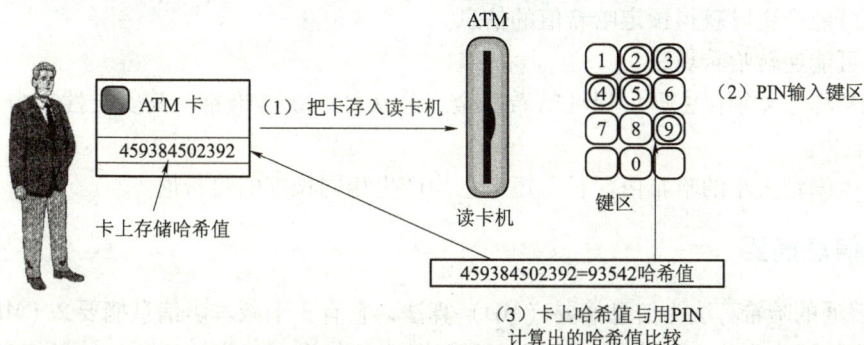

图 7 - 2　利用哈希算法的 ATM 机器

　　哈希算法基本用于两种方式。第一，它确认用户输入密码的真实性，而不需传输密码。UNIX 和 Linux 操作系统使用哈希密码认证。哈希算法也用来确定信息或文件内容的完整性。这里，哈希算法提供检验值来检验信息内容。当建立信息时，哈希值也基于信息内容而建立。信息和哈希值一同传输。一旦收到信息，同时也就启动了哈希算法。如果原始哈希值和新的哈希值相等，则信息没有被更改过。然而，如果攻击者进行中间人攻击，翻译并更改了信息，哈希值就不会相等。使用哈希认证如图 7 - 3 所示。

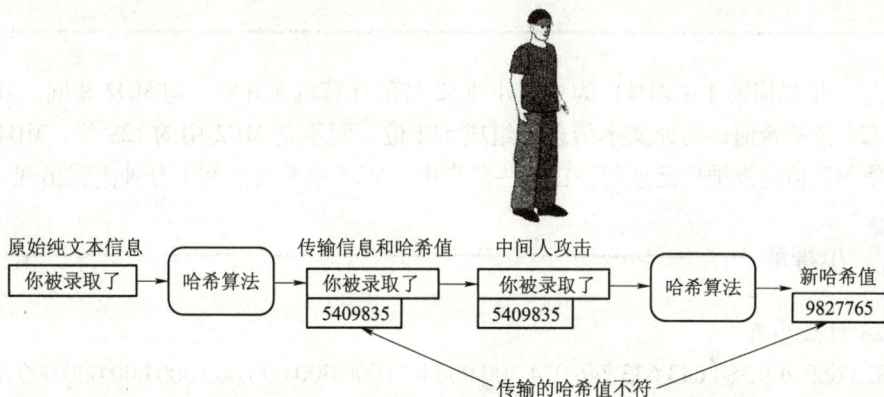

图 7 - 3　哈希中间人攻击

小技巧

　　哈希并不是密码术的唯一验证值。另一种技术称为校验位，把字节中的 1 相加（如 01000001），如果结果是偶数，校验位加上 1；如果是奇数，加上 0。如果出现攻击或传输错误（如 11000001），校验位就出错，证明数据不正确。

　　如果哈希算法有如下特征，就说明它非常安全：

◇ 不可能使不同信息产生相同的哈希值，叫做碰撞。改变信息中的一位应该产生完全不同的哈希值。

◇ 不可能产生可获得预定哈希值的信息。

◇ 不可能逆转哈希算法。

◇ 哈希算法无须保密即可保证哈希安全。公众可以获得哈希。其安全性来自于产生单向哈希的能力。

◇ 产生固定大小的哈希值。长、短信息均产生相同长度的哈希值。

7.2.2 信息摘要

一种普通的哈希算法为信息摘要（MD）算法，它有 3 个版本。信息摘要 2（MD2）可转化任意长度的纯文本为 128 位的哈希值。MD2 把信息分为 128 位的片断。如果信息不满 128 位，就要添加填料。例如，一个 10 位的信息 abcdefghij，MD2 需添加信息成 abcdefghij666666，并组成 16 字节长度（128 位）。填料一般是必须添加组成 16 字节长度的字节数。在本例中，即为 6（由于还须 6 字节添加原始的 10 字节）。填料后就出现了 16 字节的信息。整个信息就会形成 128 位的哈希值。由于人们认为 MD2 运行太慢，因此目前已很少使用它。

> **说明**
>
> "信息摘要"是哈希的另一个名字。

1990 年，信息摘要 4（MD4）为一次处理 32 位的计算机而开发。与 MD2 相同，MD4 用纯文本建立 128 位哈希值。而纯文本信息要组成 512 位，而不是 MD2 中的 128 位。MD4 哈希算法的缺陷使 MD 最终没被广泛使用。在某些账户中，MD4 哈希可能在 1 分钟内就出现碰撞。

> **小提醒**
>
> 128 位数字有
> 3 402 823 669 209 384 643 633 746 074 300 000 000 000 000 000 000 000 000 000 000 000 000
> 种可能组合。

信息摘要 5（MD5）是 MD4 的改进版，试图弥补它自身的缺点。与 MD4 相同，MD5 的信息长度也为 512 位。哈希算法使用 4 个 32 位变量，建立压缩并产生哈希值。虽然哈希算法本身很安全，但在压缩过程中会出现一些漏洞以致碰撞。大多数安全专家建议 MD 哈希家族应被更安全的哈希算法所取代。

> **注意**
>
> 传输控制协议/互联网协议（TCP/IP）和简单网络管理协议（SNMP）使用 MD5。

应用本节概念，请见本章实践项目 7-2。

7.2.3　安全散列算法（SHA）

比 MD 家族更安全的哈希算法就是安全散列算法（SHA）。SHA 在 MD 之后建立了 160 位的哈希值，而不是 128 位。较长的哈希值更有助于防御攻击者。SHA 用零补充不足 512 位的信息，用整数描述原始信息长度。通过 SHA 算法运行补充信息并产生哈希值。

1993 年，国家安全机构（NSA）以及国家标准和技术学会（NIST）开发了 SHA。它被美国政府广泛使用。

> **小提醒**
>
> SHA 被认为是安全的哈希。迄今为止，SHA 还没有出现漏洞，所以建议用 SHA 取代 MD4 和 MD5。

应用本节概念，请见本章实践项目 7-4。

7.3　对称加密算法

密码术的第二个主要类别是较为普遍使用的对称加密算法。它使用单一的密钥加密和解密信息。不像哈希算法不需要再解密纯文本，对称加密算法是为解密纯文本而设计的。这就要求对密钥严格保密，如果攻击者获得密钥，就可以解密信息了。正是由于此原因，对称加密又叫做私有密钥密码术。对称加密如图 7-4 所示。注意加密和解密的密钥是相同的。

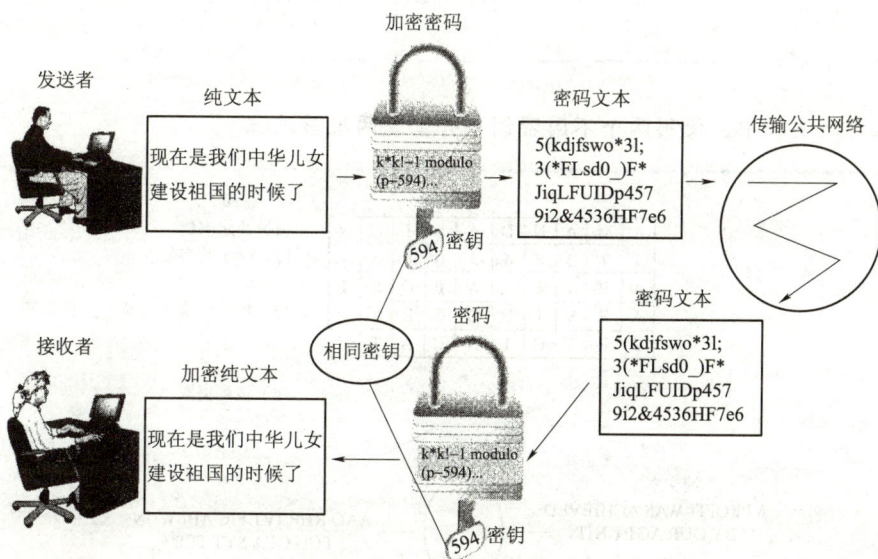

图 7-4　对称加密

根据一次处理的数据数量，对称加密算法可分为两类。第一类是流密码。流密码把字符逐一替代，如图 7-5 所示。

最简单的流密码就是替代密码。替代密码就是简单替代字符，如图 7-6 所示。单一字母替代密码作为一种流密码是最易遭受攻击的。相同字母替代密码表示纯文本字符替代多个密码文本字符。例如，A 可能是 BTI。

ABCDEFGHIJKLMNOPQRSTUVWXYZ–纯文本字母
ZYXWVUTSRQPONMLKJIHGFEDCBA–替代字母

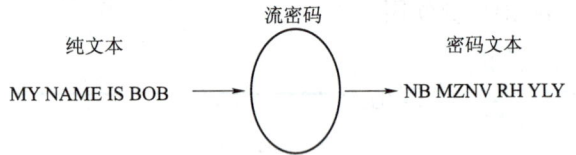

图 7-5　流密码

图 7-6　替代密码

虽然相同字母替代密码为每个纯文本字符建立多个密码字符，但由于它一次处理纯文本字符，因此它仍被认为是流密码。

另一种更复杂的流密码是变换密码，重置字符而不改变它们。单一列变换密码以决定密钥开始（步骤1），再赋予每个密钥的字母数字（步骤2），如图 7-7 所示。将第一次出现的字符 A 赋予数字 1，第二次出现的赋予 2，第三次出现的赋予 3。没有字母 B 或 C，所以下一个字母就是 D，赋予数字 4。在步骤 3 中，纯文本在密钥和其数字行的下面。在步骤 4 中，根据数字值提取每列：数字 1 下的列先写，然后是数字 2 下的列，依此类推。

注意

在双行变换中，使用两个不同密钥字并重复两次该过程。

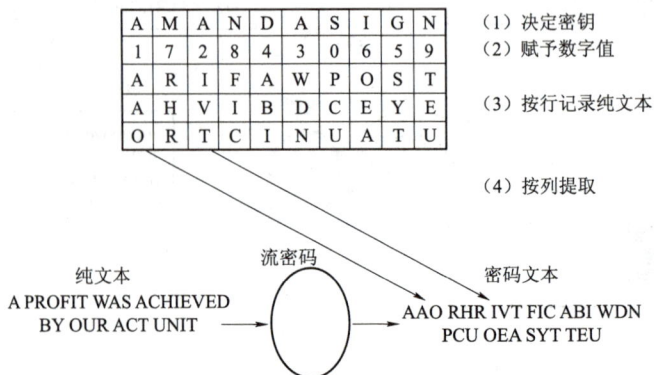

图 7-7　变换密码

对大多数对称密码而言，最后一步是用纯文本组合密码流形成密码文本，如图 7 - 8 所示。由于所有加密都是二进制的，因此该过程通过唯一 OR（XOR）二进制逻辑操作来完成。XOR 用来把两组字符组合成一组。如果两字符相同，则为 0；不同则为 1。

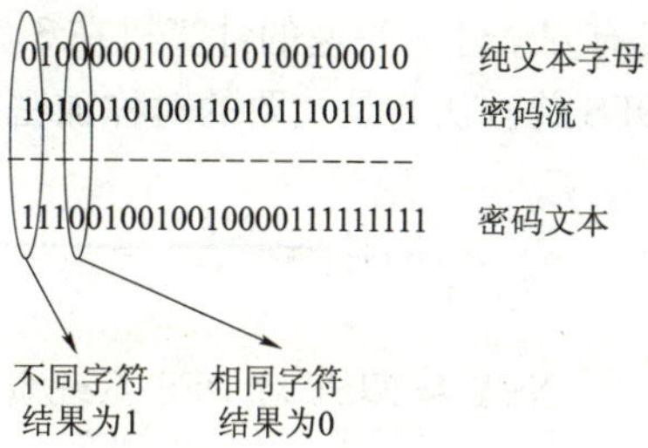

```
0100000101001010010010     纯文本字母
1010010100110101101101     密码流
1110011001001000011111111     密码文本
不同字符        相同字符
结果为1          结果为0
```

图 7 - 8   XOR 操作

另一种对称加密算法叫做块密码。流密码每次操作一个字符，而块密码每次操作一整块纯文本。纯文本信息被分为单独的块，每块 8 ~ 16 位，独立加密。为保证安全，块是随机形成的。

流和块密码都有其各自的优缺点。如果纯文本较短时，流密码运行很快，但纯文本较长时，其运行时间就比较长。此外，由于产生流的方法基本相同，而只是纯文本的变化，所以容易被攻击。由于它们的一致性，攻击者可以判断流，并决定密钥。由于块密码输出更随机，所以人们认为它更安全。当使用块密码时，每块处理后密码都重置到原始状态，因此较难攻破纯文本结果。

加密可以使用很多对称密码算法，下面将分别讨论。

7.3.1   数据加密标准

最流行的对称加密算法之一是数据加密标准（DES）。DES 的处理机是在 20 世纪 70 年代由 IBM 最先设计的产品，叫做"Lucifer"。美国政府官方采用 DES 作为加密非机密信息的标准。

DES 是块密码，加密 64 位块的数据。然而，它忽略 8 位校验位，其有效密钥长度只有 56 位。DES 执行 16 遍算法可加密 64 位纯文本。表 7 - 3 总结了 DES 加密的 4 种模式。

表 7 - 3   数据加密标准模式

DES 模式	密码算法	操 作	长 度
电子代码书（ECB）	块密码	使用 56 位密钥加密 64 位的块	由于每次使用相同加密模式，因此易受攻击
密码块链接（CBC）	块密码	每个信息块都连接在一起	比 ECB 更安全
密码回馈（CFB）	类似流密码功能的块密码	用一轮建立的密码文本加密下一轮	很安全但比 ECB 慢
输出反馈（OFB）	类似流密码功能的块密码	密码结果会加入下一轮的信息中	不如 CFB 安全

🔍 **注意**

CFB 和 OFB 在各自算法中使用流密码相同字母替代。

DES 有很多优点。它是成熟的加密标准，在软硬件中都可以使用。然而，56 位密钥不再具有安全性。快速的计算机在 3.5 小时内即可以攻破它。此外，DES 还会出现弱密钥。虽然 DES 曾被认为是主要的对称加密算法，现在已不再推荐安全传输使用了。

> **说明**
>
> NSA 和 NIST 对 DES 系统负责。

7.3.2　对称密码术的优缺点

在对称密码术中，加密和解密信息都使用同一密钥，如图 7-4 所示。很多受欢迎的对称密码术有数据加密标准（DES）、三数据加密标准（3DES）、高级加密标准（AES）、Rivest Cipher（RC）、国际数据加密算法（IDEA）和 Blowfish。与哈希不需解密不同，对称加密算法的密码文本是需要进行解密的。因此保护密钥很重要。如果攻击者得到密钥，就可以解密任何信息。正是由于该原因，对称加密又叫做私有密钥密码术。

对称密码术通常可以快速和简单地实施。这是因为用私有密钥加密和解密计算比其他密码术简单。

> **注意**
>
> 由于速度快，对称密码术在很多因特网安全协议中使用，如安全套接字层（SSL）协议。

关于对称加密的最大缺点就是管理私有密钥的困难。发送人如何与接收人交换私有密钥才不会泄露给其他人？如果存在安全交换方式，发送信息和加密就不是问题了，因而使用对称私有密钥会加剧安全通信方式的缺失。另外，每一组发送人和接收人都需要不同的私有密钥。例如，如果李兵要同其他 20 位用户秘密通信，李兵必须要保存和管理 20 个密钥，而且各不相同。对称密码术的密钥管理问题使其很难使用。

7.4　非对称加密算法

对称加密算法的主要缺点是使用单一密钥保证安全。这个缺点引发了很多重大挑战。如果李兵想要使用对称加密发送信息给王莉，则他必须确认她有解密的密钥。李兵怎样把密钥给王莉呢？考虑到安全因素，他既不能通过互联网传输，也不能通过加密密钥传输，因为解密还是需要密钥。如果他安全地把密钥发送给王莉，则如何保证攻击者没有看到王莉计算机中的密钥，而读取李兵的信息呢？密钥管理是使用对称加密的重大障碍。

另一种密码术方法是非对称加密或公共密钥密码术。非对称加密使用两种密钥，一种密钥叫做私有密钥，用于加密信息；另一种密钥叫做公共密钥，用于解密。非对称加密如图 7-9 所示。

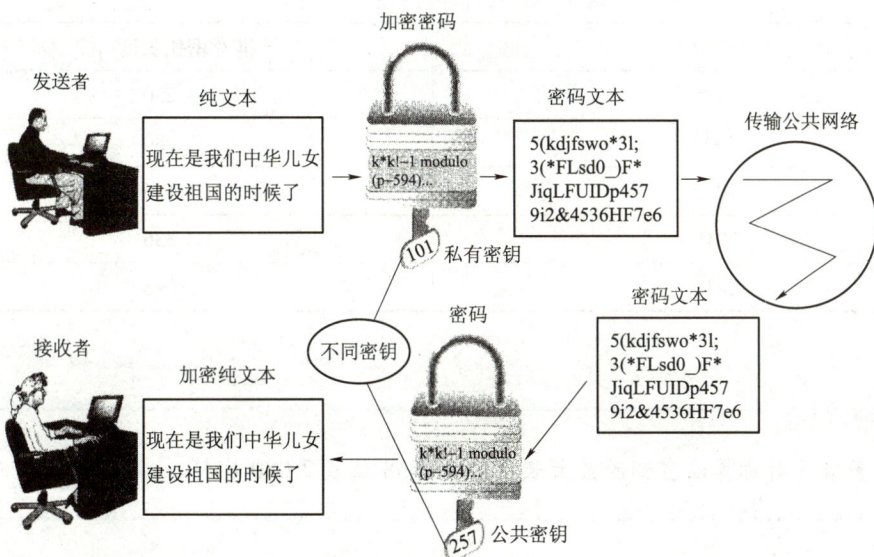

图 7-9 非对称加密

两种密钥，即公共密钥和私人密钥都与数学有关。一种用于加密，而另一种用于解密；反之亦可。如果公共密钥用于加密纯文本，则私有密钥就用于解密。

💡 **小提醒**

　　非对称加密是在 1975 年由麻省理工学院（MIT）的 Whitfield Diffie 和 Martin Hellman 发明的。

　　非对称加密的概念同之前提到的哈希值有些相似。如果给出一个大的哈希值 1 765 335，则不可能得出产生数 12 345 和 143。非对称算法也类似。如果李兵的公共密钥是 101，攻击者怎么会知道他的私有密钥是 257 呢？拥有一对密钥可解决密钥管理的问题。李兵可以把公共密钥给任何人，包括攻击者，它不会显示私有密钥，所以李兵的信息就是安全的。李兵只需保护私有密钥，而无须担心拥有公共密钥的人。

　　非对称密码术满足了密码术要求的安全功能。它不允许攻击者查看信息而保护了信息的机密性。同时它也确保了认证。由于王莉的密钥可解密李兵的信息，因此她认为李兵是安全的发送人。非对称密码术帮助确保信息的独立性。如果在传输中更改密码文本，当王莉用李兵的公共密钥解密时，不能解密密码文本，此时王莉就会发现问题。非对称密码术也加强了认证，由于只有王莉收到李兵的信息使用李兵的公共密钥才能解密。

　　非对称密码术最经常出现的缺点就是密钥太短。某些攻击者可攻破 512 位的密钥。表 7-4 列出了推荐的非对称密钥长度。决定密钥长度增加的原因是破译密钥计算机的性能。

表 7-4　推荐非对称密钥长度

年份	推荐密钥长度/位
1995	1 280
2000	1 280
2005	1 536
2010	1 536
2015	2 048

注意

大多数非对称算法密钥的最大长度为 16 638 位或 2 080 字符。

目前普遍使用 3 种非对称算法，它们分别是 RSA、Diffie-Hellman 和椭圆曲线密码术，下面将重点讨论 RSA。

7.4.1　RSA

非对称算法（Rivest Shamir Adleman，RSA）在 1977 年发布，并在 1983 年被 MIT 申请为专利。RSA 算法是最普遍的非对称加密和认证算法，包含在 Microsoft 和 Netscape 网页浏览器和部分的其他商业产品中。

说明

RSA 专利在 2000 年到期。

首先 RSA 算法的两大主要数字（一个主要数字只能被它自己和 1 整除）p 和 q 相乘，得出计算结果 $(n=p \times q)$。然后，选取小于 n 的数字 e 和主要因数 $(p-1)(q-1)$。再选取数字 d，使 $(e \times d-1)$ 可被 $(p-1)(q-1)$ 整除。值 e 和 d 是公共和私人指数。公共密钥是 (n, e)，私有密钥是 (n, d)。数字 p 和 q 就被除去了。

小提醒

RSA 比其他算法运行要慢。DES 在软件中运行比 RSA 快 100 倍，而在硬件中运行要快 1 000～10 000 倍。

目前 RSA 系统用于多种产品和平台。RSA 算法在 Microsoft、Apple、Sun 和 Novell 操作系统及 Intuit Quicken 和 Lotus Notes 等产品中使用。在硬件方面，RSA 算法可用于安全电话、以太网网络卡和智能卡中。此外，RSA 融入主要安全因特网通信协议，包括安全/多用途网际邮件扩充协议（S/MIME）和安全套接字层（SSL）。

7.4.2　非对称密码术的优缺点

为解决对称加密中密钥管理的困难，人们设计了另一种非对称加密或称为公共密钥密码术。非对称加密使用两个密钥。私有密钥加密信息，公共密钥解密信息，两个密钥在数学上相关。一个密钥（私有）用来加密，另一个密钥（公共）用来解密。反之亦然。如果公共密钥用来加密纯文本，那么只有私有密钥才可以解密。3种普遍使用的非对称算法有：Rivest Shamir Adleman（RSA）、Diffie-Hellman 和 Pretty Good Privacy（PGP）。

> **小提醒**
>
> 　　一种关于非对称加密的普遍误解是，攻破密码术算法就可以解密所有信息。实际上，很多密码术算法大家都知道或可以攻破。但是，保护数据的是密钥，而不是密码术算法。

非对称算法可以很大程度地改进密码术的安全性、便利性和灵活性。公共密钥可以被自由分派，即使是用户使用私人密钥加密并发送信息。公共密钥密码术的主要缺点是计算集中，加密和解密的过程很长，尤其是对于大量数据。虽然非对称加密在数学上很安全，但有关密钥使用方面的漏洞还是会影响非对称加密。以下将讨论一些漏洞，并讲解弥补的措施。

1. 数字签名

正如其名，非对称加密允许发送人使用公共密钥或私有密钥加密信息，而接收人用另一密钥解密信息，过程如图7－10所示。如果李兵使用王莉的公共密钥加密信息，王莉就可以用私有密钥读取信息。然而，王莉不能确定信息的发送人就是李兵，因为大家都有她的公共密钥。

认证发送人的解决方法就是数字签名。正如普通人在官方文件或支票上的签名一样，数字签名可以认证信息的发送人。

使用数字签名可以帮助接收人证明用公共密钥发送信息的人的身份，信息没有被改动，及不能否认发送过该信息。数字签名是与信息一起传输的加密哈希信息。当使用数字签名时，发送人首先建立起纯文本信息，随后数字签名对整个信息生成哈希值，然后用发送人的私有密钥加密（如果发送人想要加密整个纯文本信息，他就会使用接收人的公共密钥）。加密信息和数字签名组合一起被传输。接收人用发送人的公共密钥解密数字签名并取得哈希值（如果有必要，可以用私有密钥解密信息，用同样的哈希算法运行）。如果两个哈希值相符，接收人就可以确定信息来自发送人，而且没有更改过。

> **小提醒**
>
> 　　数字签名在本章中有详细介绍。

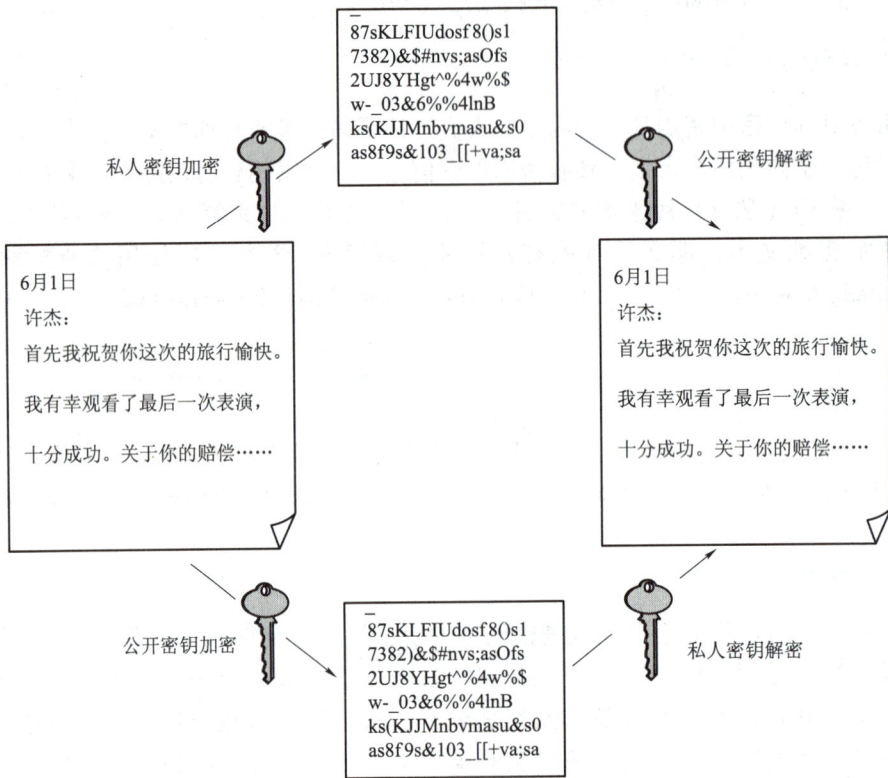

图 7-10　公共或私人加密密钥

2. 数字证书

虽然数字签名在很大程度上满足了认证的需求，但还不完善。如果王莉得到李兵用来加密信息和数字签名的是公共密钥，她怎么确定就是李兵而不是冒名顶替者呢？例如，如果陈成用李兵的公共密钥冒充他，那王莉就会不知情地与陈成通信。陈成甚至可以翻译李兵的信息，然后用私有密钥建立新的信息，公布公共密钥后发送给王莉。该过程如 图 7-11 所示。

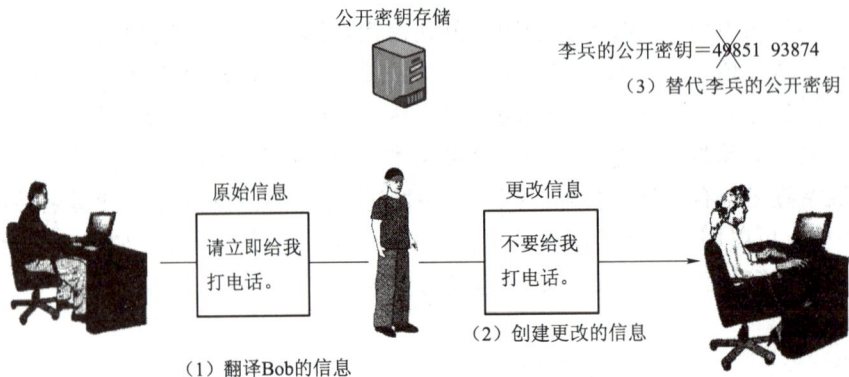

图 7-11　改变公共密钥

对于数字证书是证明个人与公共密钥，关系的数字文件。证书是包含公共密钥、密钥所有者详细信息以及第三方其他数字可选信息的数据结构。数字证书如图 7 - 12 所示。要想不被发现地更改数字证书是不可能的。

数字证书在提供认证方式上与护照类似，但是护照是仅限于个人使用的，数字证书却可以无限制地被分发和拷贝。这是因为证书没有机密性信息且发送免费，因而不受安全威胁。另一个区别是数字证书还可以用以验证人员以外的项目，如服务器和应用程序。

当李兵想向王莉发送信息时，他并不把公共密钥放到信息中，而是发送到数字证书。当王莉收到含有数字证书的信息时，她就可以检测证书上是否是她所信任的第三方签名。如果签名是由她信任的机构签发的，那么王莉就可以肯定数字证书中的公共密钥确实来自于李兵。数字证书预防了中间人假冒并攻击公共密钥的所有者。

@ 说明

没有必要对每封信件都发送数字证书。相反，可以在公共电子目录上发布数字证书，这样信息的接收人就可以从公共目录上获得证书。

图 7 - 12　数字证书

3. 证书认证

数字证书中列出的公共密钥，所有人可以被证书认证（CA）并以多种方式确认。最简单的方式，邮箱地址就可以确认（或代表）所有人。虽然这种数字证书对于安全邮件通信还好，但代表个人的其他活动，如网上转账大量金钱，还是不够的。这种情况下，CA 在签发数字证书之前必须得到申请者更全面的验证。有时，CA 可能需要申请者亲自到 CA 办公室证明自己的存在和身份。

数字证书还包括描述数字证书和使用限制范围的其他信息。数字证书大多附有有效期。例如，财务机构为王莉颁发了数字证书，如果她结束账户把资金转移到其他银行，那时该怎么办呢？数字证书应该作废。作废数字证书在证书作废列表（CRL）中列出，同时还可以访问其他用户的证书状态。由于数字证书有有效期，因此用户必须定期通过 CA 查看证书。

CA 必须在证书发布或作废后立刻在目录上显示，以保证用户及时查看相关变动。目录可设在连有 CA 的存储区内进行本地管理。另一选择是在公共访问目录上提供信息，叫做证书库（CR）。

除了向 CA 提供信息证明外，用户（或有时 CA）还可以生成公共密钥和私有密钥，并向 CA 发送公共密钥。CA 在证书中加入公共密钥返回用户。CA 的基本功能就是建立和发布证书。虽然 CA 可能不是第三方，也不一定准是。CA 执行的功能，如认证用户，可以在本地进行。一些组织建立下级服务器，叫做注册认证（RA），处理一些 CA 的任务，如证书请求和认证用户。只要用户信任 CA 和 RA，就可以接受使用 RA。

应用本节概念，请见本章实践项目 7-5。

7.5　密码术的使用

密码术可以提供对攻击者的主要防御。如果加密邮件信息或存储在文件服务器上的数据，即使攻击者成功获得信息，他也不能读懂。由于实施现代密码术工具很简单，因此大多数安全专家都推荐其成为组织基本防御机制的一部分。

虽然密码术背后的算法很先进，但使用密码术并不困难。下面将介绍密码术的优点和使用密码术的方式。

7.5.1　数字签名

非对称密码术本身可以提供多种安全功能，包括认证、完整性和认可。密码术的这种形式依赖于数字签名，即和信息一起传输的加密哈希信息。数字签名可证明使用公共密钥的发信人的身份。它同样可证明信息没被更改。

当使用数字签名时，发送人首先建立纯文本信息；然后产生整个信息 128 位或 160 位的哈希值；哈希值再用私有密钥加密。如果发送人想要加密整个纯文本信息，他将使用接收人的公共密钥。加密信息和数字签名一起组合传输。一旦收到信息，接收人使用发送人的公共密钥解密数字签名，从而获得哈希值。需要时他将用私有密钥解密信息，并通过相同的哈希算法运行。如果两个哈希值吻合，接收人就可以肯定信息是来自发送人，而且在传输中没被更改。

> 🔍 **注意**
>
> 使用数字签名时没有必要加密整个信息。有时不需他人查看信息；只要证明发送人的身份及在传输中没被更改即可。

在图 7-13 中，王莉为李兵建立信息。她生成哈希值，并用私有密钥加密。她同样使用李兵的公共密钥加密信息。图 7-14 显示了李兵收到信息后的行为。他使用私有密钥解密信息，并使用王莉的公共密钥解密数字签名。然后李兵使用王莉的哈希公式运行解密的信息，并同解密的数字签名对比。如果两个值吻合，李兵就能确认王莉确实发送了信息。

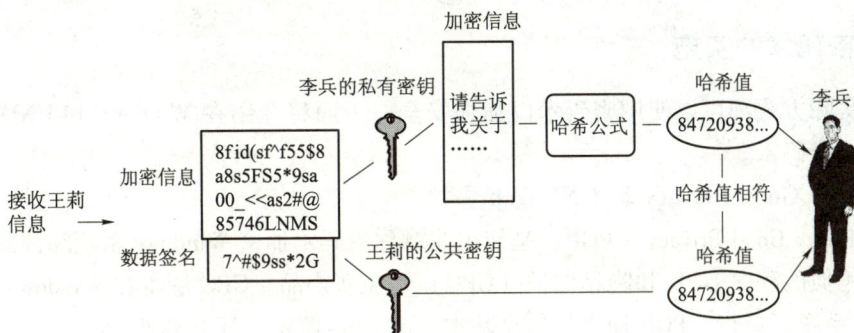

图 7-13　王莉发送数字签名

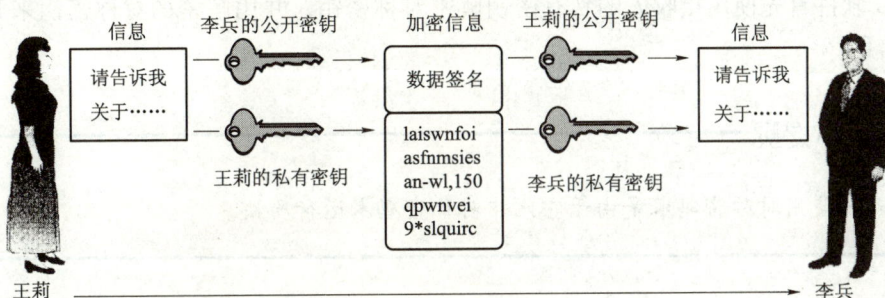

图 7-14　李兵接收数字签名

> **小提醒**
>
> 数字证书是官方（认证方）签发并证明密钥拥有者身份的公共密钥。当王莉给李兵发送信息时，她的证书证明了其身份。

7.5.2　密码术的作用

回忆本章之前密码术实现的 5 种重要安全功能。机密性、认证、完整性、认可和访问控制是密码术可以提供的 5 个关键元素。这些可以通过一种或是多种基本密码术类别组合实现，如哈希、对称密码术和非对称密码术。表 7-5 总结了密码术的作用及其实施。

表 7-5　发挥密码术的作用

保护	描　　述	实　　现
机密性	只允许授权用户访问信息	对称密码术和非对称密码术
认证	确认发送人身份	非对称密码术和哈希
完整性	相信信息没被改动	哈希和数字签名
认可	确认发送人不能否认传输信息	哈希和数字签名
访问控制	限制信息访问	对称密码术和非对称密码术

7.5.3　密码术的实施

多种实际方式都可以使用密码术以加强安全。下面将介绍在 Windows 和 UNIX/Linux 平台上使用的密码术。

1.　Pretty Good Privacy 和 GNU 隐私保护

或许 Pretty Good Privacy（PGP）是使用非对称密码术加密 Windows 系统邮件的最广泛商业产品。相似的程序 GNU 和隐私保护（GPG）是免费产品。GPG 版本在 Windows、UNIX 和 Linux 操作系统下运行。PGP 加密的信息基本上由 GPG 解密，反之亦然。

PGP 和 GPG 都使用非对称和对称密码术。PGP/GPG 产生随机对称密钥，用以加密信息。然后对称密钥用接收人的公共密钥加密并同信息一起发送。当接收人收到信息时，PGP/GPG 软件首先使用接收人的私有密钥解密对称密钥，并用解密的对称密钥来解密其他部分的信息。

> **小提醒**
>
> PGP 使用对称密码术是由于它比非对称密码术运行要快。

PGP 可以使用 RSA 或 Diffie-Hellman 算法进行非对称加密，使用 IDEA 进行对称加密。由于 IDEA 有专利保护，所以 GPG 不使用它。GPG 可以使用开放资源算法进行替代。

虽然 PGP 起初卷入了关于向外国出口加密技术的纠纷中，但现在它已经被广泛用于加密电子邮件信息。作为一个免费产品，GPG 很受欢迎。

应用本节概念，请见本章实践项目 7 – 2。

2.　Microsoft Windows 加密文件系统

微软的加密文件系统（EFS）是使用 NTFS 文件系统的 Windows 2000、Windows XP Professional 和 Windows 2003 Server 的加密方式。当用户打开文件时，EFS 解密硬盘读取数据；当保存文件时，EFS 加密写入硬盘的数据。如果要加密文件或文件夹，则 Windows 为文件或文件夹设置加密属性。任何建立或添加到加密文件夹的文件都会自动被加密。

> **小提醒**
>
> 用户使用 NTFS 系统的文件并不感觉文件加密了，那是因为他们与文件一起正常工作。

EFS 使用非对称密码术，每个文件都有加密和解密数据的密钥。当用户加密文件时，EFS 产生文件加密密钥（FEK）加密数据。FEK 使用用户公共密钥加密，加密的 FEK 与文件存储在一起。

注意

　　NTFS 文件系统的数据返回 Windows NT 有两种可选文件系统（FAT 和 NTFS）。文件水平安全、压缩和加密只能在 NTFS 中实现。一旦 FAT 文件系统通过 CONVERT C：/FS NTFS 命令转为 NTFS，就不能再发生逆转，除非磁盘格式化。

　　文件可以标记为加密。用户可以在高级属性对话框设置加密属性（在"我的电脑"中右击文件，单击"属性"，然后单击"高级"按钮）。此外，存储在加密文件夹中的文件也会自动被加密。另一种就是使用 Cipher. exe 命令。EFS 还可右击文件属性设置来加密和解密。如果要解密文件，可以打开文件，并删除加密属性，或用密码命令解密文件。EFS 使用用户私有密钥解密 FEK，然后用 FEK 解密数据。

　　EFS 默认启动。如果用户允许修改文件就可以加密文件。只有授权用户和数据恢复软件可以解密文件。其他未被授权的系统账户不能打开文件。即使是管理人账户，如果不是指定的数据恢复代理，他也不能打开文件。如果非授权用户企图打开加密文件，会被拒绝。

小提醒

　　Windows XP Professional 中的 EFS 要求加密脱机文件，并将加密文件存储在网页文件夹中。此外，3DES 加密算法也可以增加安全性。

　　当使用微软 EFT 时，建议完成以下工作：

◇ 首先加密文件夹，然后把要保护的文件移入该文件夹中。

◇ 不要加密含有系统文件夹（WINNT）的整个驱动器。这会严重影响性能，使机器不能启动。

◇ 压缩或加密文件夹，但不要同时使用。

◇ 如果将加密文件移入非 NTFS 格式的驱动器（包括软盘），文件不会保持加密。

◇ 不管谁加密文件，如果计算机不是域的一部分，本地管理员账户都可以加密文件。

应用本节概念，请见本章实践项目 7 – 1。

7.6　复习与思考

7.6.1　本章小结

◇ 密码术可以实现这 5 种重要安全功能：机密性、认证、完整性、认可和访问控制。因此，密码术可以防御很多攻击。例如，由于密码术保护信息的机密性，因此可以减少或消除基本攻击，如密码猜测。由于密码术确保信息认证，它可以化解身份攻击，如中介人攻击或再现式攻击。

◇ 哈希算法可以把纯文本转化为密码文本。然而，加密文本就不需再解密了。相反，它是用来确认目的的对比。哈希可以确认用户输入密码的真实性，而不需传输密码。哈希也用来确定信息或文件内容的完整性。一种普遍的哈希算法是 MD 算法，它有三个版本。比MD 家族更安全的哈希算法是 SHA。

◇ 对称加密算法使用单一的密钥加密和解密信息。不像哈希算法不需要再解密纯文本，对称加密算法为解密纯文本而设计的。这就要求对密钥严格保密。对称加密算法可以是流密码或块密码。流密码逐字符替代。块密码一次处理整块纯文本。普通的对称密码算法包括DES、3DES、AES、RC、IDEA 和 Blowfish。

◇ 除了对称加密外，另一种密码术方法是非对称加密或公共密钥密码术。非对称加密使用两个密钥，私有密钥用来加密信息，公共密钥用来解密。普通的非对称算法有 RSA、Diffie-Hellman 和椭圆曲线密码术。

◇ 对称密码术的一个优点是使用私有密钥进行加密和解密，通常可以快速和简单地实施。这是因为计算比其他密码术简单。对称密码术的重要缺点与密钥管理和保护私有密钥存在的困难有关。由于这些困难，产生了非对称密码术或公共密钥密码术。非对称密码术使用两个密钥。

◇ 非对称密码术认证发送人的解决方法是数字签名。与官方文件或支票上的签名类似，数字签名认证信息的发送人。数字签名是同信息一起传输的加密信息哈希。

◇ 数字证书是证明个人与公共密钥关系的数字文件。证书是包含公共密钥、密钥所有者详细信息和第三方的其他数字可选信息的数据结构。

◇ 数字签名可证明使用公共密钥的发信人的身份，并证明信息没被更改，同时也不能否认发送信息。数字签名是由信息内容和发送人私有密钥建立的信息的小版本，并附在信息的结尾。由于信息内容用于建立数字签名，每个发送信息的签名各不相同。

7.6.2　思考练习题

1. 密码术可以提供以下保护，除了_____。

A. 机密性　　　　　　B. 速度　　　　　　C. 完整性　　　　　D. 认证

2. _____是只用以确认对比目的，而不需解密的。

A. 哈希　　　　　　　B. 密钥　　　　　　C. 算法　　　　　　D. PAM

3. 以下都是哈希的实例，除了_____。

A. 银行 ATM 机器　　　　　　　　　　B. 认证 UNIX 和 Linux 密码

C. 确定信息完整性　　　　　　　　　　D. 加密和解密邮件信息

4. 以下都是安全哈希的特点，除了_____。

A. 碰撞很少　　　　　　　　　　　　　B. 预定哈希不能产生信息

C. 哈希的结果不可逆　　　　　　　　　D. 哈希大小一定

5. 使用信息摘要（MD）算法加入文本的数据叫做_____。

A. 补充　　　　　　　B. 扩展　　　　　　C. 填充　　　　　　D. 字代码

6. _____密码术使用同一密钥进行加密和解密。

A. 对称　　　　　　　　　　　　　　　B. 非对称

C. PKI　　　　　　　　　　　　　　　D. 双密钥哈希（DKI）

7. 对称密钥的主要缺点是_____。

A.　密钥管理　　　　　　B.　RAM 内存需求　　C.　CPU 运行速度　　D.　硬盘存储空间

8.　密码是用来建立加密或解密文本的加密或解密算法。对还是错？

9.　大多数安全专家建议需要一种更安全的哈希算法替代 DES 家族。对还是错？

10.　安全哈希算法（SHA）建立比其他 128 位哈希算法更安全的 160 位哈希。对还是错？

11.　对称加密算法使用单一密钥加密和解密。对还是错？

12.　流密码逐一替代字符。对还是错？

13.　用加密算法加密的数据叫做_____。

14.　_____密码表示纯文本字符替代多个密码文本字符。

15.　_____密码不改变而重组字母。

16.　_____密码一次处理整块纯文本。

17.　_____密码术的主要缺点是计算集中。

18.　解释密钥管理的问题及其对称密码术的影响。

19.　什么是数字签名？如何使用它？

20.　什么是微软加密文件系统（EFS)？它具有哪些特征？

21.　什么是可插式认证模块（PAM)？

22.　证书认证（CA）的另一种形式是提供公共访问目录的信息，叫做证书库（CR)。对还是错？

7.6.3　动手项目

项目 7-1：使用 Windows 加密文件系统（EFS）

Windows 2000、Windows XP Professional 和 Windows Server 2003 系统都具有加密文件系统（EFS）的功能，允许加密文件和驱动器。在本项目中，将下载 EFSINFO，它是提供 EFS 附加信息的程序。然后建立加密文件夹，并在该文件夹中存储一个新文件。最后使用 EFSINFO 检测加密文件夹及其安全性。为完成本项目，计算机必须使用 Windows XP Professional 和 NTFS 格式。

（1）打开 IE 浏览器，登录网站

www. microsoft. com/windows2000/techinfo/reskit/tool/existing/efsinfo-o. asp（如果链接有变动，请登录网站 www. microsoft. com/downloads，搜索 efsinfo)。

（2）根据指令下载 EFSINFO 程序。注意保存下载文件的地址。

（3）在 IE 浏览器中，进入保存下载文件的地址。双击 efsinfo_setup. exe 文件，然后根据指令安装程序（或在 Windows XP 中直接单击打开)。

（4）安装完 EFSINFO 程序后，右键单击"开始"按钮，然后单击 Explore 选项，打开 Windows Explorer 程序。

（5）建立用来测试程序的文件夹，单击菜单栏中的"文件"选项，在文件菜单栏中找到"新建"选项，单击"文件夹"按钮，创建新文件夹。

（6）输入"加密文件夹名"，按下 Enter 键。

（7）右键单击"加密文件夹"，单击"属性"选项，弹出"加密属性"对话框。

（8）单击"常规"选项，然后单击"高级"按钮，弹出"高级属性"对话框。

（9）单击"加密内容"选项，然后单击 OK 按钮。再单击 OK 按钮，关闭"加密属性"对话框。

（10）使用 Windows Word 建立含有今天日期的文档，在加密文件夹中保存文档，命名为"今天.doc"。关闭该文档。

现在建立了加密文档，并在其中存入文件，再使用 EFSINFO 程序查看文件夹的相关信息。

（11）单击"开始"按钮，选择"开始"菜单中的"运行"命令，弹出"运行"对话框。

（12）输入"cmd"命令，按下 Enter 键。

（13）使用 CD（改变驱动器）命令进入加密驱动器。

（14）输入"EFSINFO /r/u"命令，按下 Enter 键。查看加密驱动器和文件的有关信息。根据安全设置，可能没有运行该程序的权限。请向指导员或实验室管理员询问更多信息。

（15）输入"Exit"命令，按下 Enter 键。

现在以另一用户名登录系统，尝试打开刚建立的今天文档。

（16）单击"开始"按钮，选择"开始"菜单中的"控制面板"命令。

（17）如果控制面板以列表形式显示，则单击"用户账户"文件夹；如果它以典型形式显示，则双击"用户账户"文件夹。显示"用户账户"窗口。

（18）在"用户账户"窗口的右侧，单击"建立新账户"选项。

（19）输入 TEMP 为账户名，然后单击"下一步"按钮。显示"选择账户类型"窗口。

（20）在"选择账户类型"窗口的右侧，单击"限制"按钮。

（21）单击"建立账户"按钮。账户 TEMP 出现在账户列表中。

（22）单击"TEMP 显示改变账户"选项。

（23）单击"创建密码"选项。根据屏幕指令输入密码。完成后单击"创建密码"选项，然后关闭所有窗口。根据安全设置，可能没有权限建立新的用户和密码。请向指导员或实验室管理员询问更多信息。

（24）单击"开始"按钮，选择"开始"菜单中的"注销"命令，弹出"注销"对话框。

（25）单击"更改用户"按钮。

（26）在登录屏幕上，单击 TEMP 选项（或输入 TEMP 命令，按下 Enter 键），然后输入密码。

（27）进入加密文件夹。

（28）尝试打开"今天.doc"文件。

如果现在删除账户，它就会从计算机中消失。首先在登录之前必须获得管理员账户。

（29）单击"开始"按钮，选择"开始"菜单中的"注销"命令。

（30）单击"更改用户"选项。

（31）在登录屏幕，以通常账户登录。

（32）单击"开始"按钮，选择"开始"菜单中的"控制面板"命令。

（33）如果控制面板以列表形式显示，则单击"用户账户"文件夹；如果它以典型形式显示，则双击"用户账户"文件夹。显示"用户账户"窗口。

（34）单击"更改账户"选项，弹出"选择更改账户"对话框。

（35）单击 TEMP 按钮。

（36）单击"删除账户"选项。

（37）单击"删除文件"选项。

（38）单击"删除账户"选项。

（39）关闭所有窗口。

项目 7 - 2：安装和比较 Windows 系统的信息摘要哈希

信息摘要（MD）算法是一种普通的哈希算法。在 MD 算法的 3 个版本中，最新的版本是 MD5。在本项目中，将下载 MD5 来比较哈希值。

（1）打开 IE 浏览器，登录网站"http：//md5deep. sourceforge. net/"。

（2）单击"下载 md5deep"选项。

（3）单击 Version 1. 3 Windows binary 选项（如果该版本有变动，则使用最新版本）。

（4）选择下载地址，然后单击文件图标。

（5）在弹出的"文件下载"对话框中，单击"保存"按钮。选择保存地址，单击"保存"按钮。

（6）当 md5deep 下载完毕时，进入保存地址列表，打开文件。

现在使用 md5deep 程序建立和查看 MD5 哈希。

（7）运行 Microsoft Word 程序。

（8）在新文档中，输入"现在我们一起建设祖国"。在含有 md5deep. exe 的驱动器中保存文档为"祖国 1. doc"，关闭"祖国 1. doc"文档。

（9）单击"开始"按钮，选择"开始"菜单中的"运行"命令，弹出"运行"对话框。

（10）输入"cmd"命令，按下 Enter 键。

（11）进入含有 md5deep. exe 的驱动器中，输入"md5deep"命令，按下 Enter 键。

（12）键盘输入的文档和存储的文件都产生哈希。输入"abc"命令，按下 Ctrl + D 组合键，再按下 Enter 键。

（13）按下 Ctrl + C 组合键。屏幕上会显示 abc 的哈希。查看其长度。

（14）输入"md5deep 祖国 1. doc"命令，产生建立文档的 MD5 哈希。比较该哈希与 abc 的长度，并说明原因。

（15）在文件中保存哈希结果以进行比较。输入"md5deep 祖国 1. doc > 哈希 . txt"命令，按下 Enter 键。

（16）比较该文件中的哈希和驱动器上其他文件的哈希，输入"md5deep-M 哈希 . txt *. *"命令，按下 Enter 键。

屏幕上显示了驱动器上所有符合哈希 . txt 的文件（只有"祖国 1. doc"）。

（17）运行 Microsoft Word 程序，打开"祖国 1. doc"文件。

（18）把句号改为感叹号，以"祖国 2. doc"名称存储文档。关闭文档。

（19）在"命令提示符"窗口，输入"md5deep 祖国 2. doc"命令，按下 Enter 键。查看改变一个字符前后哈希的变化。如果前后存在不同之处，总结变动的程度。

（20）与之前祖国 1. doc 的哈希进行比较。输入"md5deep-M 哈希 . txt *. *"命令。屏幕上显示了驱动器上所有符合哈希 . txt 的文件。查看是否有相同的文件。

（21）请不要关闭窗口，继续完成下一个项目。

项目 7-3：查看数字证书作废列表（CRL）和非信任证书

在本项目中，将在计算机中查看 CRL 和非信任证书。

（1）在 Windows XP 计算机中，单击"开始"按钮，选择"开始"菜单中的"运行"命令。弹出"运行"对话框。

（2）输入"MMC"命令，单击 OK 按钮。显示"控制台 1"窗口。

（3）单击菜单栏中的"文件"选项，然后单击"添加/删除管理单元"按钮，弹出"添加/删除管理单元"对话框。

（4）在该对话框中单击"添加"按钮，弹出"添加独立管理单元"对话框。

（5）单击管理单元列表中的"证书"选项，然后单击"添加"按钮。证书管理单元对话框出现。

（6）单击"我的用户账号"选项，然后单击"完成"按钮。

（7）在"添加独立管理单元"对话框中单击"关闭"按钮。

（8）在"添加/删除管理单元"对话框中，验证证书-当前用户显示在管理单元中，单击 OK 按钮。

现在已经在 MMC 中添加证书管理单元，可以查看证书。

（9）"控制台 1"窗口中列出了目前用户的证书。在左侧，单击"证书-目前用户"旁的"+"号，显示颁发给目前用户的证书。

（10）单击"中级证书颁发机构"旁的"+"号，再单击"证书吊销列表"。右侧显示了被吊销的证书列表。

（11）双击其中一个证书。阅读相关信息，单击并查看更多详细信息。思考吊销该证书的原因。单击 OK 按钮，关闭"证书吊销列表"。

（12）单击"不受信任的证书"旁的"+"号，然后单击"证书"按钮。右侧显示了不受信任的证书。

（13）双击其中一个证书。阅读相关信息，单击并查看更多详细信息。思考该证书不受信任的原因。

（14）单击 OK 按钮，关闭"证书"对话框。

（15）单击菜单栏中"文件"选项，选择"文件"下拉菜单中的"退出"选项，当询问是否保存设置时，单击"不"按钮，关闭"控制台 1"窗口。这些操作并不影响证书的使用，只是通过管理单元进行显示。

■Chapter 8

第8章 使用和管理密钥

情境引入 ○○○

　　王莉所在的公司准备参加李兵所在公司的一个项目的投标。王莉打算通过网络将投标书发给李兵。因为投标书涉及机密，通过网络传输要能确保其保密性，即投标书的内容不能泄露；另外，投标书一定要是投标者真实的意思表示，在通过网络传输的过程中不能遭到任何篡改，即要求网络传输保证实现信息的完整性；最后，投标是一种法律行为，标书一旦投出，不能随意反悔，要求能从技术上保证这种行为的不可否认性。王莉该如何将投标书通过网络传送给李兵，并且能够简单方便地实现信息的保密性、完整性和不可否认性？

本章内容结构 ○○○

　　本章内容结构如图8-0所示。

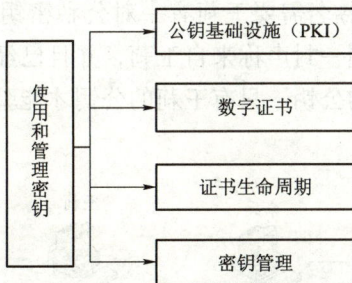

图8-0　本章内容结构图

本章学习目标 ○○○

　　◎ 了解密码术的优缺点；
　　◎ 理解公钥基础设施（PKI）；

◎ 了解管理数字证书；
◎ 了解密钥管理。

8.1 公钥基础设施

正如对称加密算法的缺点导致了非对称加密算法的开发，非对称加密算法的缺点也导致了另一种加密方法公钥基础设施（PKI）的产生。以下将介绍需要 PKI 的原因、PKI 的定义以及在商业环境中使用 PKI 的方式。

8.1.1 PKI 的需求

第 7 章提到的对称加密算法，加密解密使用同一密钥。而如何将密钥安全地分发给预定的通信对象存在困难。在实际应用中很难有一种方法能够保证密钥正好能够安全地分发到预定的通信对方，这正是对称加密算法的主要缺点。因此人们研发了另一种加密算法，即非对称加密算法。非对称加密算法创造性地将密钥分为"公钥"和"私钥"。"私钥"需要保密，通常仅自己拥有。"公钥"无须保密，分配给通信对方。非对称加密算法近乎完美地解决了对称加密算法的缺点。对称加密算法主要应用在下述两种情境中。

1. 信息加密

如图 8-1 所示，如果李兵希望文件安全地传递给王莉，需要王莉有一对加密密钥（公钥）和解密密钥（私钥）。他需要先得到王莉的公钥。利用王莉的公钥将文件加密后得到密文再通过网络传送给王莉。王莉利用自己的私钥对密文解密即可得到文件的原文。即使李兵之外的人得到了王莉的公钥也不会对此过程产生不利影响。

2. 数字签名

如图 8-2 所示，进行数字签名需要王莉有一对公私密钥，私钥进行签名，公钥用于验证签名的真实性。如果李兵收到一封声称来自王莉，并且已经数字签名的邮件。李兵要想验证其真实性，必须先得到王莉的公钥。只有王莉的公钥才能验证通过王莉私钥对邮件的数字签名。

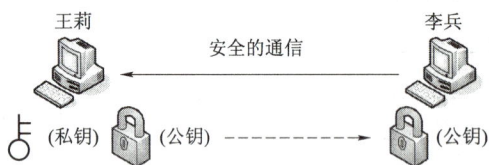

图 8-1　信息加密　　　　　图 8-2　数字签名

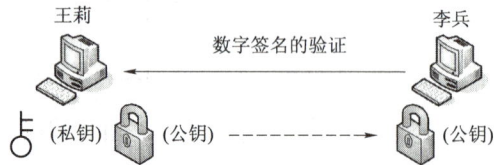

以上两种非对称加密算法的应用情境看似十分完美，但实际上也存在缺陷。无论是信息的加密，还是数字签名的验证，都需要事先得到对方的公钥（如在图 8-1 和图 8-2 中李兵需要得到王莉的公钥）。关键问题是李兵得到声称来自王莉的公钥就真的是来自王莉吗？这就是公钥的真实性和合法性问题。

小提醒

这有点像你碰到一个陌生人，他自我介绍说：他叫张山。你究竟该相信他，还是不相信他呢？

这正是非对称加密算法的缺点所在，即不容易简单地判断出所得到的公钥是否是来自预定的对象。其实这个问题的解决不是一个单纯的技术问题。再回到上述问题，你碰到一个陌生人，他自我介绍说：他叫张山。那他究竟是不是张山呢？无法直接从他的话语中得出正确结论，无论他做出怎么样的保证。其实要想知道正确答案也很简单，只需要他出示一个能证明他身份的证件（如身份证）即可。只要能判断证件的真伪，答案必自然揭晓。可是再想想，本质上真的就是那张身份证起了作用，让我们相信他就是张山吗？不是的。我们真正相信的是签发那个证件的权威机构（公安部）。我们假设其分支机构公安局是权威的，不会作假和出错。当这个权威给出证明说那人确实是张山时，我们肯定会相信。

接下来所缺少的就是这样一个公正的权威中心了。如果信任这个权威中心，那么就相信一切它给予证明的信息。它就是CA——数字证书认证中心，作为电子商务交易中受信任的第三方，专门解决非对称加密算法中公钥的合法性问题。

全世界有很多的知名证书颁发机构，如大名鼎鼎的VeriSign（威瑞信）。CA主要的工作就是审查用户的申请，核实用户所提交资料的真实性，颁发和管理证书。

还有，为了有效使用非对称加密算法，必须有一些工具。CA是签发用户证书的重要信任机构。它的一些工作可以由下级功能RA执行。升级证书和CRL都在CR中保存以备用户访问。非对称密钥工具如图8-3所示。

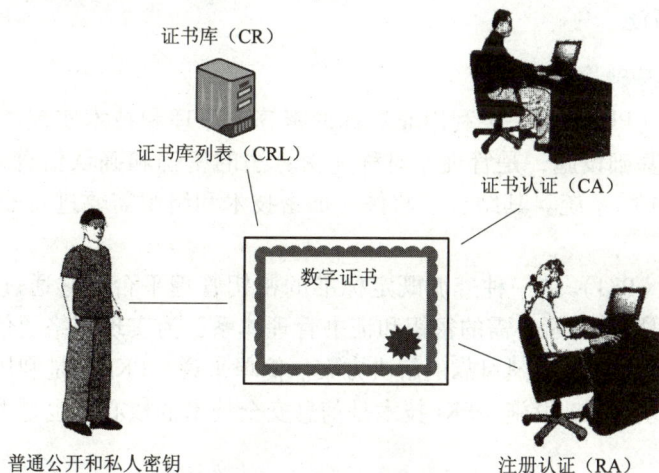

图8-3 非对称密钥工具

考虑非对称加密的工具数量，组织可以对不同应用程序实施"分段"解决，如图8-4所示。应用程序1通过自动邮件向CA发送公共密钥请求，其也可通过邮件获得密钥。而应用程序2则利用私人协议向另一个CA发送请求，应用程序通过轻级目录访问协议（LDAP）收到密钥。

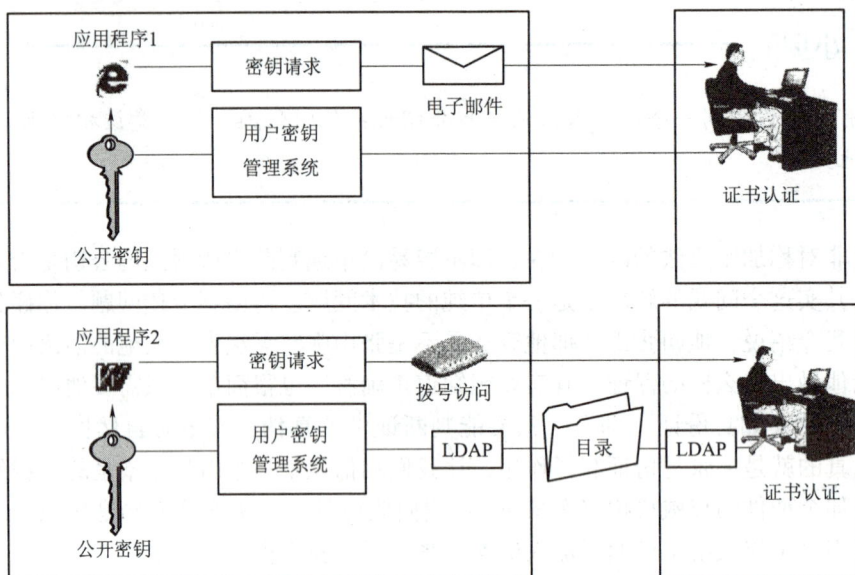

图 8-4　不同的非对称方案

这两种解决方法都存有漏洞。服务应用程序 1 的 CA 不能反映应用程序 2，反之亦然。还有，应用程序 1 不能使用 LDAP 显示数字证书，而且如果没有额外的设备，它就不能访问应用程序 2 在 LDAP 的数字证书。此外，使用非对称加密算法时，网络管理员必须确保网络中的设备通信，而且还要经常手动干预以确保安全。解决方法是必须在所有平台和应用程序上自动运行非对称加密算法的协议标准。

8.1.2　PKI 的描述

1. 什么是公钥基础设施

公钥基础设施（PKI）是一个利用非对称加密算法原理和技术实现并提供安全服务的具有通用性的安全基础设施，是管理非对称加密算法的密钥和确认信息，整合数字证书、公钥加密技术和 CA 的系统。其结合了软件、加密技术和组织需要进行非对称加密算法的服务。

公钥基础设施（PKI）是一种遵循既定标准的密钥管理平台，它通过"信息加密"和"数字签名"等密码服务及所必需的密钥和证书管理体系，为实现网络通信保密性、完整性和不可否认性的一套完整、成熟可靠的解决方案。简单来说，PKI 就是利用公钥理论和技术建立的提供安全服务的基础设施。PKI 技术是信息安全技术的核心，也是电子商务的关键和基础技术。

一个 PKI 平台通常具有以下功能：

◇ 向个人用户和服务器发布数字证书。
◇ 提供用户注册软件。
◇ 整合共同的证书目录。
◇ 管理、更新和作废证书。
◇ 提供相关网络设备和安全。

2. 典型的 PKI 系统的构成

完整的 PKI 系统必须具有权威认证机构（CA）、数字证书库、密钥备份及恢复系统、证书作废系统、PKI 应用接口系统等基本构成部分。构建一个典型、完整的 PKI 系统也将围绕着这 5 大部分来完成。

◇ 认证机构（CA）。认证机构即证书颁发机构。负责审查用户的申请，调查检验用户信息的真伪，颁发并维护证书。CA 为每一个使用公开密钥的用户颁发一个数字证书。CA 颁发证书的步骤主要分为两步。在得到用户的公钥和申请信息后，CA 首先要验证用户所提交的信息，验证通过后，执行关键一步即用 CA 的私钥签署并发布证书。证书的本质作用是证明用户信息和其公钥的对应关系。CA 的签署使得证书不能被篡改或伪造。其过程如同公安部门在确定用户的身份后为其发放身份证件类似。

◇ 数字证书库。用于存储已签发的数字证书及公钥，用户可由此获得所需的其他用户的证书及公钥，是正式的集中存放地，同时提供给用户查询。

◇ 密钥备份及恢复系统。一旦用户丢失了用于解密数据的密钥，则数据将无法被解密，这将造成合法数据丢失。为避免这种情况的出现，PKI 提供备份与恢复密钥的机制。需要注意的是，密钥的备份与恢复必须由可信的机构来完成，否则可能带来安全隐患。并且，密钥备份与恢复只能针对解密密钥，签名私钥为确保其唯一性而不能够做备份和恢复。

◇ 证书撤销处理系统。在实际使用中，因为某种原因，证书往往需要被作废和终止使用。证书作废处理系统是 PKI 的一个必备的组件。就像在日常生活中的各种证件与证书一样，在证书有效期内，可能因为丢失或信息变更需要作废。PKI 通过定期发布证书撤销列表来实现证书撤销处理。

◇ 应用程序接口（API）。PKI 的优势在于使用户能够方便地使用信息加密、数字签名等安全服务。因此一个完整的 PKI 必须提供良好的应用程序接口系统，以方便各个企业结合各自具体应用开发更有针对性的应用系统，如银行、保险、证券的应用系统等。使得各种各样的应用能够以安全、一致、可信的方式与 PKI 交互。

总地说来，PKI 是一种基于公开密钥密码技术，提供了公钥加密和数字签名的系统平台。其目是通过证书来管理用户公钥，由数字证书建立信任关系，提供服务并实现网络安全的框架。要想实现网络环境的保密性、完整性和不可否认性其实并非易事，解决的方法也有很多。PKI 则为相关问题的解决搭建了一个有效的基础平台。

3. PKI 系统的基本运行模型

PKI 系统的基本运行模型如图 8 - 5 所示。

（1）CSP 程序根据用户提供的信息产生公、私密钥对。

（2）私钥存储在用户的注册表中，将公钥和用户信息发送给 CA。

（3）CA 对用户信息进行审查后，用自己的私钥签署并颁发证书。

（4）用户下载 CA 所信任的 CA 的证书。

（5）王莉将自己从 CA 申请的证书分配给李兵。

（6）李兵 使用从 CA 下载的证书验证从王莉得到的证书的真伪。

PKI 系统的运行解决了公钥合法性验证的问题。首先王莉向 CA 申请证书，李兵下载

CA 证书，表示王莉和李兵都信任 CA。颁发给王莉的证书是 CA 的私钥签署的，李兵又下载了 CA 的证书。其本质类似数字签名的验证。所以李兵能够容易地辨别王莉证书的合法性。

小提醒

CA 用自己的私钥签署自己的公钥，CA 的第一张证书发给了自己。CA 的证书不同于 CA 颁发的证书。

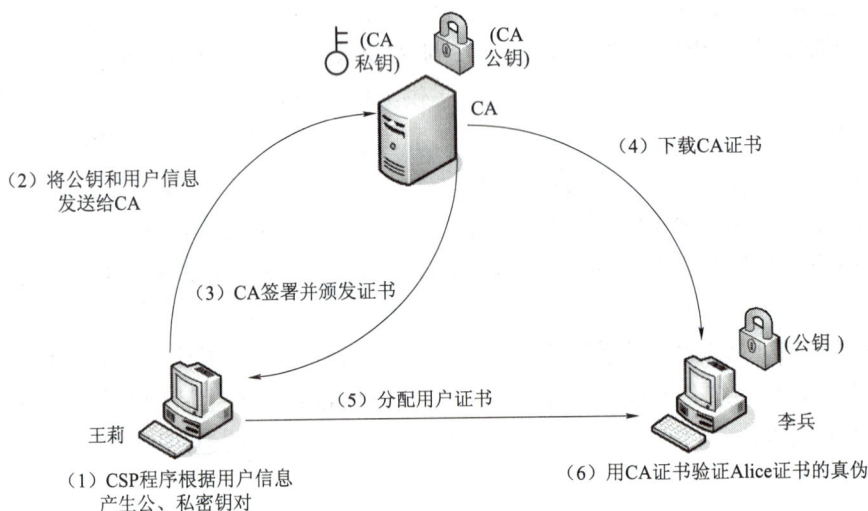

图 8-5　PKI 系统的基本运行模型

说明

当使用 PKI 时，密钥长度很重要。Microsoft PKI 组件的最长密钥为 4 096 位，而非 Microsoft 组件的最长密钥是 1 024 位。

8.1.3　PKI 的标准和协议

PKI 有很多标准。下面将介绍两个最普遍的标准：公开密钥密码术标准（PKCS）和 X.509 证书标准。

1. 公开密钥密码术标准

公开密钥密码术标准（PKCS）是 1991 年 RSA 公司定义的一系列标准。虽然它们都不是正式标准，但今天却被行业广泛接受。这些标准是基于 RSA 公开密钥算法的。目前，PKCS 由 15 个标准组成，详细情况如表 8-1 所列。

表 8 – 1　PKCS 标准

PKCS 标准号	PKCS 标准名	描　述
PKCS#1	RSA 加密标准	使用 RSA 公开密钥算法定义加密盒数字签名格式
PKCS#2		定义信息摘要 RSA 加密；现在合入 PKCS#1
PKCS#3	Diffie-Hellman 密钥一致标准	使用 Deffie-Hellman 算法定义密钥交换协议
PKCS#4		定义 RSA 密钥细则；现在合入 PKCS#1
PKCS#5	基于密码加密标准	描述产生基于密码的密钥方法
PKCS#6	扩展证书语法标准	描述扩展证书语法；目前已被淘汰
PKCS#7	密码术信息语法标准	定义加密信息的整体语法；定义数字签名和加密
PKCS#8	私有密钥信息语言标准	定义私有密钥的语法和属性；定义存储密钥的方法
PKCS#9	选择属性类型	定义 PKCS#6、PKCS#7、PKCS#8 和 PKCS#10 中数据格式的属性类别
PKCS#10	证书请求语法标准	列出证书请求的语法格式
PKCS#11	密码术令牌接口标准	定义用于安全令牌的技术独立设备接口 Crytoki，如智能卡
PKCS#12	个人信息交换语法标准	定义存储和传输用户私有密钥或证书的活动格式
PKCS#13	椭圆曲线密码术标准	定义在 PKI 中使用的椭圆曲线密码术算法；描述使用椭圆曲线密码术加密和签字的机制
PKCS#14	PRNG 标准	涵盖虚 – 随机数产生器（PRNG）；目前发展迅速
PKCS#15	密码术令牌信息格式标准	定义在安全令牌中存储信息的标准

说明

Windows Server 2003 支持 PKCS#7。

2. X. 509 证书标准

X. 509 是被国际电信联盟（ITU）定义的国际标准，其定义了数字证书的格式。PKI X. 509 已被安全套接字层（SSL）/传输层安全（TLS）、IP 安全（IPSec）和安全/多用途网际邮件扩充协议（S/MIME）广泛使用。

说明

PGP 是不支持 X. 509 的一个例外，它使用自己的私人证书格式。

1988 年，X. 509 V1 首次推出。X. 509 V2 支持新发行者，并涵盖了第 1 版本所没有确认的领域。虽然很多 PKI 应用程序都是以 X. 509 V1 或 V2 为基础的，但组织又转向了 X. 509 V3。表 8 - 2 列出了 X. 509 证书结构。

表 8 - 2　X. 509 证书

领　　域	解　　释
证书版本号	0 = 版本 1；1 = 版本 2；2 = 版本 3
序列号	证书唯一序列号
发行者签名算法 ID	"发行者"是证书认证
发行者 X. 500 名	证书认证名
合法区间	生效时间和作废时间
主体 X. 500 名	私有密钥所有人
主体公共密钥信息	算法 ID 和公共密钥值
发行者唯一 ID	可选；版本 2 加入
主体唯一 ID	可选；版本 2 加入
扩展名	可选；版本 3 加入
签名	发行者的数字签名

Microsoft Windows 计算机中的数字证书如图 8 - 6 所示，注意只有某些领域可选择显示，如只有版本 1 的领域。

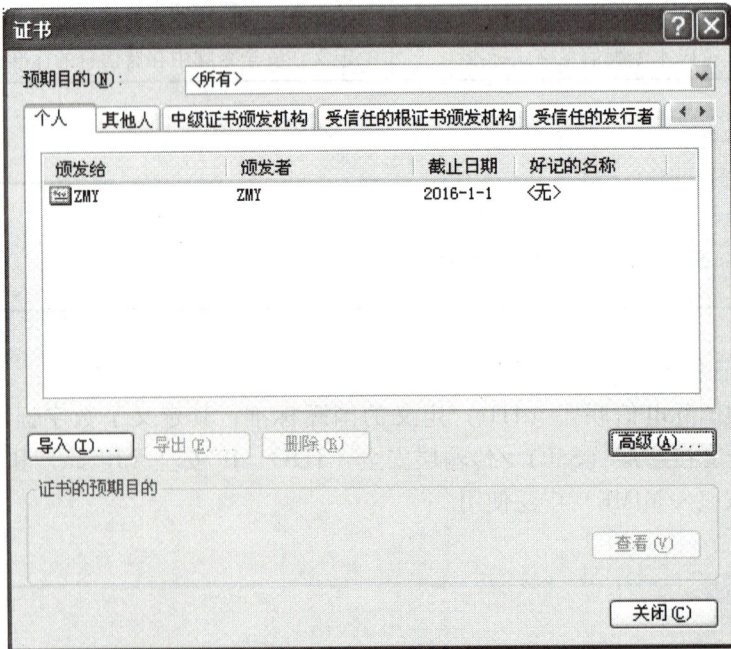

图 8 - 6　数字证书

8.1.4　信任模型

PKI 的基础是信任：李兵会相信带有王莉名字的公共密钥就是她的吗？

两实体间的信任可以是直接的，也可以是通过第三方实现的。信任模型是建立在人员或组织之间的关系类型。这种信任是个人信息的交换。直接信任模型是两个实体间存在的个人关系。建立起这样的信任就可以交换个人信息了。基于直接信任，李兵收到王莉的邮件，即使不能证明，也会相信对方。在很多电子交易中，如邮件信息交换，仅有直接信任是不够的。第三方信任是指双方所相互信任的是他们都信任的第三方，例如，法院。虽然被告和检举人可能互不信任，但他们都相信法官（第三方）的公平和公正。在这种情况下，他们相互信任，因为他们与法官的关系相同，而且法官会确保双方的信任。以下 3 种 PKI 信任模型是以直接和第三方信任为基础的。

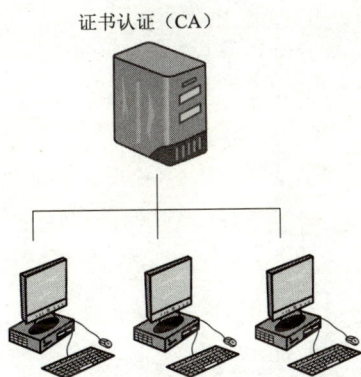

图 8-7　信任模式网络

第一种 PKI 信任模型是网络信任模型，以直接信任为基础。每个用户建立自己的证书，然后与其他用户交换。因为所有用户都相信对方，所以每个用户都可以为所有其他用户签发证书。但在本模型中，没有 CA。PGP 和 GNU 隐私保护（GPG）都使用网络信任模型。网络信任模型如图 8-7 所示。

第二种 PKI 信任模型是单点信任模型，是基于第三方信任的。在本模型中，CA 直接签发证书。单点信任模型如图 8-8 所示。所有用户都可以相互信任，因为它们都在 CA 的政策下运行。李兵和王莉可能为同一组织工作，但从未见过面。他们都从组织的 CA 获得证书。当李兵向王莉发送信息时，王莉可以看李兵的证书，证实该证书是由与她相同的 CA 所颁发的，就可以相信李兵的证书了。

当单点信任扩展到更大组织时，使用 RA 很有帮助。

第三种 PKI 信任模型是等级信任模型。本等级信任模型中，主要是根证书认证为其下的 CA 签发证书，这些 CA 再向中间的 CA 签发证书，或者添加些 RA。等级信任模型如图 8-9 所示。

大多数 PKI 是用等级信任模型的一些形式。

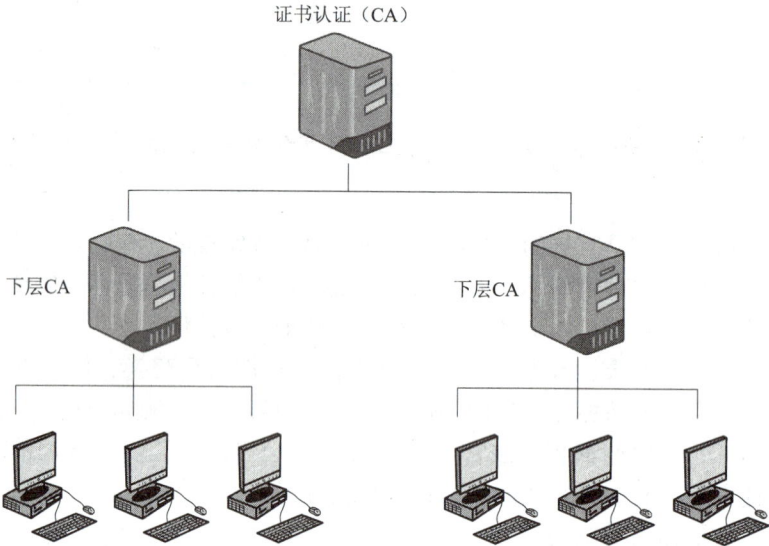

图 8-8　单点信任模型

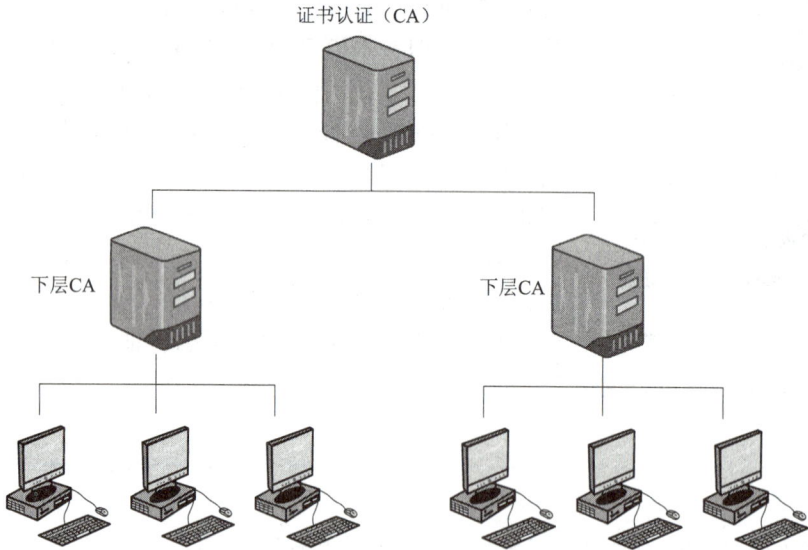

图 8-9　等级信任模型

8.2　数字证书

用户决定信任 CA 后，就可以从 CA 下载数字证书和公共密钥并存储在本地计算机中。用户还可以选择网页浏览器预先设置 CA。图 8-10 显示了在 Microsoft IE 中认可的根和中间 CA。

数字证书可分为 4 类，其中一些如图 8-10 所示。最普遍的是由 CA 直接颁发给个人的

CA 证书。它们主要用于保护 S/MIME 和 SSL/TLS 邮件的传输安全。服务证书可以从网页服务、FTP 服务或邮件服务发布以保证传输安全。软件发行证书由软件发行商提供证明保证程序的安全。典型的软件发行证书如图 8 - 11 所示。

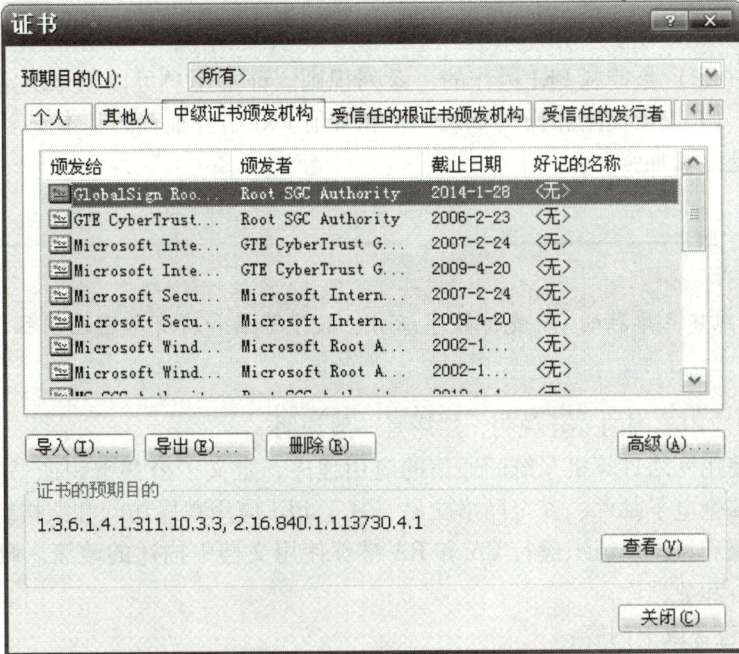

图 8 - 10　网页默认 CA

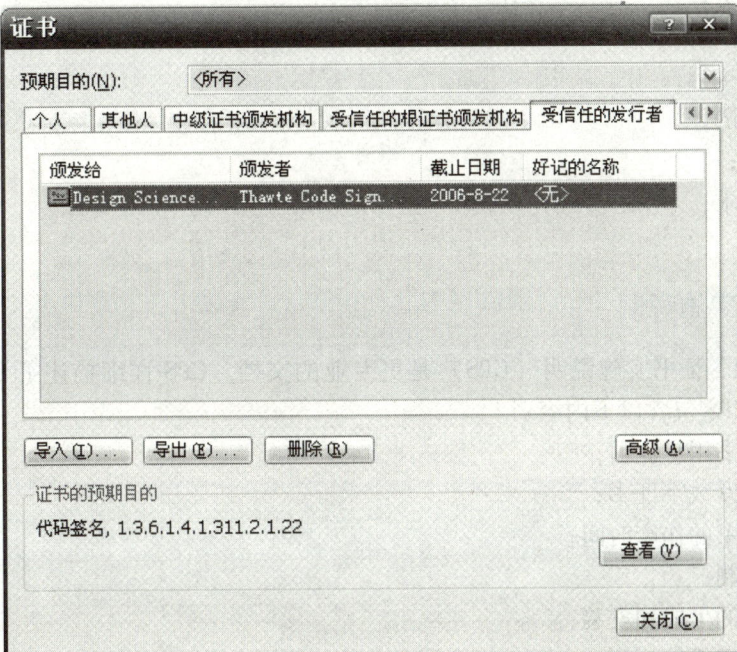

图 8 - 11　信任软件发行数字证书

由于组织的所有用户需要大量数字证书，管理数字证书就显得非常必要。以下将介绍管理数字证书的政策以及数字证书的生命周期对其控制方法的影响。首先介绍两种帮助管理数字证书的文档：证书政策（CP）和证书实施说明（CPS）。

8.2.1 证书政策

证书政策（CP）是控制 PKI 运作的一系列规则。证书用户可以用来决定具体应用程序证书的信任度。CP 提供使用和操作 CA、RA 和其他 PKI 组件推荐的基本安全需求。CP 应该通过管理得到建立和加强。

> **说明**
>
> 很多组织建立单独的 CP 支持数字证书、数字签名和所有加密应用程序。

最初 CP 是应用范围的公开说明，然后是一般说明。

组织为了使用网络计算机系统间通信的应用程序，定义了公共密钥证书的建立和管理。应用程序包括安全电子邮件、安全网络交易、基于 PKI 应用程序访问和架构组件认证，如网络服务、防火墙和目录。组织运行 CA 和 RA 推荐使用文档中描述的政策。政策还包括签署者应用、相关方和数据库。

CP 至少要包含以下内容：

◇ CA 职责；
◇ RA 职责；
◇ 用户职责；
◇ 数据库职责；
◇ 解释和执行；
◇ 执行监测；
◇ 机密性；
◇ 运行需求；
◇ 培训。

8.2.2 证书实施说明

与 CP 相比，证书实施说明（CPS）是更专业的文档。CPS 详细描述了 CA 的使用和对证书的管理。CPS 包含以下内容：

◇ 数字证书用户注册；
◇ 如何签发数字证书；
◇ 数字证书的作废时间；
◇ 程序控制；
◇ 密钥对的生成和安装；
◇ 私有密钥保护；
◇ CRL 手册。

8.3　证书生命周期

数字证书不应该永远有效。当员工离开、安装新硬件或升级应用程序后，密码术标准也应该相应改进，而每个改变都会影响数字证书的有用性。证书的生命周期基本分为以下 4 部分：

1. 证书创建

在本阶段，证书建立并发送给用户。数字证书生成前，用户必须主动确认。因证书种类和现有的安全政策，用户身份确认的程度会有所不同。例如，邮件数字证书可能仅需要用户发送封邮件，而财务系统交易数字证书就可能需要更多的信息。一旦用户身份被确认，就会向 CA 发出数字证书请求，然后 CA 在证书上应用适当的密钥。而且 CA 要升级相关的领域，证书到达 RA（如果存在）。CA 还可以保存一份证书的拷贝件。证书一旦颁发，即可发布在公共目录上。

2. 证书吊销

在本阶段，证书不再合法。CRL 是提供安全性和 PKI 完整性的重要部分。在某些情况下，证书可能会在作废前被吊销，如用户私有密钥丢失或被盗。当数字证书吊销，CA 会升级内部记录，任何 CRL 需要的证书信息和时间终止（被吊销的证书在 CRL 中有证书序列号）。CA 标记 CRL，并把其放在公共数据库中，这样其他使用证书的应用程序就可以访问了。

> **提示**
>
> 因为双方都有理由可能撤回证书，因此用户或 CA 都可以撤回证书。

3. 证书作废

在本阶段，证书不再使用了。每个由 CA 签发的证书都有有效期。一旦到期，证书不再有认证作用。RA 会在证书快到期的时候提醒用户。用户根据需要更新程序，如果成功，会得到一张具有有效期的新证书。

> **说明**
>
> 数字证书不需要新的公共密钥和私有密钥，因为旧密钥是可以被继续使用的。

4. 证书延迟

本阶段可以在整个证书生命周期中打开和关闭，证书的有效性将被暂时延缓，如当员工暂时离开时。在这段时间里，要保证直到他回来，他的数字证书不会被人使用，而一旦回来，延迟将被收回或吊销。

8.4 密钥管理

由于在非对称和 PKI 系统中，密钥是算法的基础，所以认真管理它们很重要。下面将介绍多种密钥管理方法以及密钥的存储、使用和处理。

8.4.1 集中管理和非集中管理

密钥管理可以是集中或非集中的。非集中密钥管理的一个实例是 PKI 网络信任模型。由于首先需要建立每个用户，然后才可以签发自己的证书，并与其他用户交换，因此不存在集中的密钥数据库。缺点是所有责任都在用户，组织对员工密钥没有控制权。

集中密钥管理是以单点信任模型和等级信任模型为基础的，并由 CA 分配密钥。虽然这样组织可以控制密钥的分配和管理，但仍需考虑实施和维护的能力。

8.4.2 密钥存储

PKI 系统密钥存储的方式也很重要。公共密钥可以嵌入数字证书，这是基于软件的存储方式，因而不需要任何密码术硬件。另一种基于软件的存储方式是在用户计算机中。基于软件存储的缺点是在客户端计算机存在易被攻击的漏洞，例如，对攻击者报漏密钥。

另一种方式是在硬件中存储密钥。公共密钥存储在特殊的根和中间 CA 硬件中，而私有密钥则存储在智能卡或令牌中。虽然硬件中的密钥可能丢失或被盗，但是加固设备有助于抵御攻击者。

无论私有密钥是存在硬件还是软件上，重要的是有足够的保护。确保基本保护的措施是决不以纯文本形式共享密钥，要把密钥存储在密码保护或加密的文件或文件夹中，并不复制密钥或毁掉作废密钥。

8.4.3 密钥使用

如果需要比一对公共和私有密钥更安全的保护，可以选择使用多对密钥。第一对密钥可用来加密信息，公共密钥便备份到另一地址。第二对密钥只用于数字签名，此时公共密钥就不用备份了。这样即便公共加密的密钥被盗，攻击者还是不可以对文档进行数字签名。

8.4.4 密钥处理程序

确保密钥适当的处理需要一些程序，这些程序包括：

◇ 托管。密钥托管是指密钥被第三方保存。很多组织可以提供该服务，如 CA。在密钥托管中，私有密钥实际上被分成两部分，各自加密。两部分发送到第三方，分别存在不同的地方。用户可以取回这两部分，合并后用以解密。密钥托管使用户不必担心密钥丢失。该系统的缺点是，在用户取回两部分合并成密钥后，容易受到攻击。

一些政府机构建议联邦政府提供密钥托管服务。如果法官或检查机关允许，政府就可以查看加密通信。

◇ 作废。数字证书的密钥必须有有效期。这就防止偷盗私有密钥的攻击者可以无限期解密信息。大多数 PKI 系统的密钥有效期为两个月。

◇ 恢复。密钥作废是没必要的，因为已有的密钥是可以恢复的。一旦恢复，原有公共密钥和私有密钥就都可以继续被使用，而无须产生新的密钥。然而恢复密钥容易被攻击或误用。所以最好是让密钥作废，然后再建立新的密钥。

◇ 吊销。所有密钥都应该在一段时间后作废，有的密钥还可能在作废前被吊销。吊销密钥的原因可能是员工变动了职位。由于吊销的密钥不能被恢复，所以一旦吊销了密钥，CA 就会马上感应，其在 CRL 上的密钥状态也会随之改变。

◇ 取回。如果一名员工长期拥有一个不和谐的人际关系，然而公司需要使用他的密钥，将采取什么措施来取回他的密码？一种技术叫做 MN 控制。当用户掌握密钥时，私有密钥会加密并分为几份。这些部分会重复地发送给其他人，多人可能用同一部分。例如，3 份可能会发给 6 个人，每两个人拥有一样的部分。这就做 N 组。如果有必要取回密钥，N 组内的 M 组就开会决定是否取回密钥。如果 M 组中多数同意，就可以把密钥合并在一起。MN 控制如图 8-12 所示。

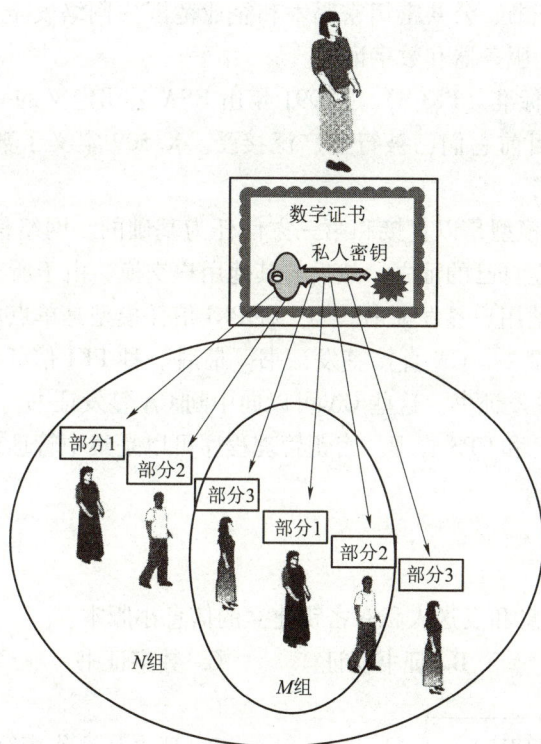

图 8-12　MN 控制

提示

把密钥的各部分分给多名用户的原因就是缺少任何一部分都不能还原密钥。

◇ 延迟。吊销密钥是永久的，而密钥延迟则只是一段时间。例如，如果员工长期病假，为安全起见就要延迟密钥的使用。延迟的密钥过后可以被恢复。与吊销一样，一旦密钥延迟，CA 就应该马上注意并检查在 CRL 上的状态，同时将其设为非法。

◇ 毁灭。密钥毁灭是指要删除所有私有和公共密钥及其 CA 上的用户认证信息。当密钥吊销或到期时，为监测用户其信息还存在 CA 上。

8.5   复习与思考

8.5.1   本章小结

◇ 数字证书是证明个人与公共密钥关系的数字文件。证书是包含公共密钥、密钥所有者详细信息和第三方的其他数字可选信息的数据结构。

◇ 考虑非对称加密算法的工具数量，组织可以对不同应用程序实施"分段"解决。PKI 是解决方法。PKI 是管理加密密钥和确认使用非对称加密算法的人员和网络组件信息的系统。PKI 通过整合数字证书、公共密钥密码术和企业范围内网络安全构架证书来认证。PKI 通常包括一个或多个 CA 服务器和数字证书。

◇ 公开密钥密码术标准（PKCS）是 1991 年由 RSA 公司定义的一系列标准。虽然它们都不是正式标准，但是目前它们已被行业广泛接受。X.509 定义了数字证书的格式，它是 PKI 广泛使用的证书格式。

◇ 这三种 PKI 信任模型是以直接和第三方信任为基础的。网络信任模型是以直接信任为基础的。每个用户建立自己的证书，然后与其他用户交换。由于所有用户都相信对方，每个用户都可以为所有其他用户签发证书。第二种 PKI 信任模型是单点信任模型，是以第三方信任为基础的。在该模型中，CA 直接签发证书。最后一种 PKI 信任模型是等级信任模型，根证书认证向其下 CA 签发证书。这些 CA 可以向中间 CA 签发证书。

◇ 数字证书是由 CP 和 CPS 管理。密钥管理程序可以是集中管理或非集中管理，应该规范存储、使用和处理密钥。

8.5.2   思考练习题

1. _____是由信息和发送人私有密钥建立的信息小版本。

　　A. 哈希算法　　　　　　B. 证书认证　　　　　C. 数字证书　　　　　D. 数字签名

2. 作废的证书列在_____。

　　A. 证书吊销列表（CRL）　　　　　　　　B. 证书认证作废算法（CARA）

　　C. X.509 证书　　　　　　　　　　　　D. 公共密钥隐秘文件（PKCF）

3. 下级证书认证服务叫做_____。

　　A. 注册认证（RA）　　　　　　　　　　B. CA 代理

　　C. 证书扩展服务（CES）　　　　　　　　D. 数字 CA 目录访问代理

4. 证书认证（CA）的另一种形式是提供公共访问目录的信息，叫做证书库（CR）。对还是错？

5. 公钥基础设施（PKI）是管理加密密钥和确认使用非对称加密算法的人员和网络组件信息的系统。对还是错？

6. 公开密钥密码术标准（PKCS）是行业广泛接受的一组标准。对还是错？

7. 网络信任模型使用多个证书认证（CA）服务。对还是错？

8. _____定义了数字证书的格式，是 PKI 最广泛使用的证书格式。

9. _____证书直接颁发给个人，并主要用于保护 S/MIME 和 SSL/TLS 邮件传输安全。

10. 密钥管理可以是集中管理或_____。

11. 解释证书政策（CP）和证书实施说明（CPS）之间的区别。

12. 什么是密钥托管？使用它的原因是什么？为什么要密钥托管？

13. 密钥毁灭和密钥吊销有什么区别？

8.5.3　动手项目

项目 8 - 1：查看数字证书吊销列表（CRL）和非信任证书

本项目中，将在计算机中查看 CRL 和非信任证书。

（1）在 Windows XP 中，单击"开始"按钮，选择"开始"菜单中的"运行"命令。弹出"运行"对话框。

（2）输入"MMC"命令，单击 OK 按钮。显示"控制台 1"窗口。

（3）单击菜单栏中的"文件"选项，然后单击"添加/删除管理单元"按钮，弹出"添加/删除管理单元"对话框。

（4）在该对话框中单击"添加"按钮，弹出"添加独立管理单元"对话框。

（5）单击管理单元列表中的"证书"选项，然后单击"添加"按钮。证书管理单元对话框出现。

（6）单击"我的用户账号"选项，然后单击"完成"按钮。

（7）在"添加独立管理单元"对话框中单击"关闭"按钮。

（8）在"添加/删除管理单元"对话框中，验证"证书 - 当前用户"显示在管理单元中，单击 OK 按钮。

现在已经在 MMC 中添加了证书管理单元，可以查看证书。

（9）"控制台 1"窗口中列出了目前用户的证书。在左侧，单击"证书 - 当前用户"旁的"＋"号，显示颁发给目前用户的证书。

（10）单击"中级证书颁发机构"旁的"＋"号，再单击"证书吊销列表"。右侧显示了被吊销的证书列表，如图 8 - 13 所示。

（11）双击其中一个证书。阅读相关信息，单击并查看更多详细信息。思考吊销该证书的原因。单击 OK 按钮，关闭"证书吊销列表"。

（12）单击"不受信任的证书"旁的"＋"号，然后单击"证书"按钮。右侧显示了不受信任的证书。

（13）双击其中一个证书。阅读相关信息，单击并查看更多详细信息。思考该证书不受信任的原因。

（14）单击 OK 按钮，关闭"证书"对话框。

（15）单击菜单栏中"文件"选项，选择"文件"下拉菜单中的"退出"选项，当询问是否保存设置时，单击"不"按钮，关闭"控制台 1"窗口。这些操作并不影响证书的使用，只是通过管理单元进行显示。

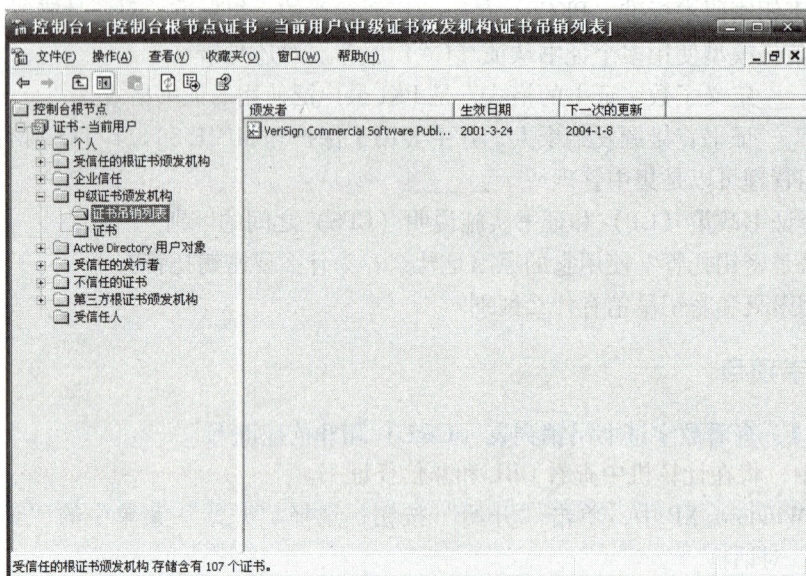

图 8-13　证书吊销列表（CRL）

项目 8-2：创建 Adobe Acrobat 个人数字证书

很多应用程序的数据包允许用户创建数字证书并验证文档。在本项目中，将使用 Adobe Acrobat 6.0 创建数字证书。注意 Adobe Acrobat 并不是免费的 Adobe Reader 软件。在进行下列步骤之前，确定计算机中安装了 Adobe Acrobat 6.0 软件。

（1）运行 Microsoft Word 程序，输入名字和今天的日期，建立文档。

（2）如果想要创建文档的 PDF 文件，则单击菜单栏中"文件"选项，选择"文件"下拉菜单中的"打印"选项。弹出"打印"对话框。

（3）单击"名称列表"选项，然后单击 Adobe PDF 文件。再单击 OK 按钮。

（4）当询问文件名时，输入 Adobe1. pdf 名称。单击"保存"按钮。

（5）不保存设置退出 Word 程序。

（6）运行 Adobe Acrobat 程序，打开 Adobe. pdf 文件。

（7）单击菜单栏中的"高级"选项，选则"管理数字 ID"选项，再选择"我的数字 ID 文件"选项，然后单击"选择我的数字 ID 文件"按钮。

（8）单击"新的数字 ID 文件"选项，然后单击"继续"按钮。弹出"创建自制数字 ID"对话框，如图 8-14 所示。此处可以创建一个不需要 CA 的网页信任模型证书。

（9）输入合适的信息。注意密钥算法可以是 1 024 或 2 048 位 RSA。注意一定要记录密码。单击"创建"按钮。

（10）弹出"新的自制数字 ID 文件"对话框。保存文件。

（11）如果弹出"数字 ID 文件设置"对话框，单击"关闭"按钮。

现在已经把数字证书发送给信息接收人。

（12）单击菜单栏中的"高级"选项，选择"管理数字 ID"选项，再选择"我的数字 ID 文件"选项，然后单击"选择我的数字 ID 文件"按钮。弹出"数字 ID 文件设置"对话框。

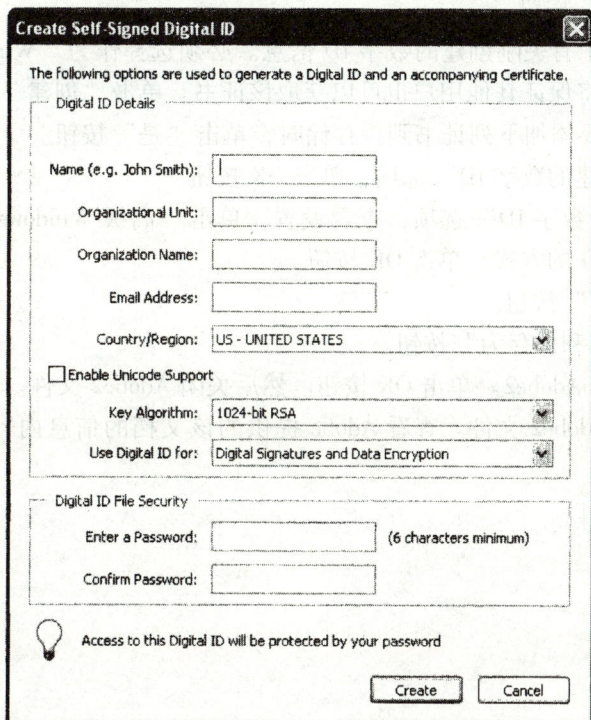

图 8 - 14　建立签字数字 ID 对话框

（13）单击"输出"按钮，弹出"数据交换文件 - 输出选项"对话框。

（14）选择"保存数据"按钮。此处就是公共密钥。单击"下一步"按钮，弹出"输出数据"对话框。

（15）使用默认文件名，选择计算机上的文件夹、U 盘或移动硬盘，单击"保存"按钮。

（16）弹出"证书安全 - 警告"对话框。单击 OK 按钮。

（17）返回"数字 ID 文件设置"对话框。单击"关闭"按钮，关闭该对话框。

（18）请不要关闭 Adobe Acrobat，继续完成下一个项目。

项目 8 - 3：使用 Adobe Acrobat 个人数字证书

在本项目中，将使用项目 8 - 2 中 Adobe Acrobat 创建的数字证书，并发送给其他用户。

（1）如果想要使用项目 8 - 2 中打开文档中的私有密钥，则单击菜单栏中的"文件"选项，然后单击"保存为证书文件"按钮。在弹出的"保存为证书文件"对话框中，单击 OK 按钮。

（2）弹出"保存为证书文件 - 选择允许行为"对话框。在"允许行为"对话框中，选择"不允许任何文档改动"选项。需要时单击"下一步"按钮。

（3）在弹出的"保存证书文件 - 选择可视性"对话框中，选择"文档中不显示证书"选项，单击"下一步"按钮。

（4）在弹出的"数据交换文件 - 数字 ID 选择"对话框中，单击"添加数字 ID"按钮。

（5）单击"创建自制数字 ID"按钮。

（6）单击"继续"按钮。

（7）屏幕上显示了有关刚创建的数字 ID 信息。必须选择作为"Windows 信任根"数字 ID 进行添加。因为这将保证其他用户也可以获取该证书。单击"创建"按钮。

（8）当询问是否要添加下列证书到根存储时，单击"是"按钮。

（9）选择"所创建的数字 ID"选项，单击 OK 按钮。

（10）单击"查看数字 ID"选项，查看设置。单击"高级 Windows 详细"选项，查看 Windows 对待该数字 ID 的方式。单击 OK 按钮。

（11）单击"关闭"按钮。

（12）单击"签字和保存为"按钮。

（13）保存文件为 Adobe2。单击 OK 按钮。然后关闭 Adobe2 文件。

（14）重新打开 Adobe2 文件。查看 Adobe 提供的该文档的信息内容，思考它是否足以作为警告信息。

（15）关闭所有窗口。

■Chapter 9

第9章 信息安全管理与灾难恢复

情境引入 ○○○

情境1：小张是单位的网管，随着企业信息化水平的不断提高，最近经常有员工向他抱怨一些问题：因为要登录不同的系统，需要记忆的用户名和口令越来越多，有时甚至会因遗忘口令而影响工作；另外在访问企业内部的某些资源时常常碰到因为没有权限无法访问或授权过程非常复杂的问题。小张自己也感觉对用户权限的分配和监督存在困难。

情境2：同样是随着企业信息化程度的不断提高，企业的经营管理状况大为改善。同时对信息化的依存度也不断增长。如何能够正确地评价来自企业内部和外部的风险，采取有效的措施保持企业信息化基础设施的可持续运行。甚至在出现人为或不可抗力引起的故障和灾难时，能在较短的时间内恢复，把故障和灾难对企业造成的影响和损失降到最低。

本章内容结构 ○○○

本章内容结构如图9-0所示。

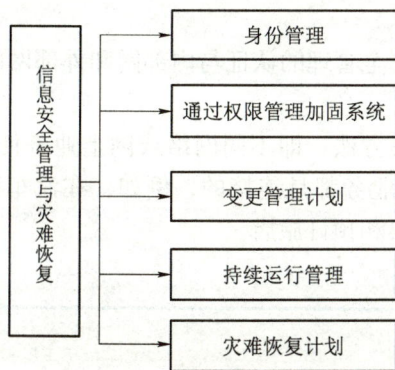

图9-0　本章体系结构图

本章学习目标 ○○○

◎ 定义身份管理；

◎ 通过权限管理加固系统；

◎ 变更管理计划；

◎ 定义持续运行；

◎ 建立灾难恢复计划。

9.1 身份管理

身份管理是信息安全管理重要的组成部分。用户只有在访问相关信息系统或资源时，明确了具体的身份，系统才可以选择是通过还是拒绝。当用户通过了验证后，系统才能根据用户身份进一步明确其授权和责任。

随着计算机网络和信息技术的迅速发展，企业信息化的程度不断提高，在企业信息化过程中，诸如 OA、CRM、ERP 等越来越多的业务系统应运而生，提高了企业的管理水平和运行效率。与此同时，各个应用系统都有自己的认证体系，随着应用系统的不断增加，一方面企业员工在业务系统的访问过程中，不得不记忆大量的账户口令，而口令又极易遗忘或泄露，为企业带来损失；另一方面，企业信息的获取途径不断增多，但是缺乏对这些信息进行综合展示的平台。

身份管理的技术（或 ID 管理）应设法解决有关用户多账户确认和认证问题的安全漏洞。这些问题包括以下几方面：

◇ 弱密码创建。由于用户有多个账户，因此采用弱密钥以便于记忆。

◇ 电子商务"瓶颈"。网上安排旅程的用户必须登录网上订票系统、汽车租赁网、旅店预定系统或其他使用不同用户名和密码的系统。很多专家认为，这将限制电子商务的使用范围。

◇ 负担过重的支持人员。大家都号召网络和计算机支持人员提供更高水平的支持服务，然而这样会使他们负担繁重的工作。包括前台的重设密码、禁用停职或离开员工的账户和改变访问权限等。

总之，组织要努力实现安全管理的认证与内部网和外部网的访问，以及不同平台上的信息，如图 9-1 所示。

身份管理或许是一个解决方法，即不同网络或网上业务使用同一个认证 ID。身份管理如图 9-2 所示。每个网络或业务都是连接的，例如，在汽车租赁系统输入用户名和密码，因此相同的用户就可以登记票和预订旅店。

说明

> 身份管理不仅可以用于用户，而且还可以用于计算机共享数据。

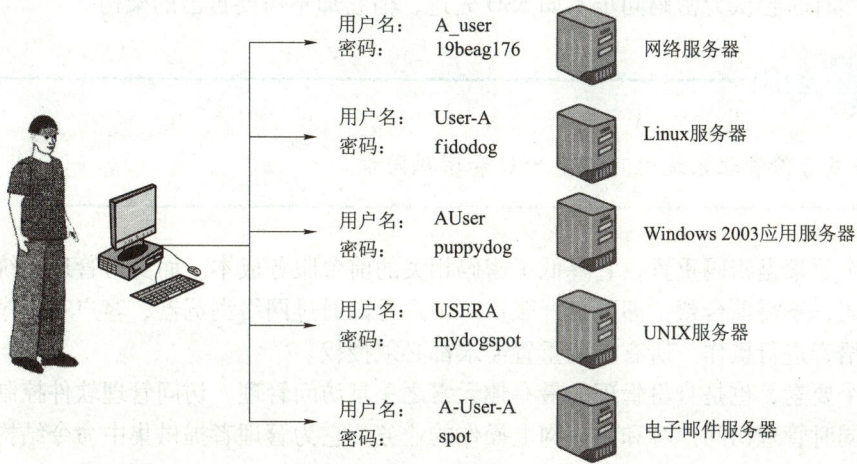

用户名：　A_user
密码：　　19beag176　　网络服务器

用户名：　User-A
密码：　　fidodog　　Linux服务器

用户名：　AUser
密码：　　puppydog　　Windows 2003应用服务器

用户名：　USERA
密码：　　mydogspot　　UNIX服务器

用户名：　A-User-A
密码：　　spot　　电子邮件服务器

图 9 - 1　多用户登录

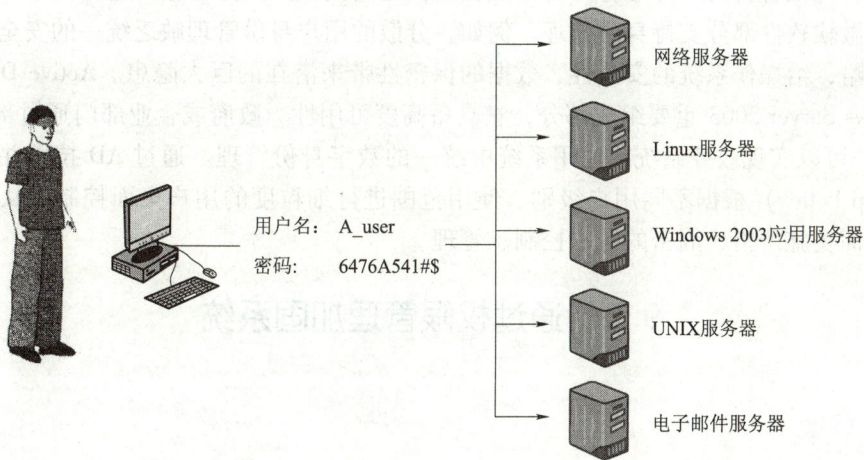

网络服务器

Linux服务器

用户名：　A_user
密码：　6476A541#$　　Windows 2003应用服务器

UNIX服务器

电子邮件服务器

图 9 - 2　身份管理

　　身份管理系统有 4 个重要元素。第一个要素是单一登录（SSO），它允许用户登录一次网络或系统就可以访问多个应用程序或系统。SSO 系统保存了用户登录访问应用程序的数据库。用户可以创建应用于所有程序的安全密码（如由数字和字母组成，长度超过 12 位，且不是用户名的一部分）。

　　用户使用密码或生物测定法认证后，就可以访问程序。当打开应用程序时，SSO 翻译应用请求并自动向该程序提供认证信息。交易对用户是透明的。在允许访问前，SSO 需要自己验证用户身份和权限的架构。

　　整合含有基于网络应用程序的 SSO 服务器通常比整合遗留系统要容易许多。旧系统通常使用所有权模式处理认证，需要大量定制调整以与 SSO 服务器交互。正因为如此，许多SSO 服务器只应用于网络应用程序。

　　第二个要素是密码同步。与 SSO 类似，密码同步允许用户使用单一密码登录多个服务器。然而，密码同步并不保存用户机密数据库，而是确保用户登录的每个应用程序都有相同密码。虽然有时会认为密码同步不如 SSO 先进，但它却不需要自己的架构。

说明

> 许多身份管理系统同时提供 SSO 和密码同步。

第三个要素是密码重置，它降低了密码相关的前台服务成本。而身份管理系统让用户自己重置密码，不需前台帮忙即可打开账户。用户可以通过网络浏览器、客户端程序或电话系统的交互语音进行操作。所有密码重置需求都必须授权。

第四个要素，也是身份管理的最有趣元素之一是访问管理。访问管理软件控制访问网络的人员，同时管理访问内容和用户网上操作的业务。它为管理者提供集中命令结构。功能之一就是管理员可以把管理允许权限授予业务经理及其他方。

使用 ID 管理的 SSO 系统是基于两个完成的标准之一的自由联盟和身份网络服务框架的。然而，现在有将两个标准合二为一或在它们之间提供无间隙传输的趋势。

目前微软软件部分支持身份管理。例如，分散的用户身份管理缺乏统一的安全管理策略和审计策略，给操作系统的安全性、数据的保密性带来潜在的巨大隐患。Active Directory 作为 Windows Server 2003 重要组成部分，它具备高度可用性。政府或企业部门通过部署 Active Directory，可以实现政务系统或应用系统中统一的数字身份管理。通过 AD 技术并结合组策略（Group Policy）根据不同用户级别、使用范围进行细粒度的用户桌面控制，从而达到对客户端桌面实施严格、周密的统一控制、管理。

9.2 通过权限管理加固系统

9.2.1 责任

几乎在生活的每一部分，责任都是集中或分散的。考虑快速食品店连锁店。每个地点都是完全自治的，可以决定聘请人员、开门时间、产品价格和调味品品牌。这种分散的方法具有很多优点，如灵活性。每个店都可以适应周围人群的口味，并马上做出反应。然而，由于地点不同，难以实现所有店集中节约成本，不能同时培训所有店的服务员，也不能集中购买调味品，还有每个店都必须有自己的高层管理人员。

另一种方法是集中组织。国内总部规定每个店的产品、开门时间和制服。每个店不存在自己的个性。由于管理结构统一，集中管理可以节省成本，但决策时间较长，而且缺少灵活性。

权限管理的责任也是集中或分散的。在集中结构中，集中负责所有权限的授予和撤回。这样就建立了权限管理的统一方法，但同时过程比较缓慢。用户通常要等待几天甚至更长时间。由于用户缺乏控制，他们可能会采取一些权宜方式，如使用同事账户和密码访问文件或从家里带来无线接入口。

权限管理的分散管理结构把权限的授予和撤回分为几个小单元，如允许每个地点聘请网络管理员管理权限。缺点是每个地点只有一个网络管理员，造成安全性有限。如果本地网络管理员没有全局意识，提供访问权限的同时可能会损害其他组织单元的利益或出现安全漏洞。

因此应选择一种最佳的方式。或许将集中与分散组织结合起来就是最佳的选择。公司办公室规定权限标准，但每个地方负有实施标准的责任。两种方式的结合可能是授权的最佳平衡。

9.2.2 授予权限

权限是用户完成既定责任的能力。只有被恰当授权的用户才能在系统中或网络上完成相关操作。但授权要恰当。不足的授权使用户无法完成既定的工作，过高的授权又会增加用户误操作和其他安全事故引起的风险。

> **注意**
>
> 当对用户授权时，最好是先少授权再增加，而不是先多授权再撤回。

可以以用户、用户组或用户角色为对象授予权限。下面将详细介绍。

1. 用户权限

如果以用户为对象授予权限，那么就应该根据用户需求来决定其权限。授予权限的最佳方法是制定应用于所有用户的基准安全模板。

所有操作系统都有一种提供最高权限的账户。Microsoft Windows 把这类账户称为管理员账户，而 UNIX 和 Linux 操作系统称其为超级用户或根用户。这种权限水平可以对所有文件、驱动器和命令进行访问。Linux 系统管理员必须成为超级用户后才能执行某些功能，如建立新账户、改变密码及其他普通用户出于安全原因不允许执行的任务。超级用户的登录名一般为根，用户 ID 号码为 0。用户 ID（UID）是 Linux 为特定用户名设置的唯一用户 ID 号码。UID 号码从 0 到 65535；0 代表超级用户，0～99 是为其他目的而保留的。除了直接以超级用户登录，以系统管理员登录再使用 su 命令暂时成为超级用户也是很好的方法。

当决定用户访问权限时，可以应用强制访问控制（MAC）和自主访问控制（DAC）。MAC 是最受限的模式。在该模式中，用户不允许为其他用户使用的某实体授权。因此所有控制都受限，在实体层没有灵活性。最不受限的模式是 DAC。在该模式设置中，可以为其他用户调整权限。虽然这给予了用户某种程度上的自由，但 DAC 也存在错误授权的危险。当对用户授权时，应使用 MAC 而不是 DAC。

2. 组权限

因为用户的数量可能较多，为每一个用户设置权限工作较为复杂，工作量也很大。其实在实际工作中，可以根据用户的工作职责和内容将其分组，然后以组为对象设置权限。当希望为某用户设置权限的时候，只需要将用户加入到相关的组中。因为组中的成员会自动继承组的权限。

以组为对象设置权限大大简化了权限设置的复杂程度，减轻了管理员的工作量。但在实际使用中也应注意相关的问题。例如，一个用户可能属于多个组，用户的权限通常是组权限的累加，但各组的权限有冲突时应该如何处理？

3. 角色权限

处理用户或组权限是很费时的，即要先建立权限，而后随着用户接受新责任或调换新岗位而随时调整。除了对用户和组设置权限外，还可对职位或角色授权，然后授予用户职位或角色。基于角色访问控制——RBAC 模式的灵活性使其容易基于工作的分类以建立和加强权限。用户在 RBAC 中可以有多个角色。

9.2.3　监督权限

用户应该做到定期监控授予的权限。没有监控，就不可能了解用户是否给予了过多不必要的权限以致造成安全漏洞。目前有 3 种用户权限监控方式：使用监控、权限监控和增加监控。下面将详细介绍。

1. 使用监控

使用监控，也叫做日志，是查看用户在系统或网络中操作行为的过程。使用监控提供每个行为的详细记录，如日期和时间、用户名和其他信息。图 9-3 所示是典型的 Windows 事件查看器，而图 9-4 显示了 Linux 系统的文件使用。

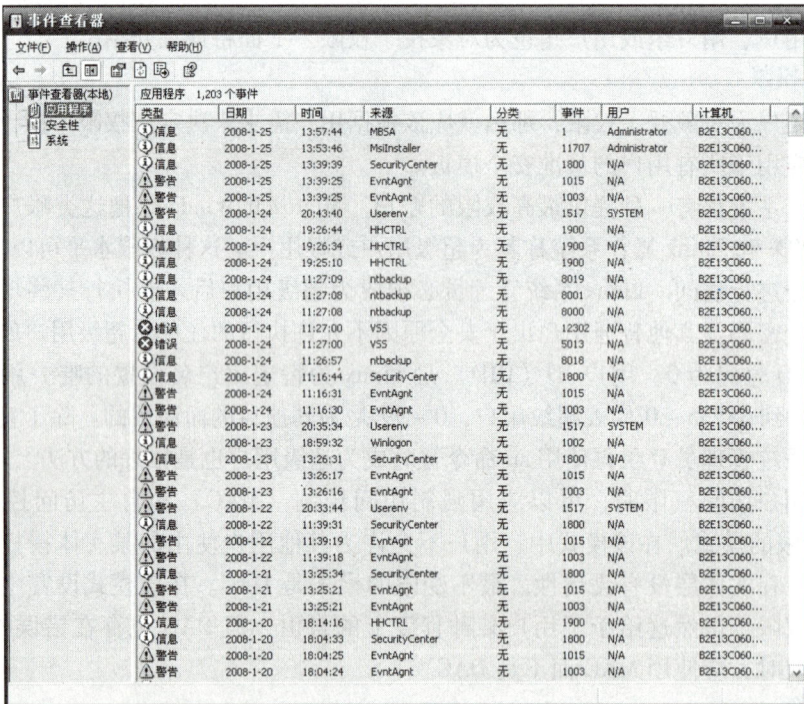

图 9-3　Windows 事件查看器

在 Windows XP 中，事件是在系统或程序中发生的、要求通知用户的任何重要事情，或者是添加到日志中的项。事件日志服务在事件查看器中记录应用程序、安全和系统事件。通过使用事件查看器中的事件日志，可以获取有关硬件、软件和系统组件的信息，并可以监视本地或远程计算机上的安全事件。事件日志可帮助用户确定和诊断当前系统问题的根源，还可以帮助预测潜在的系统问题。

```
198.146.117.166 - - [13/Jun/2004:04:27:22 -0500] "GET /webmail HTTP/1.1" 301 329 "-" "Mozilla/4.0 (compatible; MSIE 6.0; Wind
198.146.117.166 - - [13/Jun/2004:04:27:26 -0500] "GET /webmail/ HTTP/1.1" 302 5 "-" "Mozilla/4.0 (compatible; MSIE 6.0; Windo
198.146.117.166 - - [13/Jun/2004:04:27:31 -0500] "GET /webmail/src/login.php HTTP/1.1" 200 1549 "-" "Mozilla/4.0 (compatible
198.146.117.166 - - [13/Jun/2004:04:27:36 -0500] "GET /webmail/images/sm_logo.png HTTP/1.1" 200 7396 "http://firefly.volstate
198.146.117.166 - - [13/Jun/2004:04:28:00 -0500] "POST /webmail/src/redirect.php HTTP/1.1" 200 950 "http://firefly.volstate.t
198.146.117.166 - - [13/Jun/2004:04:28:10 -0500] "GET /webmail/images/sm_logo.png HTTP/1.1" 304 - "http://firefly.volstate.ed
198.146.117.166 - - [13/Jun/2004:04:28:20 -0500] "GET /webmail/src/login.php?PHPSESSID=9eb812bbe53d1c239d92a1cd5270add8 HTTP/
198.146.117.166 - - [13/Jun/2004:04:28:29 -0500] "GET /webmail/images/sm_logo.png HTTP/1.1" 304 - "http://firefly.volstate.ed
198.146.117.166 - - [13/Jun/2004:04:28:49 -0500] "POST /webmail/src/redirect.php HTTP/1.1" 302 5 "http://firefly.volstate.edu
198.146.117.166 - - [13/Jun/2004:04:28:53 -0500] "GET /webmail/src/webmail.php HTTP/1.1" 200 223 "http://firefly.volstate.edu
198.146.117.166 - - [13/Jun/2004:04:28:56 -0500] "GET /webmail/src/left_main.php HTTP/1.1" 200 3411 "http://firefly.volstate.
198.146.117.166 - - [13/Jun/2004:04:29:00 -0500] "GET /webmail/themes/css/sans-10.css HTTP/1.1" 200 236 "http://firefly.volst
198.146.117.166 - - [13/Jun/2004:04:29:03 -0500] "GET /webmail/src/right_main.php HTTP/1.1" 200 15527 "http://firefly.volstat
198.146.117.166 - - [13/Jun/2004:04:29:05 -0500] "GET /webmail/images/sort_none.png HTTP/1.1" 200 289 "http://firefly.volstat
198.146.117.166 - - [13/Jun/2004:04:29:16 -0500] "POST /webmail/src/move_messages.php?msg=&mailbox=INBOX&startMessage=1 HTTP/
198.146.117.166 - - [13/Jun/2004:04:29:22 -0500] "GET /webmail/src/right_main.php?sort=6&startMessage=1&mailbox=INBOX HTTP/1.
198.146.117.166 - - [13/Jun/2004:04:41:28 -0500] "GET /webmail HTTP/1.1" 301 329 "-" "Mozilla/4.0 (compatible; MSIE 6.0; Wind
198.146.117.166 - - [13/Jun/2004:04:41:32 -0500] "GET /webmail/ HTTP/1.1" 302 5 "-" "Mozilla/4.0 (compatible; MSIE 6.0; Windo
198.146.117.166 - - [13/Jun/2004:04:41:35 -0500] "GET /webmail/src/login.php HTTP/1.1" 200 1549 "-" "Mozilla/4.0 (compatible.
198.146.117.166 - - [13/Jun/2004:04:41:38 -0500] "GET /webmail/images/sm_logo.png HTTP/1.1" 304 - "http://firefly.volstate.ed
198.146.117.166 - - [13/Jun/2004:04:53:50 -0500] "GET /webmail HTTP/1.1" 301 329 "-" "Mozilla/4.0 (compatible; MSIE 6.0; Wind
198.146.117.166 - - [13/Jun/2004:04:53:53 -0500] "GET /webmail/ HTTP/1.1" 302 5 "-" "Mozilla/4.0 (compatible; MSIE 6.0; Windo
198.146.117.166 - - [13/Jun/2004:04:53:56 -0500] "GET /webmail/src/login.php HTTP/1.1" 200 1549 "-" "Mozilla/4.0 (compatible.
198.146.117.166 - - [13/Jun/2004:05:08:39 -0500] "GET /webmail HTTP/1.1" 301 329 "-" "Mozilla/4.0 (compatible; MSIE 6.0; Wind
198.146.117.166 - - [13/Jun/2004:05:08:42 -0500] "GET /webmail/ HTTP/1.1" 302 5 "-" "Mozilla/4.0 (compatible; MSIE 6.0; Windo
198.146.117.166 - - [13/Jun/2004:05:08:45 -0500] "GET /webmail/src/login.php HTTP/1.1" 200 1549 "-" "Mozilla/4.0 (compatible.
198.146.117.166 - - [13/Jun/2004:05:08:49 -0500] "GET /webmail/images/sm_logo.png HTTP/1.1" 304 - "http://firefly.volstate.ed
198.146.117.166 - - [13/Jun/2004:06:28:44 -0500] "GET /webmail HTTP/1.1" 301 329 "-" "Mozilla/4.0 (compatible; MSIE 6.0; Wind
198.146.117.166 - - [13/Jun/2004:06:28:47 -0500] "GET /webmail/ HTTP/1.1" 302 5 "-" "Mozilla/4.0 (compatible; MSIE 6.0; Windo
198.146.117.166 - - [13/Jun/2004:06:28:50 -0500] "GET /webmail/src/login.php HTTP/1.1" 200 1549 "-" "Mozilla/4.0 (compatible.
198.146.117.166 - - [13/Jun/2004:06:28:53 -0500] "GET /webmail/images/sm_logo.png HTTP/1.1" 304 - "http://firefly.volstate.ed
198.146.117.166 - - [13/Jun/2004:06:29:02 -0500] "POST /webmail/src/redirect.php HTTP/1.1" 302 5 "http://firefly.volstate.edu
198.146.117.166 - - [13/Jun/2004:06:29:05 -0500] "GET /webmail/src/webmail.php HTTP/1.1" 200 223 "http://firefly.volstate.edu
198.146.117.166 - - [13/Jun/2004:06:29:08 -0500] "GET /webmail/src/left_main.php HTTP/1.1" 200 3410 "http://firefly.volstate.
198.146.117.166 - - [13/Jun/2004:06:29:12 -0500] "GET /webmail/themes/css/sans-10.css HTTP/1.1" 304 - "http://firefly.volstat
```

图 9-4　Linux 使用监控

基于 Windows XP 的计算机将事件记录在以下 3 种日志中：

（1）应用程序日志。应用程序日志包含由程序记录的事件。例如，数据库程序可能在应用程序日志中记录文件错误。写入到应用程序日志中的事件是由软件程序开发人员确定的。

（2）安全日志。安全日志记录有效和无效的登录尝试等事件，以及与资源使用有关的事件（如创建、打开或删除文件）。例如，在启用登录审核的情况下，每当用户尝试登录到计算机上时，都会在安全日志中记录一个事件。用户必须以 Administrator 或 Administrators 组成员的身份登录，才能打开、使用安全日志以及指定将哪些事件记录在安全日志中。

（3）系统日志。系统日志包含 Windows XP 系统组件所记录的事件。例如，如果在启动过程中未能加载某个驱动程序，则会在系统日志中记录一个事件。Windows XP 预先确定由系统组件记录的事件。

2. 权限监控

权限监控查看授予特定用户、组或角色的权限。监控设置了用户期望权限列表。例如，如果用户在财务部门工作，他们应该有访问月财务报告和数据文件的权限。开发期望权限列表可以通过查看人力资源部的用户工作详细分类来完成。然后，与用户上级交流并了解是否由于用户承担特殊项目而授予了特别权限。应该认真查看权限请求的书面文件。

权限监控包括用户应该授予的权限。通过检测用户权限，把期望权限与用户实际授予的权限进行对比，就可立即反映出差异。如果财务部的用户暂时授予特别项目的薪水文件，但项目结束后未删除权限，要进行以下步骤。

第一，立即终止这些文件的权限。查看日志文件了解该用户在项目结束后是否使用过该权限。如果用户访问过这些文件，则与用户进行交流，且人力资源、人员及其上级都必须参加。

第二，一定要调查用户允许继续访问文件的原因。针对某些问题，例如上级是否终止权限的请求，组织是否缺乏这方面的规定以及网络管理员是否存在这方面工作的失误，确认权限没有按期删除的原因。

3. 增加监控

增加监控查看监控并确定权限是否过度增加。例如，合理分配 Linux 用户的权限，避免造成不合理的权限授予，以及避免用户使用权限隐藏自己的真实身份。这样就可决定访问是否合法或是否发生安全漏洞。

一种臭名昭著的攻击叫做权限增加攻击，攻击者企图不经允许来增加权限。例如，以前版本的 Apple Macintosh Version 10（Mac OS X）操作系统就存在该种攻击的漏洞。Mac OS X 的某程序使用特殊内存区域的信息决定写信息的地点，这叫做环境变量，用户可以在写入文件信息的存储区域设置环境变量。如果文件已经存在，它会被删除；如果文件不存在，它会被创建。然而，创建程序的某些属性就会转移到新文件中。在 Mac OS X 中，此漏洞可以用来建立如"维护脚本"的自动运行文件，并用以清理系统。由于那些脚本在根权限下运行，它们可以创建文件并赋予攻击者 Mac OS X 系统管理员权限。现在已经有针对该攻击的补丁。

9.3 变更管理计划

变更管理涉及变更以及跟踪变更的方法。网络设置的偶然变更通常会缓解紧急问题。如果没有适当的文件，未来的变更可能会否定或削弱之前的变更甚至产生安全漏洞。而变更管理寻求系统改变的方法，并提供必要的变更文件。

变更管理要求确认变更并为其创建文档。本节将详细介绍变更管理的每一步骤。虽然变更文档有时也作为变更管理的同义词，但它只是其中的一部分。

9.3.1 变更管理程序

由于变更会影响所有用户，且不一致的变更会导致意外的服务干扰，因此很多组织会创建变更管理团队（CMT）来指导变更工作。技术体系结构或软硬件组件建议的变更（增加、调整、变动或删除），包括服务的干扰，都必须首先有 CMT 的允许。团队由 IT（如服务器、网络或公司服务）、网络安全和高水平管理人员的代表组成。变更管理协调员统领全队。CMT 的职务包括以下几方面：

◇ 查看建议变更。

◇ 确保明确了解计划变更的危险和影响。有时请求其他信息和说明是必要的。

◇ 投票表决同意、不同意、延期或退出变更。

◇ 与该领域工人交流有关建议和允许的变更。

该过程一般从用户或管理者完成变更请求表开始。虽然这些表格不完全相同，但基本包括以下这些信息：

◇ 变更号。唯一的变更控制号码。

◇ 请求者。提出变更的人，变更管理服务过程的代表，负责变更的主要人员。

◇ 团队领导/管理者。对变更负责的执行层股东和授权变更的最直接人员，包括必要的资金。

◇ 代理。最直观受到变更影响的业务过程负责人。

◇ 变更描述。变更的简要描述。

◇ 变更原因。变更的业务原因总结，如项目参考。

◇ 变更日期。每个状态改变的实际、理想或期望的日期，如 2006 年的 3/4 时间或 2005 年 9 月。

◇ 变更组件。由于变更会影响到一个或多个组件（如硬件、软件、网络、设置数据、建筑设施、组织结构或工作程序），因此获得并唯一确认每个变更组件及其地点是很必要的。

◇ 影响类别。环境和用户影响的宽度和广度分类表。

◇ 危险类别。影响失败可能性和弥补难易程度的列表。

◇ 前台。提供变更相关支持的主要责任组。

◇ 管理核对表。变更批准的内容指示表，如测试计划、通信计划、培训计划和拆除计划。

◇ 评价结果。实施后评价结果总结。

正常情况下，变更管理协调员定期举行 CMT 会议并讨论变更请求表中的变更。变更请求的发起人必须参加会议，否则变更不予考虑。变更请求的截止日期设置必须给 CMT 成员足够时间考虑，如会议前一天下午一点。特殊情况下，也可能提供紧急变更请求。如果在下次会议前需要完成请求，且提出请求后的 24 小时后会发生事件，那么说明它很紧急。影响范围的 IT 管理人员负责认定紧急请求并交与 CMT。突发变更管理请求一般是由于请求失败或 IT 组件即将失灵。

9.3.2　应记录的变更

虽然变更管理涉及信息系统的各种变更，但其中有两种安全变更必须做适当记录。第一种变更是系统架构变更，如网络引入新服务器、路由器或其他设备。这些设备可能会替代已有设备，或新设备会扩展网络功能。需要编辑新设备属性的详细列表，包括以下几方面：

◇ 因特网协议（IP）和 MAC 地址。

◇ 设备名称。

◇ 设备种类。

◇ 功能。

◇ 库存标记号。

◇ 地点。

◇ 制造商。

◇ 制造商序列号。

◇ 模型和部件号。

◇ 软件或硬件软件版本。

此外，设备适应网络整体安全架构的方式也该记录。针对某些问题，例如，是在隔离区还是在防火墙背后设置网络安全的架构；哪些地点在网络拓扑结构中存在安全漏洞；攻击者对付网络安全架构的方式及其攻击的策略，对系统架构中所有变更的理解就显得尤为重要了。

第二种变更是分类，它主要涉及记录。政府文件的分类设计基本都是最高秘密、秘密、机密和普通。虽然很多组织不会设置如此多的分类，但可能会有标准文档和机密文档，因此必须明确标明公开使用的文档。大多数文件建立应用程序都有对文档分类的功能，如图9-5所示。

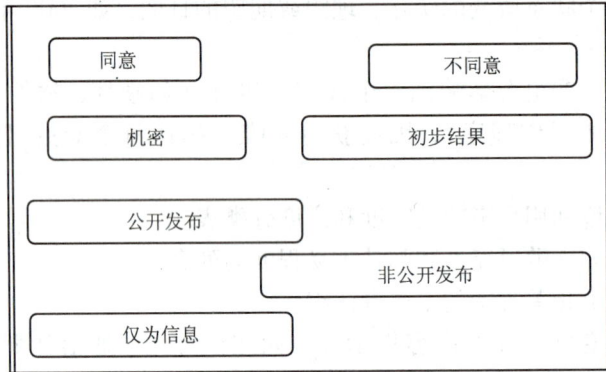

图9-5　文档文类

对变更分类时，所有用户必须予以注意，而且文档分类也是必需的。为了保护文档和提醒用户注意，必须有明确清晰的过程。

此外，还应记录如下一些影响组织安全的变更内容：
◇ 用户权限变更。
◇ 网络设备（如服务器或路由器）设置变更。
◇ 网络设备的损耗。
◇ 客户计算机设置变更。
◇ 安全人员变更。

9.3.3　记录变更

对系统架构、文档分类或其他重要安全元素应该明确记录。组织应该有用户必须遵循的标准和方针。应该定期查看和更新日志文件和库存变更。

由于记录为攻击者提供了大量有用信息，因此只有校验时才可以拷贝，而对于拷贝、发送或删除都应有明确规定。升级后，必须要确定文档记录的保留时间。一些安全专家建议所有文档记录的保存期限至少为3年。保存期限过后，文档记录应被安全删除或处理以使其不能恢复。

9.4　持续运行管理

持续运行是评价风险的过程，如果风险存在，必须要开发管理战略以确保持续运行。风险可以是外部的，如缺少能源，也可以来自于组织内部，如员工破坏计算机系统。持续运行与后文所述的灾难恢复不同。持续运行不仅关心灾难后的恢复，而且关注一切影响组织连续服务的事情，如特定领域人员的短缺。

持续运行管理要建立组织在危机事件中的持续运行计划（BCP）。BCP 的基本步骤是：

（1）了解运行。对组织的目标、重要任务过程和外部影响必须有明确的认识。

（2）规范持续战略。战略要根据事件有所不同。战略可以是不做、改变或结束过程和调整运行本身以减少影响。

（3）做出反应。危机发生时如何解决。例如，关键员工离开后应该找新人替代吗？

（4）检测计划。应该进行 BCP 组件的实际检测并对其分析，以进行必要的调整。

9.4.1 维护公共事务

公共事务的破坏应该是组织主要的关注点。电力、电话服务、水、污水处理或天然气都是必需的。然而，减少所有这些事务的破坏是不现实的，如储存上千加仑水或维护双重污水处理系统。幸运的是，水和污水处理比其他都稳定。破坏电话系统可以通过员工使用手机而暂时解决。

持续运行计划（BCP）主要关注的应该是电力服务。组织可以短时间缺水，而断电将使组织立即停止运行。持续供电（UPS）是在电力和其他设备间的外部设备。UPS 的主要目的是在断电下持续供应电力。UPS 不只是个大电池。例如，UPS 系统可以与服务器上的网络操作系统通信以确保正常断电。特别是一旦断电，UPS 可以完成以下任务：

◇ 向网络管理员计算机发送特别信息，或给网络管理员打电话呼叫通知。

◇ 警告所有用户必须完成工作后立即注销。

◇ 防止任何新用户登录。

◇ 截断用户连接，并关闭服务器。

除了提供电力外，UPS 还可"清理"电力，使其在到达服务器前保持稳定电量。UPS 还可以作为电流保护器，防止过猛电流对服务器的伤害。

UPS 可以提供暂时电力。长时间断电就需要外部发电机了。利用柴油发电，发电机可以供应整个大楼几小时甚至几天。然而，建设发电机是很昂贵的，不仅要持续维护，还要定期测试以确保其可以处理组织对电力的需求。

9.4.2 适当容错建立高可用性

容错可使组织更好地使用该系统。容错防止单一问题发展成整体灾难，并通过保持冗余完成。网络文件服务磁盘是容错的重要区域。网络服务器应该安装一个或多个冗余磁盘以提供保护。如果主硬盘损坏，其他磁盘可以立即投入使用。

容错服务器的磁盘是基于 RAID（独立冗余磁盘阵列）标准的。RAID 的基本思想就是在服务器上安装多个磁盘。服务器上的众多磁盘就如同是一个磁盘。如果一个磁盘坏了，其他磁盘会继续在服务器和网络上运行。

RAID 基本有 6 层，RAID0 到 RAID5：

◇ RAID0。RAID0 技术是以条带为基础的。每个磁盘存储空间分成的较小部分叫做条带，它可以是 512 位或上兆位。数据从 RAM 写入不同磁盘的条带有所不同，如图 9 - 6 所示。虽然 RAID0 使用多个磁盘，但它不能容错。如果一个磁盘损坏，数据会损失。

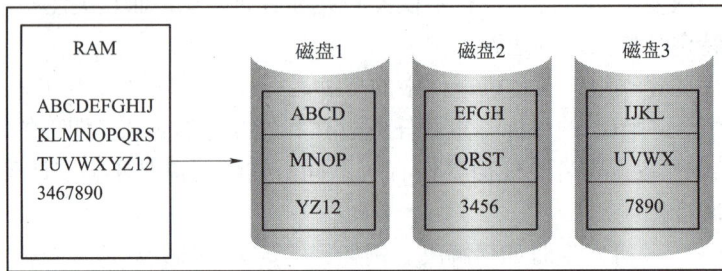

图 9-6   磁盘条带

◇ RAID1。RAID1 可设置为两种方式。第一种是磁盘镜像。磁盘镜像连接服务器上的不同磁盘到同一磁盘控制卡上，如图 9-7 所示。当服务器请求写或删除数据时，控制卡向每个磁盘发送请求。通过在主磁盘的"镜像"，其他磁盘就被完全复制。在主磁盘损坏时，其他磁盘不会损失任何数据。磁盘镜像有时叫做"即时网上备份"。另一种设置叫做磁盘转接。与磁盘镜像带有磁盘控制卡不同，每个磁盘的磁盘转接都有单独卡，如图 9-8 所示。这种冗余可以预防控制卡失灵。磁盘镜像中，如果控制卡失灵，磁盘和服务器就不能运行。而磁盘转接中，单独控制卡失灵不会影响磁盘，其他磁盘可以继续工作。RAID1 还可以通过不同磁盘单独读取数据来改善服务器性能。这使得 RAID1 成为最有效的 RAID 技术。

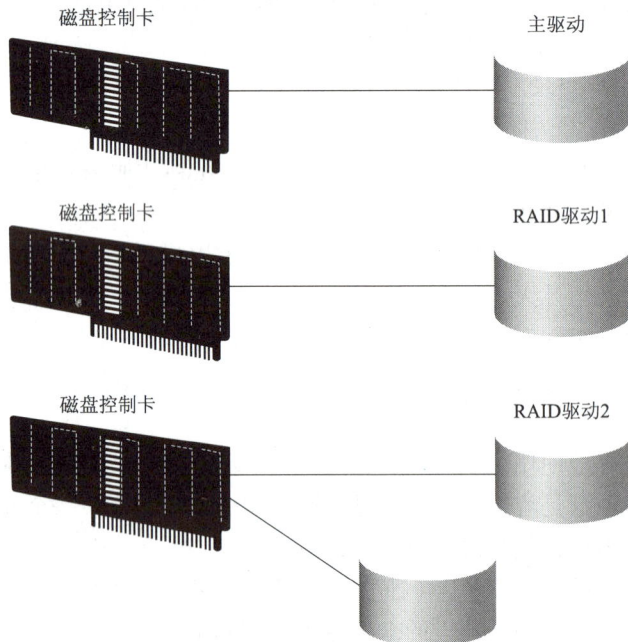

图 9-7   磁盘镜像

◇ RAID2。类似 RAID0，RAID2 在磁盘中分条带。磁盘故障时使用的特殊错误更正代码（ECC）存储在单独磁盘中。由于每个磁盘都需要 ECC，而大多数磁盘控制卡都内嵌 ECC，因此目前很少使用 RAID2。如图 9-9 所示。

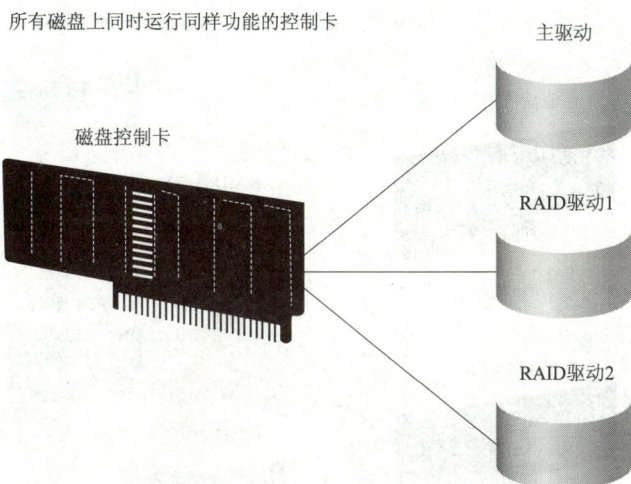

图 9 - 8　磁盘冗余

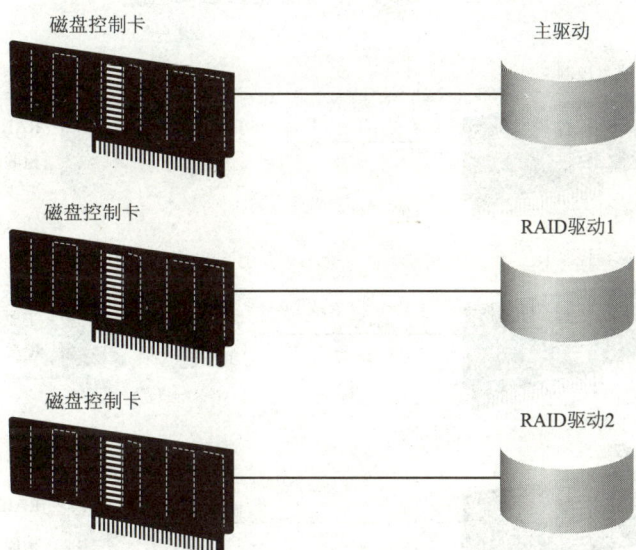

图 9 - 9　错误更正代码

◇ RAID3。RAID3 不使用 ECC，而是使用比 ECC 更有效的奇偶误差检验。奇偶误差检验只需一个磁盘即可检验整个误差信息，如图 9 - 10 所示。

◇ RAID4。RAID4 除了使用更大的条，其他的与 RAID3 相同。

◇ RAID5。RAID5 把奇偶数据分布在所有磁盘上，而不是用单独一个磁盘存放奇偶误差检验信息。然而，数据和奇偶信息通常存储在不同磁盘上，如图 9 - 11 所示。这提供了附加的安全性。

除了这些普通的 RAID 水平，多个硬件 RAID 列可组成一组。在双重 RAID 设置中，合并两个或多个硬件。例如，双重 RAID10 的镜像数据在两个相同的 RAID0 磁盘中。RAID53 中各部分以 RAID5 的形式组织，但每部分都是 RAID3。

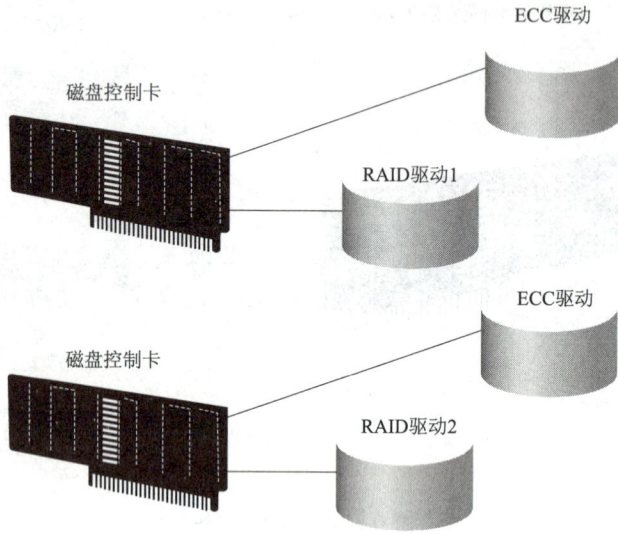

图 9 – 10　奇偶误差检验磁盘

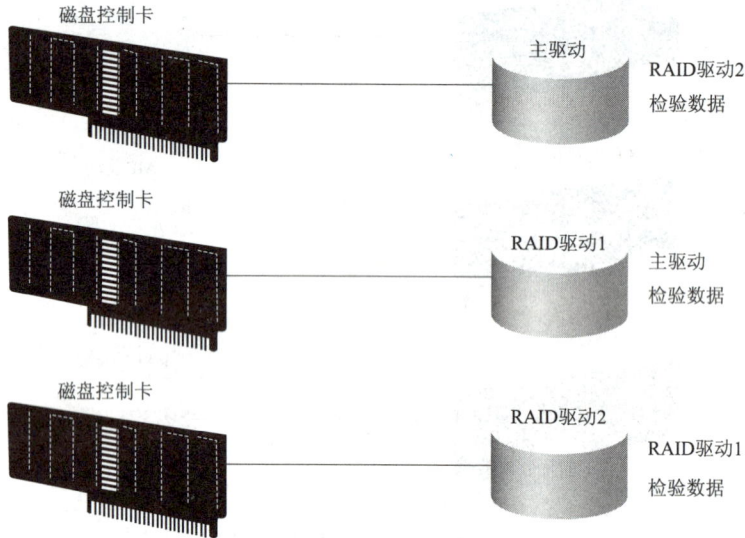

图 9 – 11　RAID5

RAID 提供网络文件服务器数据冗余的标准方式。然而，随着更新的 RAID 水平出现，对旧水平的相应支持不断减少。例如，Windows Server 2003 和很多主要的磁盘控制卡生产商只支持 RAID0、RAID1、RAID5 和某些双重 RAID 设置。

9.4.3　建立和维护备份资源

任何 BCP 的必要部分都是数据备份。虽然 RAID 是为磁盘故障提供保护而设计的，但是有时 RAID 并没有发挥作用。例如，如果服务器被盗或在火灾中损坏，所有数据都会丢失。这就需要定期保存重要数据到安全的地方。将这些内容定义为数据备份。虽然在客户计算机中一般使用 CD 和 DVD 技术备份数据，但为服务数据磁带备份仍然是保护服务器数据最简单、最有效和最便宜的方式。

　　备份服务器文件关键之一是了解哪些文件需要备份。文件可以通过设置存档属性来判断它是否备份。存档属性设置为 0 的文件表示文件已备份。然而，一旦文件内容改变，存档属性就变为 1，表示这个改动的文件需要备份。存档属性如图 9 – 12 所示。

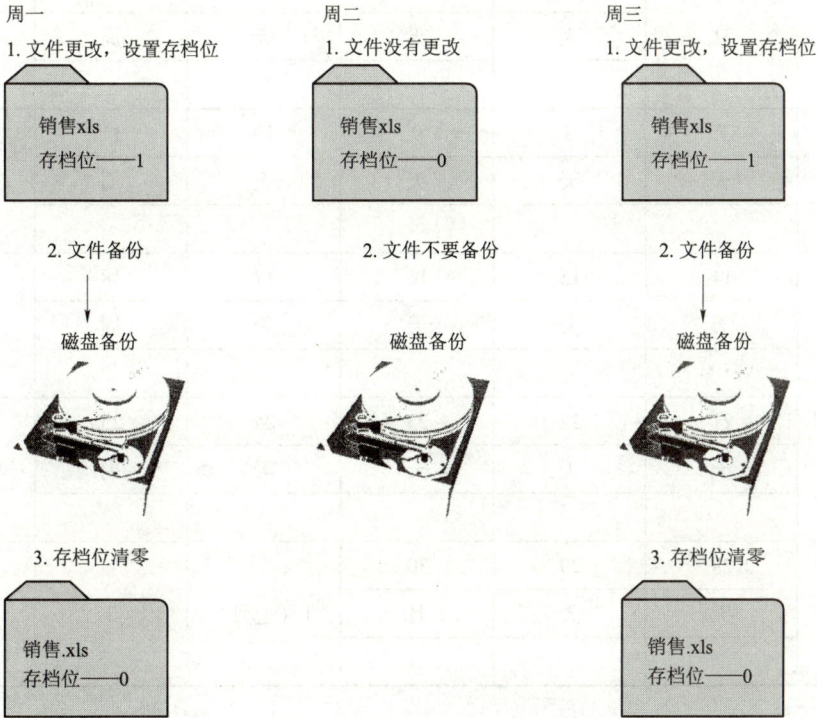

图 9 – 12　存档位

　　有 4 种基本备份类型：完全备份、差异备份、增量备份和复制备份。表 9 – 1 总结了它们的相关信息。注意每种备份后存档属性并非都清零。这就为文件是否应该备份提供了一定的灵活性。

表 9 – 1　数据备份

备份种类	描述	使用方法	备份后的存档属性
完全备份	拷贝所有文件	部分的定期备份	清零
差异备份	拷贝最后一次完全备份后的所有文件	部分的定期备份	不清零
增量备份	拷贝最后一次完全备份或增量备份后的所有变动文件	部分的定期备份	清零
复制备份	拷贝所选文件	拷贝文件到新地点	不清零

　　为确保存储组织的所需数据，必须开发一套备份政策。最广泛使用的计划之一就是祖父 – 父亲 – 儿子备份系统。本系统把备份分为 3 部分：天备份（儿子）、周备份（父亲）

和月备份（祖父）。一个月中，天备份是从周一到周四，每周五进行周备份，在每月的最后一天进行月备份，祖父－父亲－儿子备份如表9－2所示。

表9－2 祖父－父亲－儿子备份系统

周日	周一	周二	周三	周四	周五	周六
30	31	1（六月）	2	3	4	5
		天	天	天	周	
6	7	8	9	10	11	12
	天	天	天	天	周	
13	14	15	16	17	18	19
	天	天	天	天	周	
20	21	22	23	24	25	26
	天	天	天	天	周	
27	28	29	30	1（七月）	2	3
	天	天	月			

祖父－父亲－儿子备份系统按规律可重复使用备份磁带。例如，在表9－2中，六月一日周二的磁带直到8日周二再被使用。该磁带在每周二（15、22和29）被使用。周一、周三和周四的磁带也是每周重复使用。在该月的第一个周五（六月四日），使用周备份磁带并存储到下月的第一个周五。同理，月备份磁带在月末（六月三十日）被使用，但不是在每月末重复使用。而是每3个月重复使用一次（一月、四月、六月、十月），所以就有3个月备份磁带。此系统提供最广泛的覆盖和磁带的最佳使用。

备份的重要部分就是测试磁带的可靠性。很多网络管理员认为他们已完成很好的备份，但当他们在灾难后恢复数据时，发现磁带是空白的。如果想要测试可靠性，则运行备份并从网络中删除服务器；然后将磁道中的所有数据重装到服务器中；最后测试重装的数据。虽然这是个费时费力的过程，但对测试备份很重要。

9.5 灾难恢复计划

持续运行需要特别关注影响持续服务的事件，而灾难恢复则集中关注从造成组织部门长时间停止运行的灾难中恢复。这些灾难可能是人为的（战争、恐怖活动或化学品泄露），也可能是自然的（洪水、地震、龙卷风或飓风）。

灾难恢复的准备经常需要有计划。由于大多数灾难恢复要有处理时间，建议准备一个组织可以快速到达的安全地点以持续运行，即使该运行速度有限。保护和传输备份对确保远地点运行很必要。下面将详细讨论。

9.5.1　建立灾难恢复计划

灾难恢复计划（DRP）与持续运行计划不同。DRP 基本上是指当重大灾难造成组织停止运行时的措施。DRP 范围广泛，它应该是定期更新的详细文档。

所有灾难恢复计划都不相同，但它们应该包括以下基本内容：

单元 1：目的和范围。应该明确列出计划的原因和内容包含以及计划需要规定的事件。单元 1 中的内容应包括如下几方面：

◇ 简介；

◇ 目的和范围；

◇ 前提；

◇ 反应的事件；

◇ 附带事件；

◇ 物理安全；

◇ 计算机服务破坏种类；

◇ 保险。

单元 2：恢复团队。应明确规定指挥灾难恢复计划的负责团队。每名成员要明确自己的责任并受过良好培训。当员工离岗、家庭电话或手机号改变或团队接受新成员时，这部分计划要持续更新。2DRP 单元应包括如下几方面：

◇ 灾难恢复团队组织；

◇ 灾难恢复团队办公地点；

◇ 灾难恢复协调员；

◇ 恢复团队领导及其责任。

单元 3：灾难准备。一份优秀的 DRP 不仅要有灾难发生后采取的措施，也应包括减少灾难威胁的程序和保护。单元 3 应包括如下几方面：

◇ 总体程序；

◇ 软件保护。

单元 4：应急程序。灾难发生时应采取的措施。单元 4 列出程序的基本步骤，包括如下几方面：

◇ 灾难恢复团队编制；

◇ 供应商联系列表；

◇ 其他工作地点；

◇ 脱机存储。

单元 5：恢复程序。最初反应过后，组织持续运行的程序就应到位，以完全从灾难中恢复并正常运行。本单元包括如下几方面：

◇ 重要设施恢复计划；

◇ 系统和运行；

◇ 限制中央运行的范围；

◇ 网络通信；

◇ 微型计算机机恢复计划。

优秀 DRP 的重点是要详细，如以下例子：

通信室有 4 条以上的电话专线和一台 TV/VCR 监控本地新闻。设置房间防止监视设备的声音影响电话通信。无线通信要关注警察和其他反应机构的无线广播。房间内还应存放的办公设备包括如下几方面：

◇ 便条纸；

◇ 便笺本；

◇ 铅笔；

◇ 削铅笔刀；

◇ 黑板和板擦；

◇ 空白磁带；

◇ 遮盖胶带；

◇ 应急灯和备用电池；

◇ 打印机和打印纸；

◇ A 结构的黑板架；

◇ 文件夹、纸夹、橡皮筋、尺、剪刀、订书器等。

9.5.2　确定安全恢复

灾难发生往往需要组织暂时转移到其他地点，这对于不能接受停工期的公司很必要。灾难发生时有 3 种备用地点。

不能接受停工期的一种是预订系统。机票预订系统 American Airlines and Travelocity. com 处理世界内 35% 的旅行预订，每秒处理 15 000 次交易，自从 1957 年以来仅停工一次，1989 年因硬盘软件缺陷引起了 12 小时停工。

热站基本上是由商业灾难恢复服务运作。热站具有组织持续运行的所有设备，包括办公空间和家具、电话插座、计算机设备和通信线路。如果组织数据运行中心不能运行，它可在一小时内把所有运行数据转移到热站。冷站提供办公空间，但消费者必须自己安装所有运行设备。冷站的价格较低廉，但公司需要很长的时间恢复到正常运行。暖站安装了所有设备，但没有现成的互联网和电信设施。这就比热站在维护设备连接上节省费用；然而，打开连接和安装备份的所有时间需要半天甚至更长。

基本上，公司每年都会按月支付提供热站和冷站公司的费用。不管是否使用热站或冷站，一些服务商会提供数据备份服务。

9.5.3　保护备份

数据备份必须要保护防盗及环境变化。备份媒体可能被损坏。磁带备份应远离损坏磁带的强磁场。不仅不应将磁带放在高温、低温或潮湿环境中；还应避免直接光照。确保备份磁带放在安全环境下。

9.6　复习与思考

9.6.1　本章小结

◇ 身份管理提供了不同网络或网上业务使用同一个认证 ID 的框架。身份管理包含 4 个重要元素：SSO、密码同步、密码重置和访问管理。

◇ 权限管理就是授予和撤回用户访问控制权限。权限管理的责任也是集中或分散的。权限可以按用户、组或角色授予。监控权限也很重要。目前有 3 种用户权限监控：使用监控、权限监控和增加监控。

◇ 变更管理涉及变更并跟踪变更的方法论。网络设置的偶然变更通常会缓解紧急问题。变更管理寻求系统改变的方法，提供必要的变更文件。

◇ 持续运行是评价风险的过程，如果风险存在，必须开发管理战略以确保持续运行。风险可以是外部的，如缺少能源，也可以来自于组织内部，如不满员工破坏计算机系统。

◇ 持续运行与灾难恢复不同。BCP 应该关注风险后的持续运行，包括维护设施，建立容错高可用性，以及备份的建立和维护。

◇ 持续运行强调影响持续服务的事件，而灾难恢复则集中关注从造成组织部门长时间停止运行的灾难中恢复。这些灾难可能是人为或自然的。

◇ 灾难恢复计划（DRP）与持续运行计划不同。DRP 基本上是指当重大灾难造成组织停止运行时的措施。DRP 范围广泛，它应该是定期更新的详细文档。DRP 可能还会确认备用安全办公地点。DRP 还必须指出备份磁带的存储方法。

9.6.2　思考练习题

1. 以下都是有关用户确认和认证多个账户的问题，除了_____。

A. 支持人员负担过重　　　　　　　　B. 弱密钥创建

C. 电子商务"瓶颈"　　　　　　　　D. 次级工作支持人员

2. _____允许用户单一认证 ID 在多个网络或网上业务共享。

A. 身份认证　　　　　　　　　　　　B. 密码共享协议（PSP）

C. 权限管理　　　　　　　　　　　　D. 变更管理

3. 下列都是身份管理的重要元素，除了_____。

A. 单一登录（SSO）　　B. 密码同步　　　C. 密码重置　　　　　D. RC4 哈希

4. 权限管理组织结构是_____。

A. 集中或分散　　　　　　　　　　　B. 公司或私人

C. 基于因特网或基于客户端　　　　　D. 安全或不安全

5. RAID _____把奇偶数据分布在所有磁盘上，而不是用单独一个磁盘存放奇偶误差检验信息。然而，数据和奇偶信息通常存储在不同磁盘上。

6. 权限管理要授予和撤回用户访问控制。对还是错？

7. 当个人用户加入组中时，用户就继承了组的权限。对还是错？

8. 目前有 3 种用户权限监控：使用监控、日志监控和反应监控。对还是错？

9. 变更管理是变更和跟踪变更的方法论。对还是错？

10. 解释持续运行和灾难恢复的区别。

9.6.3　动手项目

项目 9－1：设置 Linux 文件权限

Linux 系统的用户使用 DAC 改变文件权限以允许或拒绝访问文件。在本项目中，将改变 Linux 系统的文件权限。

（1）输入用户名和密码，登录 Linux 系统。

（2）使用 Linux 复制命令，复制密码文件到驱动器中，输入"cp/etc/passwd mypass"命令，将密码文件命名为"mypass"，按下 Enter 键。（如果由于安全原因不能复制文件，请联系指导员或实验室管理员。）

（3）输入"ls-l mypass"命令，按下 Enter 键。使用列出命令，查看驱动器上的文件。

图 9－13 显示了所有文件包括 mypass 文件及其权限。第一个 – 表示这是个文件。后 3 个字符是用户的权限：r 是读权限，w 是写权限，但 – 表示没有执行权限。下 3 个字符（r – –）是组的权限。最后 3 个字符（r – –）是所有其他人的权限。

```
$ cp/etc/passwd mypass
$ ls -l mypass
-rw-r--r--  1 mciampa mciampa    1106 Aug   7 19:09 mypass
```

图 9－13　Linux 文件权限

小提醒

如果第一个字符是 d，而不是 –，表示它是目录，而不是文件。

（4）作为文件的所有人，可以使用改变模式程序来改变访问权限。加号（+）表示增加权限，而减号（–）表示删除权限。如果想要增加组（g）的写权限（w），则输入"chmod g＋w mypass"命令，按下 Enter 键。

（5）如果想要查看权限，则输入"ls – l mypass"命令，按下 Enter 键。这样组就具有了写权限，如图 9－14 所示。

```
$ cp/etc/passwd mypass
$ ls -l mypass
-rw-r--r--  1 mciampa mciampa    1106 Aug   7 19:09 mypass
$ chmod g+w mypass
$ ls -1 mypass
-rw-rw-r--  1 mciampa mciampa    1106 Aug   7 19:09 mypass
$
```

图 9－14　组写权限

（6）如果想要删除其他用户（o）的读权限（r），则输入"chmod o-r mypass"命令，按下 Enter 键。

（7）如果想要查看权限，则输入"ls－l mypass"命令，按下 Enter 键。现在其他用户就没有任何权限了。

（8）不要注销系统，继续进行下一个项目。

项目 9－2：查看和更改备份存档位

备份服务器上文件的关键是必须了解哪些文件需要备份。备份软件可以通过设置文件属性的存档位来设置文件是否已备份。存档位已清零的文件说明已经备份。然而，当文件内容更改后，存档位就设置为 1，说明文件现在需要备份。在本项目中，将查看和更改备份存档位。

（1）运行 Microsoft Word 程序，建立文档存入姓名和日期。

（2）保存文档，命名为"Bittest. doc"，关闭 Word 程序。

（3）单击"开始"按钮，选择"开始"菜单中的"运行"命令，弹出"运行"对话框。

（4）输入"cmd"命令，按下 Enter 键，弹出"命令提示符"对话框。

（5）需要时返回 Bittest. doc 所在文件夹。

（6）输入"attrib /?"命令，按下 Enter 键。显示命令选项。

（7）输入"attrib Bittest. doc"命令，按下 Enter 键。显示文件属性，如图 9－15 所示。A 说明存档位已设置，文件应该备份。

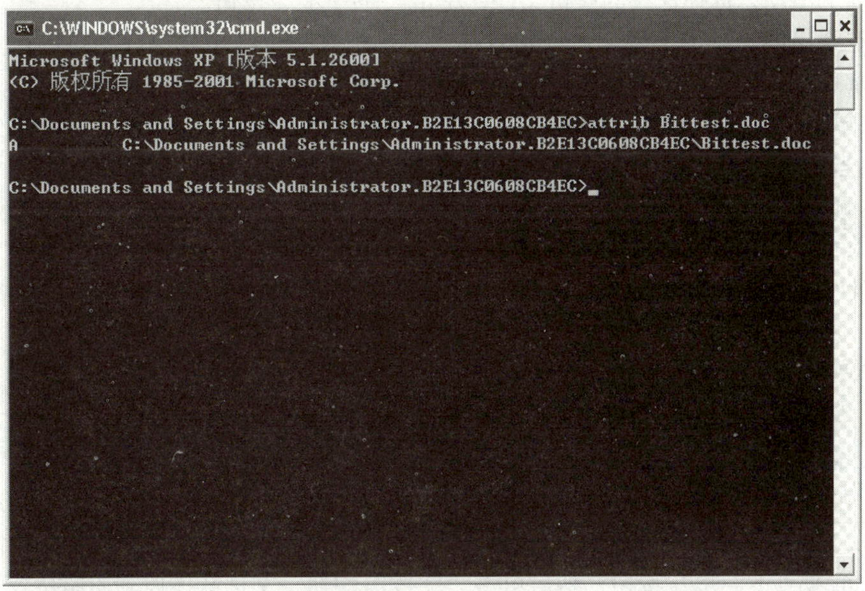

图 9－15　文件存档位

（8）复制文件后，可以把存档位清零。输入"attrib-a Bittest. doc"命令，按下 Enter 键。

（9）输入"attrib Bittest. doc"命令，按下 Enter 键，显示文件的存档位。查看存档位是否清零。

（10）输入"Exit"命令，按下 Enter 键。关闭"命令提示符"窗口。

项目 9 - 5：Windows Server 2003 备份数据

在本项目中，将备份 Windows Server 2003 的数据，然后再重新存储文件。必须以管理员的权限登录服务器。

（1）在 USB 口上插入 U 盘。虽然 U 盘不常用来备份，但由于在本项目中只备份一个文件，因此 U 盘比较适合。

（2）用 Word 或文本编辑器建立文件，命名为"备份"，保存在 C:\下。

（3）单击"开始"按钮，选择"开始"菜单中的"程序"命令，在"程序"命令中选择"附件"命令，再在"附件"命令中选择"系统工具"命令，然后单击"备份"按钮，弹出"备份或还原向导"对话框。

（4）单击"下一步"按钮，如果备份程序以高级模式打开，则单击"向导模式"文件，然后单击"下一步"按钮。

（5）当弹出"备份或还原"对话框并询问"你要做什么？"时，单击"备份文件或设置"按钮，需要时单击"下一步"按钮。

（6）当弹出"备份什么"对话框并询问"你想备份什么？"时，单击"由我选择"按钮。再单击"下一步"按钮。

（7）在弹出的"备份选项"对话框中，选择想要备份的驱动器、文件夹或文件。在本项目中，选择硬盘上的一个小文件即可。在左侧，单击"我的电脑"前的"+"号，展开文件列表，然后单击"本地 C 盘"。在右侧就会显示 C 盘中的内容。

（8）向下滚动，选择保存的备份文件，单击"下一步"按钮。

（9）在弹出的"备份类型、地点和名称"对话框中，选择想要保存备份的地点。在本项目中选择 U 盘。输入"Win2003 备份"作为备份文件名。单击"下一步"按钮。

（10）单击"完成"按钮。弹出"备份程序"对话框。

（11）当备份完成，单击"关闭"按钮。

（12）删除硬盘中的备份文件。

（13）单击"开始"按钮，选择"开始"菜单中的"程序"命令，在"程序"命令中选择"附件"命令，再在"附件"命令中选择"系统工具"命令，然后单击"备份"按钮，弹出"备份或还原向导"对话框。

（14）单击"下一步"按钮。

（15）当弹出"备份或还原"对话框并询问"你要做什么？"时，单击"还原文件或设置"按钮，需要时单击"下一步"按钮。

（16）在弹出的"还原什么的"对话框中，单击"浏览"按钮，找到 U 盘驱动器，再单击"Win2003 备份.bkf"文件。

（17）单击"下一步"按钮，然后单击"完成"按钮。文件就还原到原始位置。

（18）关闭所有窗口。

第10章 实战应用与职业证书

■Chapter **10**

情境引入 ○○○

从企业网络安全实际应用角度出发，介绍现代企业在网络安全方面要注意对哪些网络安全漏洞进行防范和设置，如何选择部署的入侵检测与防护系统，以及访问控制技术与防火墙系统各有什么作用与特点。

本章内容结构 ○○○

本章内容结构如图10-0所示。

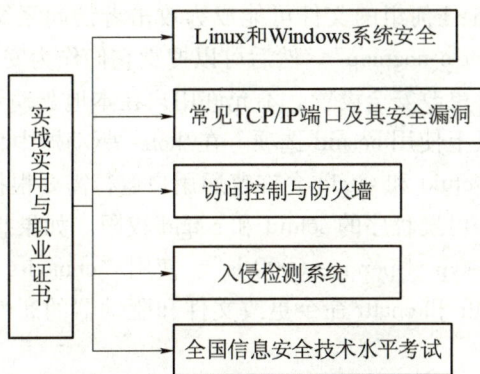

图10-0 本章内容结构图

本章学习目标 ○○○

◎ 了解 Linux 和 Windows 系统安全；

◎ 了解常见 TCP/IP 端口及其安全漏洞；

◎ 掌握入侵检测系统的功能与特点；

◎ 掌握防火墙的功能与特点；

◎ 了解全国信息安全技术水平考试。

10.1 Linux 和 Windows 系统安全

本附录介绍了 Linux 环境和 Windows 环境一些安全设置的总结。这些设置的总结并不是希望对系统安全进行总体检测，而是希望能作为创建基本系统安全的起点。所有安全设置一定能反映总体安全政策。

有些安全设置，如限制用户访问文件，在 Linux 和 Windows 系统中都很普通。然而，这些安全设置机制是根据每个操作系统独特的安全功能运行的（如 Linux 系统中建立影子密码），根据这些不同点足以独立看待系统。

10.1.1 Linux 系统安全

Linux 安全可以分为几大类，包括控制文件权限和属性、保护内核、禁用非必要服务、保护系统日志、控制用户账号和总体安全提示。

1. 控制文件权限和属性

文件及其属性的访问控制方法包括以下几方面：

◇ 寻找可写文件（任何用户都可以写该文件），因为攻击者容易更改或删除它们。寻找所有的这类文件，可使用命令"find /-perm -2 ！-type 1-ls"。除非文件必须要这样设置，否则需要更改权限。

◇ 没有所有者也不属于任何组的文件可能成为攻击者访问系统的证据。为找到这些文件，使用命令"find /-nouser-o-nogroup"。然后可以搜索它们作为安全攻击的证据。

◇ 使用 setuid 和 setgid 更改安全设置。不允许用户在本地驱动器中运行这些程序。除根分区外，在任何可写的分区上使用 nosuid 选项。在/home 驱动器中禁用 setuid 和 setgid。

◇ 虽然一些程序使用 setuid 和 setgid 允许普通用户运行需要根权限的操作，但是应该确认这些程序，然后删除这些可疑程序的 setuid 和 setgid 权限。如果想要寻找含有这些权限的程序，则使用命令"find / -type f-perm ＋6000-ls"。使用"chmod-s［filename］"更改权限。

◇ 管理员应该使用 lsattr 和 chattr 命令更改文件和驱动器的属性。这些命令可以控制删除和更改。

◇ 设置重要系统文件的权限。表 10 - 1 列出了一些关键的设置。

表 10 - 1 Linux 文件权限

文件/驱动器	文件描述	推荐权限
/var/log	所有日志文件	640
/var/log/messages	系统信息	644
/ect/crontab	系统 crontab 文件	600
/ect/syslog. conf	syslog daemon 设置文件	640
/var/log/wtmp	记录目前登录的用户	660

续表

文件/驱动器	文件描述	推荐权限
/var/log/lastlog	记录登录历史	640
/ect/passwd	系统用户账号列表	644
/ect/shadow	加密账户密码	600
/ect/lilo.cong	启动加载设置文件	600
/ect/ssh	安全壳设置文件	600

◇ 更改/ect/profile 文件，屏蔽根用户 066 和普通用户 022。这就确保了根用户建立的文件组和其他用户没有权限，而其他文件没有读的限制。

◇ 查找不适宜的文件和驱动器权限并纠正其中的问题。其中最重要的是组和（或）可写系统，驱动器、组和（或）可写用户驱动器。

◇ 在除根用户外其他分区/ect/fstab 使用 nousid 命令。该命令防止用户在服务器上运行 setuid 客户端程序。此外，还可以在用户分区和/var 上使用 nodev 和 noexec，以禁止程序执行或块设备的建立。

2. 保护内核

◇ 安装 Linux 时，不运行在最新分区中的标准内核，而是建立自己的安全设置。

◇ 使用 make config 命令添加内核。设置 Y 表示添加选项，N 表示省略，而 M 表示需要时载入。研究每个选项并确定系统是否正确。例如，CONFIG_SYN_COOKIES 可防御拒绝服务攻击，所以应被添加，而攻击者可以使用 Linux 服务作为路由器正常进入网络，CONFIG_IP_ROUTER 应被禁用。

3. 禁用非必须服务

◇ 不使用的程序或服务是攻击者的主要目标，应该将其禁用。很多从 inted 运行的服务都是遗留程序，但仍没有禁用。查看/ect/inetd.conf 的文件，通过在程序或服务载入行中插入#以禁用不适用的服务。

◇ 禁用 UNIX 对 UNIX 拷贝（UUCP）、点对点协议（PPP）、网络新闻传输协议（NNTP）、Gopher 和其他不需要的遗留服务。

◇ 驱动器/ect/rc*.d 和/ect/rd.d/rc* 可能含有控制网络执行的壳脚本和运行层的系统服务。禁用或更名非必要的脚本。

◇ 暂时禁用没有明确目的的服务。使用 netstat 命令确认服务不再运行。命令"/bin/netstat-a-p-inet"可以确认可用服务和其他 IDS 过程，只打开了解其目的的服务。

4. 保护系统日志

◇ 系统日志提供了关于计算机运行的关键信息。syslogd 命令可获得系统过程产生的登录信息，而 klogd 命令可获得内核产生的信息。监视所有认证企图、内核信息和警告与错误信息。

◇ 使用命令"chmod 640/var/log/*log"，限制访问日志目录和正常用户的文件。

◇ 使用 lsattr 和 chattr 附加额外的日志文件。

◇ 确保系统时间准确。日志文件的时间应该反映所有安全事件，不准确的时间很难记录攻击。

◇ /ect/logrotate. d/syslog 文件含有日志文件旋转的脚本。例如，包括更名目前日志文件为 logfile. 1，创建新文件 logfile 并记录那些之后的事件。确定脚本含有目前设置。

5. 控制用户账号

◇ 一些 Linux 的默认设置是用户账号永远有效。更变设置使密码到期后禁用账号。

◇ 禁用网络文件系统（NFS）的根访问。/ect/exports 文件声明可以通过 NFS 共享的本地文件系统。NFS 服务默认用户 ID0（根）为非授权用户。不要使用 no_root_squash 选项改变设置；这样会使 NFS 服务向任何客户的根用户打开。

◇ 不要以根用户登录而执行用户层命令。以根用户登录的时间越长，受特洛伊木马或其他攻击的可能性就越大。

◇ 创建一个根用户提示，不断提醒当前正在使用根用户。

◇ 在 $ PATH 下不要有除根用户外其他用户可写的驱动器。

◇ 创建特殊目的的系统账号以满足用户需求。例如，需要关闭系统的操作者不需要全部启动权限。使用 Linux 账户如操作者关闭即可。

◇ 不要使文件资源全部可写。而是要添加组，再使用户归于各组，对组授权。

◇ 设置/etc/secretty 文件允许只从 Linux 服务器的系统管理台直接访问，而不能从客户计算机中访问。这就授权根用户使用 su 或 sudo 账户获得根权限，且这些行为易于记录。

6. 总体安全提示

◇ 设置 sudo 作为普通用户执行授权命令，而不使用 su。管理者必须提供密码执行特别命令，而不使用 su 账户。限制 su 密码的传输。

◇ 安装密码攻破程序，确认弱用户密码。向用户提供关于组织安全政策问题和内容的信息。强迫用户下次登录时更改密码。

◇ Linux 含有内置的 MD5 哈希（md5sum filename）。频繁使用它可确保可能损坏的软件数据包或其他文件的完整性。

◇ 使用 OpenSSH 替代以太网或 ftp。

◇ 使用影子密码。影子密码把密码文件分为两个文件，/etc/passwd 文件和/ect/shadow 文件。/etc/passwd 文件仅含有实际密码的放置区域，而/ect/shadow 文件含有加密密码。除根用户外其他用户都不能阅读/ect/shadow 文件。

10. 1. 2　Windows 系统安全

开发 Windows 系统安全的普通方法是查看基本、中等和高级水平的 Windows 安全。

1. 基本 Windows 系统安全

◇ 提供计算机物理安全。很多组织都是从内部发生安全问题。存放计算机的办公室一定要安装门锁。

◇ 所有分区使用 NTFS。FAT16/FAT32 文件系统提供的安全性很有限。NTFS 文件系统比 FAT32 运行要快，允许在文件层设置权限。此外，Windows XP Professional 的 NTFS 允许使用加密文件系统（EFS）加密文件和文件夹。如果将 Windows XP 系统预先设置为 FAT 文件系统，就可使用 convert. exe 转换分区。

◇ 禁用简单文件共享。不在域中的 Windows XP 计算机使用网络访问模式并能为简单文件共享。所有访问网络的计算机用户都强制使用客人账户。这就防止了用户访问没有密码的管理员账户。计算机连接不使用安全防火墙的网络，可能会暴露含有与攻击者共享的文件。

◇　谨慎使用管理员组。所有账户都享有管理员权限以减少使用另一账户登录的不便之处是很普通的。然而，攻击者可能攻击这类账户以获得管理员权限。如果恶意代码可以进入管理员账户的权限，其危害可能会更大。考虑把用户放在用户组而不是管理员组。不要使用管理员账户为默认登录账户。

◇　禁用客人账户。客人账户应被完全禁用。然而，只有域中的 Windows XP Professional 计算机或不使用简单文件共享模式的计算机可以实现这一点。

◇　使用杀毒软件。在所有计算机中安装杀毒软件。

◇　不断进行服务包和补丁更新。使用 Windows 更新功能或自动更新以保持信息更新。

◇　检查系统漏洞。利用微软基准安全分析程序检测系统漏洞。

◇　所有用户账号都使用密码。Windows XP 允许用户账号使用空白密码登录本地工作站。（然而，在 Windows XP Professional 中，空白密码账号不能远程登录计算机。）所有账户都要授予密码，特别是管理员账户和具有管理员权限的账户。

◇　密码历史选项防止用户重新使用旧密码，减少黑客或密码黑客发现密码的可能性。如果选项设置为 0，用户可以立即使用以前的密码。允许值从 0（不保存密码历史）到 24 个记忆密码。根据组织安全政策，设置密码历史为最大值。

◇　密码最长时间是用户更改密码之前的使用时间。允许值为 0（密码永不作废）或 1 到 999 天。密码最长时间应该为 45 ~ 60 天。

◇　密码最短时间是用户在更改密码前必须使用的时间。默认用户可以随时更改密码。因此，用户可以更改密码，然后立即再改回原来的密码。允许值为 0（用户不同意立即更改密码）或 1 到 998 天。建议时间为 3 天。

◇　空白密码和短密码很容易被密码黑客工具破译。为减少破译密码的可能性，可使用长密码。允许值为 0（不需密码）或 1 到 14 字符。建议长度为 12 字符。

◇　授权用户如管理员应该有大于 12 位的密码。加强管理员密码的可选方法是使用非默认字符设置。输入这些密码，需要同时按 Alt 和数字键。在笔记本上，要同时按 Fn、Alt 和数字键。

◇　账户注销时间用于设置账户可使用的分钟数。允许值为 0（由管理员注销）或 1 到 9 999 分钟。设置 0（由管理员注销）可能会受到 DoS 攻击。推荐的设置为 15 分钟。

◇　账户输入密码次数可防止系统的密码穷举攻击。此选项是允许非法登录尝试的次数。允许值从 0（账户不注销）到 999 次。设置为 3 ~ 5 次可以提供足够的保护。

◇　重置账户注销设置是重置非法账户的分钟数。允许值从 1 到 99 999 分钟。推荐设置为 15 分钟。

◇　密码保护屏保。

2. 中等 Windows 系统安全

◇　使用安全设置管理和模板。安全设置管理工具允许安全管理员定义可应用于单机或组政策中的多台计算机安全模板。安全模板包括密码政策、注销政策、Kerberos 政策、监控政策、事件记录政策、注册值、服务启动模式、服务权限、用户权利、组成员限制、注册权限和文件系统权限。Microsoft 预先定义了很多代表低、中、高安全水平设置的安全模板，可以满足用户的特别安全需求。

◇ 使用软件限制政策。软件限制政策可以防止某些程序运行；这包括病毒和特洛伊木马，或其他可能引起碰撞的软件。软件限制政策还可以通过设置安全政策在孤立的计算机中使用，或与组政策和积极目录联合使用。

◇ 限制非必要账户的数量。减少重复账户、测试账户、共享账户、整体部门账户等。利用组政策授予需要的权限，并定期监控账户。

◇ 重新命名管理员账户。重新命名管理员账户可以防止攻击者知道权限最多的账户。此外，还可以建立一个名为管理员，并有复杂密码的账户，但不授予任何权限。一定要加以监控以了解攻击。

◇ 文件共享中用"授权用户"替代"任何人"。Windows XP 安全中的"任何人"是指可以访问网络的用户即可以访问数据。不应在网络中设置访问文件共享的"任何人"组，而应使用"授权用户"组替代。由于打印机默认设置为"任何人"组，所以这对于打印机尤为重要。

◇ 不要显示最后登录用户的名字。根据计算机的设置，当按下 Ctrl + Alt + Del 组合键时，对话框可能会显示最后登录计算机的用户名。攻击者由此可以发现用户名，并使用它进行密码猜测攻击。因此应禁用这种功能。

◇ 禁用远程桌面。远程桌面是 Windows XP Professional 的新功能，允许远程连接计算机进行工作。攻击者只需得到一个账户就可以直接远程登录计算机。

◇ 禁用非必要服务。利用任务管理器查看运行的服务，禁用其中非必要的。

◇ 使用 EFS（加密文件系统）。利用 EFS 加密文件和文件夹。

◇ 加密本地缓存。网络（或网页）中的任何共享文件夹都可以离线使用。将这些共享文件夹的内容都复制到离线文件数据库中，叫做客户缓存。可以离线访问它们。为保护离线文件，还可以对该客户进行缓存加密。

◇ 加密临时文件夹。当应用程序如 Microsoft Office 文件升级或修改时，就使用临时文件夹存储，但关闭程序时临时文件夹可能没被清空。加密临时文件夹为保护文件提供另一层保护。

◇ 注销前清空页面文件。Windows XP 页面文件偶尔会含有密码和系统内存中的其他敏感信息。因此可以利用本地计算机政策 MMC 强迫操作系统清空页面文件。

3. 高级 Windows 系统安全

◇ 监控。利用监控跟踪账户登录的成功与失败、政策改变的成功与失败、权限使用的成功与失败和重要系统事件。

◇ 禁用默认共享。Windows XP 自动创建很多操作系统使用管理网络环境的隐藏管理共享。这些默认共享可以通过使用控制面板上的计算机管理台禁用。

◇ 禁用垃圾文件创建。系统或应用程序崩溃时，垃圾文件可以是有用工具。它同时也可以为攻击者提供敏感信息，如应用程序密码。

◇ 禁止从移动媒体启动。禁止从软盘或 CD 等物理不安全的系统启动。

◇ 禁止 CD 自动运行。攻击者访问计算机最简单的方式之一就是利用 CD-ROM 中的恶意代码。含有恶意代码的 CD-ROM 放在光驱中，当设置自动运行时就会自动安装。

◇ 限制远程网络访问。限制拨号访问信任用户和远程用户的功能。设置跟踪用户行为的政策。访问远程网络时，VPN 是可以使用和信任的安全方法。此外，也可使用客户方证书，并且应该应用安全密码认证方式。

◇ 实施 IPSec。IPSec 利用因特网协议提供网络部分加密、网络连接的透明和自动的加密。

10.2 常见 TCP/IP 端口及其安全漏洞

传输控制协议/因特网协议（TCP/IP）组合使用大量的端口号进行传输。端口实际上是内核网络栈的地址，TCP 组织连接和计算机数据交换的方法。TCP/IP 网络中的服务经常等待端口，即端口已经打开，正等待连接。

一共有 65 536 个 TCP 和用户数据报协议（UDP）端口，而通常只有其中的一部分同时使用。这些端口分为优先端口——1 024 以下的，非优先端口——1 024 及其以上的部分。大多数服务使用优先端口。大多数 TCP 端口与 UDP 的相同。

端口号被分为 3 个范围：知名端口、注册端口和动态/私人端口。知名端口从 0 到 1 023。端口 255 及其以下授予公共应用程序，如简单邮件传输协议（SMTP），而端口 256 ~ 1 023 授予公司确认他们的网络应用产品。注册端口从 1 024 到 49 151，动态/私人端口从 49 152 到 65 535。1 024 以上的端口动态地授予使用网络应用程序的用户应用程序。

端口号由因特网编号分配机构（IANA）维护。供应商可以向 IANA 提交应用程序申请特殊的端口号。IANA 注册委员会为了方便委员会而使用端口号。端口号的正式列表可以在网站 www. iana. org/ assignments/port-numbers 中找到。

知名端口由 IANA 授予，在大多数系统中只能在系统进程或授权用户的程序中使用。注册端口在 IANA 列出，在大多数系统的普通用户进程或普通用户执行的程序中使用。

攻击者利用端口扫描找到开放的端口，然后发动攻击。系统应该使用防火墙限制端口访问。

表 10 - 2 列出了一些普通的 TCP/UDP 端口和其安全漏洞。

表 10 - 2　普通的 TCP/UDP 端口

端口号	服务	描　述	安全威胁
0	普遍用于决定操作系统	端口 0 被认为是非法的，产生于关闭端口不同的反应	高：为攻击者提供 OS 的信息
1	tcpmux	只在 SGI 计算机中使用	高
7	echo	n/a	高：经常在 DoS 攻击中使用
11	systat	UNIX 服务，列出所有运行的进程及其启动者	很高
19	chargen	简单显示属性的服务。每当收到 UDP 数据包时，就使用含有垃圾属性的数据包反应。在 TCP 连接中，它显示一系列垃圾属性直到连接关闭	高：经常在 DoS 攻击中使用
20	FTP 数据	文件传输协议	低

续表

端口号	服务	描　　述	安全威胁
21	FTP	文件传输协议	很高：攻击者寻找打开的匿名FTP，含有可写可读的驱动器
22	SSH	安全壳（SSH）或有时 pcAnywhere	低
23	以太网	远程通信	中：攻击者扫描端口判断使用的操作系统
25	SMTP	简单邮件传输协议	中：攻击者寻找系统发送垃圾邮件
53	DNS	域名服务	中：攻击者企图欺骗 DNS（UDP）或隐藏其他信息，因为端口 53 经常不过滤或由防火墙记录
67	BOOTP（UDP）	n/a	低
68	DHCP（UDP）	动态主机设置协议	低
69	TFTP	简单文件传输协议	很高
79	finger	提供系统信息	中：攻击者使用决定系统信息
80	WWW	HTTP 标准端口	低
98	linuxconf	提供 Linux 服务管理	高：一些版本是 setuid 根
110	POP3	客户使用访问服务上的邮件	低
113	identd auth	确认使用 TCP 连接	中：为攻击者提供系统信息
119	NNTP	网络新闻传输协议	低：攻击者寻找打开新闻服务
139	NetBIOS 文件和打印共享	n/a	低
143	IMAP4	客户使用访问服务上的邮件	低
161	SNMP	简单网络管理协议，路由器或交换机使用监控网络	低
177	xdmcp	X 显示远程连接到 X 服务的管理控制协议	低
443	HTTPS	安全 WWW 协议	低
465	SSL/SMTP	n/a	低
513	rwho	远程登录（rlogin）	高
993	SSL/IMAP	n/a	低

端口号	服务	描述	安全威胁
1 024	N/A	第一个动态范围的端口。很多应用程序都没有说明网络连接的端口，而是请求下一个1 024后的空闲端口。这意味着系统第一个应用程序请求的动态端口为1 024	低
1 080	SOCKS	通过防火墙隧道通信，允许防火墙后面的多个用户通过单一IP地址访问因特网	很高：理论上，该协议应该在隧道中通信。然而，它经常设置错误，允许攻击者进入隧道进行攻击
1 433	MS SQL服务端口	Microsoft结束服务使用	中
6 970	RealAudio	客户从UDP端口6 970~7 170接收音像，流出控制连接TCP端口7 070进行设置	中
31 337	Back Orifice	n/a	高：安装Windows特洛伊木马程序的普通端口

10.3 访问控制与防火墙

这里主要介绍防火墙的分类、工作原理、不涉及部署方式。

10.3.1 网络防火墙的基本概念

防火墙是一种高级访问控制设备，是在被保护网和外网之间执行访问控制策略的一种或一系列部件的组合，是不同网络安全域间通信流的通道，能根据企业有关安全政策控制（允许、拒绝、监视、记录）进出网络的访问行为。它是网络的第一道防线，也是当前防止网络系统被人恶意破坏的一个主要网络安全设备。它本质上是一种保护装置，在两个网之间构筑了一个保护层。所有进出此保护网的传播信息都必须经过此保护层，并在此接受检查和连接，只有授权的通信才允许通过，从而使被保护网和外部网在一定意义下隔离，防止非法入侵和破坏行为。

防火墙可以是一台专属的硬件也可以是架设在一般硬件上的一套软件。

10.3.2 防火墙的主要技术

1. 包过滤技术

包过滤技术（Packet Filtering）指在网络中适当的位置对数据包有选择的通过，选择的依据是系统内设置的过滤规则，只有满足过滤规则的数据包才被转发到相应的网络接口，其余数据包则从数据流中删除。

包过滤一般由屏蔽路由器来完成。屏蔽路由器也称过滤路由器，是一种可以根据过滤规则对数据包进行阻塞和转发的路由器。

包过滤技术是一种简单、有效的安全控制技术，它通过在网络间相互连接的设备上加载允许、禁止来自某些特定的源地址、目的地址、TCP 端口号等规则，对通过设备的数据包进行检查，限制数据包进出内部网络。

包过滤技术是防火墙最常用的技术。对于一个充满危险的网络，这种方法可以阻塞某些主机或网络连入内部网络，也可以限制内部人员对一些危险或色情站点的访问。

包过滤技术具有以下优点：

（1）用户透明。

（2）传输性能高。

（3）成本较低。

同样，包过滤技术也存在着以下几方面的不足：

（1）该技术是安防强度最弱的防火墙技术。

（2）虽然有一些维护工具，但维护起来十分困难。

（3）IP 包的源地址、目的地址、TCP 端口号是唯一可以用于判断是否包允许通过的信息。

（4）只能阻止一种类型的地址欺骗，即外部主机伪装内部主机的 IP，而对外部主机伪装其他外部主机的 IP 却不能阻止，另外也不能防止 DNS 欺骗。

（5）如果外部用户被允许访问内部主机，他就可以直接访问内部网络上的任何主机。

2. 状态包检测技术

状态包检测技术（Stateful Packet Filtering）是包过滤技术的延伸，常被称为"动态包过滤"，是一种与包过滤相类似但更为有效的安全控制方法。对新建的应用连接，状态包检测检查预先设置的安全规则，允许符合规则的连接通过，并在内存中记录下该连接的相关信息，生成状态表。对该连接的后续数据包，只要符合状态表，就可以通过。适合网络流量大的环境。

状态包检测技术具有以下主要特点：

（1）高安全性。工作在数据链路层和网络层之间，确保截取和检测所有通过网络的原始数据包。虽然工作在协议栈的较低层，但可以监视所有应用层的数据包，从中提取有用的信息，安全性得到较大提高。

（2）高效性。一方面，通过防火墙的数据包都在协议栈的较低层处理，减少了高层协议栈的开销；另一方面，由于不需要对每个数据包进行规则检查，从而使得性能得到较大的提高。

（3）可伸缩和易扩展。由于状态表是动态的，当有一个新的应用时，它能动态地产生新的规则，而无须另外写代码，因而具有很好的可伸缩性和易扩展性。

（4）应用范围广。不仅支持基于 TCP 的应用，而且支持基于无连接协议的应用。

3. 代理服务技术

代理服务技术（Application Proxy）又称为应用层网关（Application Gateway）技术，是运行于内部网络与外部网络之间的主机（堡垒主机）之上的一种应用。当用户需要访问代理服务器另一侧的主机时，对符合安全规则的连接，代理服务器将代替主机响应，并重新向主机发出一个相同的请求。当此连接请求得到回应并建立起连接之后，内部主机同外部主机之间的通信将通过代理程序将相应连接映射来实现。

代理服务技术的优点：

（1）代理防火墙的最大好处是透明性。对用户来说，代理服务器提供一个"用户正在与目标服务器直接打交道"的假象；对目标服务器来说，代理服务器提供了一个"目标服务器正在与用户的主机系统直接打交道"的假象。

（2）由于代理机制完全阻断了内部网络与外部网络的直接联系，保证了内部网络拓扑结构等重要信息被限制在代理网关内侧，不会外泄，从而减少了黑客攻击时所需的必要信息。

（3）通过代理访问 Internet 可以隐藏真实 IP 地址，同时解决合法 IP 地址不够用的问题。因为 Internet 见到的只是代理服务器的地址，内部不合法的 IP 地址可以通过代理访问Internet。

（4）用于应用层的过滤规则相对于包过滤路由器来说更容易配置和测试。

（5）应用层网关有能力支持可靠的拥护认证并提供详细的注册信息。代理工作在客户机和真实服务器之间，可提供很详细的日志和安全审计功能。

代理服务技术的不足：

（1）有限的连接。某种代理服务器只能用于某种特定的服务，如 FTP 服务器提供 FTP服务，Telnet 服务器用于 Telnet 服务，所能提供的服务和可伸缩性是有限的。所以代理服务器主要用于安防要求较高但网络流量不太大的环境。

（2）有限的技术。代理服务器不能为 RPC、Talk 和其他一些基于通用协议簇的服务提供代理。

（3）有限的性能。处理性能远不及状态包检测技术高。

（4）有限的应用。代理服务器的应用也受到诸多限制。首先是当一项新的应用加入时，如果代理服务器程序不予支持，则此应用不能使用。解决的方法之一是自行编制特定服务的代理服务程序，但工作量大，而且技术水平要求很高。

10.3.3　防火墙的功能

利用防火墙保护内部网主要有以下几个主要功能：

（1）控制对网点的访问和封锁网点信息的泄露。

（2）防火墙可看做检查点，所有进出的信息都必须穿过它，为网络安全起把关作用，有效地阻挡外来的攻击，对进出的数据进行监视，只允许授权的通信通过；保护网络中脆弱的服务。

（3）能限制被保护子网的泄露。

为防止影响一个网段的问题穿过整个网络传播，防火墙可隔离网络的一个网段和另一个网段，从而限制了局部网络安全问题对整个网络的影响。

（4）具有审计作用。

防火墙能有效地记录 Internet 中的活动，因为所有传输的信息都必须穿过防火墙，防火墙能帮助记录有关内部网和外部网的互访信息和入侵者的任何企图。

（5）能强制安全策略。

Internet 上的许多服务是不安全的，防火墙是这些服务的"交通警察"，它执行站点的安全策略，仅仅允许"认可"和符合规则的服务通过。

此外，防火墙还具有其他一些优点，如：

（1）监视网络的安全并产生报警。

（2）保密性好，强化私有权。

（3）提供加密和解密及便于网络实施密钥管理的能力。

10.3.4　防火墙的不足

虽然网络防火墙在网络安全中起着不可替代的作用，但它不是万能的，有其自身的弱点，主要表现以下几方面：

1. 防火墙不能防备病毒

虽然防火墙扫描所有通过的信息，但扫描多半是针对源与目标地址以及端口号，而并非数据细节，有太多类型的病毒和太多种方法可使病毒在数据中隐藏，防火墙在病毒防范上是不适用的。

2. 防火墙对不通过它的连接无能为力

虽然防火墙能有效地控制所有通过它的信息，但对从网络后门及调制解调器拨入的访问则无能为力。

3. 防火墙不能防备内部人员的攻击

目前防火墙只提供对外部网络用户攻击的防护，对来自内部网络用户的攻击只能依靠内部网络主机系统的安全性。所以，如果入侵者来自防火墙的内部，防火墙则无能为力。

4. 限制有用的网络服务

防火墙为了提高被保护网络的安全性，限制或关闭了很多有用但存在安全缺陷的网络服务。由于多数网络服务在设计之初根本没有考虑安全性，所以都存在安全问题。防火墙限制这些网络服务等于从一个极端走向了另一个极端。

5. 防火墙不能防备新的网络安全问题

防火墙是一种被动式的防护手段，只能对现在已知的网络威胁起作用。随着网络攻击手段的不断更新和新的网络应用的出现，不可能靠一次性的防火墙设置来解决永远的网络安全问题。

10.3.5　防火墙的体系结构

防火墙可以设置成许多不同的结构，并提供不同级别的安全，而维护和运行的费用也不同。防火墙有多种分类方式。下面介绍 4 种常用的体系结构：筛选路由器、双网主机式体系结构、屏蔽主机式体系结构和屏蔽子网式体系结构。

在介绍之前，先了解几个相关的基本概念：

（1）堡垒主机。

高度暴露于 Internet 并且是网络中最容易受到侵害的主机。它是防火墙体系的大无畏者，把敌人的火力吸引到自己身上，从而达到保护其他主机的目的。堡垒主机的设计思想是检测点原则，把整个网络的安全问题集中在某个主机上解决，从而省时、省力，不用考虑其他主机的安全。堡垒主机必须有严格的安防体系，因为其最容易遭到攻击。

（2）屏蔽主机。

被放置到屏蔽路由器后面网络上的主机称为屏蔽主机，该主机能被访问的程度取决于路由器的屏蔽规则。

（3）屏蔽子网。

位于屏蔽路由器后面的子网，子网能被访问的程度取决于路由器的屏蔽规则。

1. 筛选路由式体系结构

这种体系结构极为简单，路由器作为内部网和外部网的唯一过滤设备。

2. 双网主机式体系结构

这种体系结构有一主机专门被用做内部网和外部网的分界线。该主机里插有两块网卡，分别连接到两个网络。防火墙里面的系统可以与这台双网主机进行通信，防火墙外面的系统（Internet 上的系统）也可以与这台双网主机进行通信，但防火墙两边的系统之间不能直接进行通信。另外，使用此结构，必须关闭双网主机上的路由分配功能，这样就不会通过软件把两个网络连接在一起了。

3. 屏蔽主机式体系结构

此类型的防火墙强迫所有的外部主机与一个堡垒主机相连接，而不让它们直接与内部主机相连。

堡垒主机位于内部网络，屏蔽路由器连接 Internet 和内部网络，构成防火墙的第一道防线。

屏蔽路由器必须进行适当的配置，使所有外部到内部的连接都路由到了堡垒主机上，并且实现外部到内部的主动连接。

此类型防火墙的安全级别较高，因为它实现了网络层安全（屏蔽路由器——包过滤）和应用层安全（堡垒主机——代理服务）。入侵者在破坏内部网络的安全性之前，必须首先渗透两种不同的安全系统。

即使入侵了内部网络，也必须和堡垒主机相竞争，而堡垒主机是安全性很高的机器，主机上没有任何入侵者可以利用的工具，不能作为黑客进一步入侵的基地。

此类型防火墙中，屏蔽路由器的配置十分重要，如果路由表遭到破坏，则数据包不会路由到堡垒主机上，使堡垒主机被越过。

4. 屏蔽子网（Screened SubNet）式体系结构

这种体系结构本质上与屏蔽主机体系结构一样，但是增加了一层保护体系——周边网络，而堡垒主机位于周边网络上，周边网络和内部网络被内部屏蔽路由器分开。

由前面可知，当堡垒主机被入侵之后，整个内部网络就处于危险之中，堡垒主机是最易受到侵袭的，虽然其很坚固，不易被入侵者控制，但万一被控制，仍有可能侵袭内部网络。

如果采用了屏蔽子网式体系结构，入侵者将不能直接侵袭内部网络，因为内部网络受到了内部屏蔽路由器的保护。

5. 防火墙的构筑原则

构筑防火墙主要从以下几个方面考虑：

（1）体系结构的设计。

（2）安全策略的制订。

（3）安全策略的实施。

10.4 入侵检测系统

在许多人看来，有了防火墙，网络就安全了，就可以高枕无忧了。其实，这是一种错误的认识，防火墙是实现网络安全最基本、最经济、最有效的措施之一。防火墙可以对所有的访问进行严格控制（允许、禁止、报警）。但它是静态的，而网络安全是动态的、整体的，黑客的攻击方法有无数，防火墙不是万能的，不可能完全防止这些有意或无意的攻击。必须配备入侵检测系统，对透过防火墙的攻击进行检测并做相应反应（记录、报警、阻断）。入侵检测系统和防火墙配合使用，这样可以实现多重防护，构成一个整体的、完善的网络安全保护系统。

这里主要介绍入侵检测系统的概念、主要技术、类型、优缺点和其部署方式。

10.4.1 入侵检测系统的概念

1. 什么是检测系统

入侵检测系统（Intrusion Detection System，IDS）是指监视（或者在可能的情况下阻止）入侵或者试图控制用户的系统或者网络资源的行为的系统。作为分层安全中日益被普遍采用的成分，入侵检测系统能有效地提高黑客进入网络系统的门槛。入侵检测系统能够通过向管理员发出入侵或者入侵企图来加强当前的存取控制系统，如防火墙；识别防火墙通常不能识别的攻击，如来自企业内部的攻击；在发现入侵企图后提供必要的信息。

（1）入侵检测是防火墙的合理补充，帮助系统对付网络攻击，扩展了系统管理员的安全管理能力（包括安全审计、监视、进攻识别和响应），提高了信息安全基础结构的完整性。它从计算机网络系统中的若干关键点收集信息，并分析这些信息，检测网络中是否有违反安全策略的行为和遭到袭击的迹象。它的作用是监控网络和计算机系统是否出现被入侵或滥用的征兆。

（2）作为监控和识别攻击的标准解决方案，IDS已经成为安防体系的重要组成部分。

（3）IDS以后台进程的形式运行。发现可疑情况，立即通知有关人员。

（4）防火墙为网络提供了第一道防线，入侵检测被认为是防火墙之后的第二道安全闸门，在不影响网络性能的情况下对网络进行检测，从而提供对内部攻击、外部攻击和误操作的实时保护。由于入侵检测系统是防火墙后的又一道防线，从而可以极大地减少网络免受各种攻击的损害。

（5）假如说防火墙是一幢大楼的门锁，那入侵检测系统就是这幢大楼的监视系统。门锁可以防止小偷进入大楼，但不能保证小偷100%地被拒之门外，更不能防止大楼内部个别人员的不良企图。而一旦小偷爬窗进入大楼，或内部人员有越界行为，门锁就没有任何作用了，这时，只有实时监视系统才能发现情况并发出警告。入侵检测系统不仅针对外来的入侵者，同时也针对内部的入侵行为。

2. 入侵检测系统的特点

一个成功的入侵检测系统不但可使系统管理员时刻了解网络系统（包括程序、文件和硬件设备等）的任何变更，还能给网络安全策略的制定提供指南。更为重要的一点是，它应该具有管理方便、配置简单的特性，从而使非专业人员非常容易地管理网络安全。而且，入侵检测的规模还应根据网络威胁、系统构造和安全需求的改变而改变。入侵检测系统在发现入侵后，会及时做出响应，包括切断网络连接、记录事件和报警等。因此，一个好的入侵检测系统应具有如下特点：

（1）不需要人工干预即可不间断地运行。

（2）有容错功能。即使系统发生崩溃，也不会丢失数据，或者在系统重新启动时重建自己的知识库。

（3）不需要占用大量的系统资源。

（4）能够发现异于正常行为的操作。如果某个 IDS 使系统由"跑"变成了"爬"，就不要考虑使用了。

（5）能够适应系统行为的长期变化。例如系统中增加了一个新的应用软件，系统写照就会发生变化，IDS 必须能适应这种变化。

（6）判断准确。相当强的坚固性，防止被篡改而收集到错误的信息。

（7）灵活定制。解决方案必须能够满足用户的要求。

（8）保持领先。能及时升级。

10.4.2 入侵行为的误判

入侵行为判断的准确性是衡量 IDS 是否高效的重要技术指标，因为，IDS 很容易出现判断失误，这些判断失误包括：正误判、负误判和失控误判 3 类。

1. 正误判（false positive）

（1）概念：把一个合法操作判断为异常行为。

（2）特点：导致用户不理会 IDS 的报警，类似于"狼来了"的后果，使得用户逐渐对 IDS 的报警淡漠起来，这种"淡漠"非常危险，将使 IDS 形同虚设。

2. 负误判（false negative）

（1）概念：把一个攻击动作判断为非攻击动作，并允许其通过检测。

（2）特点：背离安全防护的宗旨，IDS 成为例行公事，后果十分严重。

3. 失控误判（subversion）

（1）概念：攻击者修改了 IDS 的操作，使它总是出现负误判的情况。

（2）特点：不易察觉，长此以往，对这些"合法"操作 IDS 将不会报警。

10.4.3 入侵检测的主要技术——入侵分析技术

入侵分析技术主要有三大类：模式匹配、异常检测及完整性分析。

1. 模式匹配

模式匹配就是将收集到的信息与已知的网络入侵和系统误用模式数据库进行比较，来发现违背安全策略的入侵行为。一种进攻模式可以利用一个过程或一个输出来表示。这种检测方法只需收集相关的数据集合就能进行判断，能减少系统占用，并且技术已相当成熟，检测准确率和效率也相当高。但是，该技术需要不断进行升级以对付不断出现的攻击手法，并且不能检测未知攻击手段。？

2. 异常检测

异常检测首先给系统对象（用户、文件、目录和设备等）创建一个统计描述，包括统计正常使用时的测量属性，如访问次数、操作失败次数和延时等。测量属性的平均值被用来与网络、系统的行为进行比较，当观察值在正常值范围之外时，IDS 就会判断有入侵发生。异常检测的优点是可以检测到未知入侵和复杂的入侵，缺点是误报、漏报率高。

3. 完整性分析

完整性分析关注文件或对象是否被篡改，主要根据文件和目录的内容及属性进行判断，这种检测方法在发现被更改和被植入特洛伊木马的应用程序方面特别有效。完整性分析利用消息摘要函数的加密机制，能够识别微小变化。其优点是不管模式匹配方法和统计分析方法能否发现入侵，只要攻击导致文件或对象发生了改变，完整性分析都能够发现。完整性分析一般是以批处理方式实现，不用于实时响应。

10.4.4 入侵检测系统的主要类型

根据采集数据源的不同，IDS 可分为主机型 IDS（Host – based？IDS，HIDS）和网络型 IDS（Network – based？IDS，NIDS）。HIDS 和 NIDS 都能发现对方无法检测到的一些入侵行为，可互为补充。完美的 IDS 产品应该将两者结合起来。目前主流 IDS 产品都采用 HIDS 和 NIDS 有机结合的混合型 IDS 架构。

1. 基于主机的入侵检测（Host Intrusion Detection）

基于主机的入侵检测始于 20 世纪 80 年代早期，通常采用查看针对可疑行为的审计记录来执行。它对新的记录条目与攻击特征进行比较，并检查不应该被改变的系统文件的校验来分析系统是否被入侵或者被攻击。如果发现与攻击模式匹配，IDS 系统通过向管理员报警和其他呼叫行为来响应。它的主要目的是在事件发生后提供足够的分析来阻止进一步的攻击。反应的时间依赖于定期检测的时间间隔。实时性没有基于网络的 IDS 系统好。

基于主机的入侵检测具有以下几方面优势：

（1）监视所有系统行为。基于主机的 IDS 能够监视所有的用户登录和退出，甚至用户所做的所有操作，审计系统在日志里记录的策略改变，监视关键系统文件和可执行文件的改变等。可以提供比基于网络的 IDS 更为详细的主机内部活动信息。

（2）有些攻击在网络的数据流中很难发现，或者根本没有通过网络在本地进行。这时基于网络的 IDS 将无能为力。

（3）适应交换和加密。基于主机的 IDS 系统可以较为灵活地匹配在多个关键主机上，不必考虑交换和网络拓扑问题。这对关键主机零散地分布在多个网段上的环境特别有利。某些类型的加密也是对基于网络入侵检测的挑战。依靠加密方法在协议堆栈中的位置，它可能使基于网络的系统不能判断准确的攻击。基于主机的 IDS 没有这种限制。

（4）不要求额外的硬件。基于主机的 IDS 配置在被保护的网络设备中，不要求在网络上增加额外的硬件。

基于主机的入侵检测具有以下几方面缺点：

（1）看不到网络活动的状态。

（2）运行审计功能要占用额外系统资源。

（3）主机监视感应器对不同的平台不能通用。

（4）管理和实施比较复杂。

2. 基于网络的入侵检测（Network Intrusion Detection）

基于网络的入侵检测系统使用原始的裸网络包作为源。利用工作在混杂模式下的网卡实时监视和分析所有的通过共享式网络的传输。当前，部分产品也可以利用交换式网络中的端口映射功能来监视特定端口的网络入侵行为。一旦攻击被检测到，响应模块将按照匹配对攻击做出反应。这些反应通常包括发送电子邮件、寻呼、记录日志、切断网络连接等。

基于网络的入侵检测系统具有以下几方面的优势：

（1）基于网络的 IDS 技术不要求在大量主机上安装和管理软件，允许在重要的访问端口检查面向多个网络系统的流量。在一个网段只需要安装一套系统，则可以监视整个网段的通信，因而花费较低。

（2）基于主机的 IDS 不查看包头，因而会遗漏一些关键信息，而基于网络的 IDS 检查所有的包头来识别恶意和可疑行为。例如，许多拒绝服务攻击（DoS）只能在它们通过网络传输时检查包头信息才能识别。

（3）基于网络 IDS 的宿主机通常处于比较隐蔽的位置，基本上不对外提供服务，因此也比较坚固。这样对于攻击者来说，消除攻击证据非常困难。捕获的数据不仅包括攻击方法，还包括可以辅助证明和作为起诉证据的信息。而基于主机 IDS 的数据源则可能已经被精通审计日志的黑客篡改。

（4）基于网络的 IDS 具有更好的实时性。例如，它可以在目标主机崩溃之前切断 TCP 连接，从而达到保护的目的。而基于主机的系统是在攻击发生后，用于防止攻击者进一步攻击。

（5）检测不成功的攻击和恶意企图。基于网络的 IDS 可以检测到不成功的攻击企图，而基于主机的系统则可能会遗漏一些重要信息。

（6）基于网络的 IDS 不依赖于被保护主机的操作系统。

基于网络的入侵检测系统具有以下几方面的缺点

（1）对加密通信无能为力。

（2）对高速网络无能为力。

（3）不能预测命令的执行后果。

3. 集成入侵检测（Integrated Intrusion Detection）

集成成入侵检测综合了上面介绍的入侵检测方法。

优点主要有：

（1）具有每一种检测技术的优点，并试图弥补各自的不足。

（2）趋势分析——能够更容易的看清长期攻击和跨网络攻击的模式。

（3）稳定性好。

（4）节约成本。

缺点主要有：

（1）在安防问题上不思进取。

（2）把不同供应商的组件集成在一起较困难。

10.4.5 入侵检测系统面临的问题

1. 误报和漏报

IDS 系统经常发出许多假警报。误警和漏警产生的原因主要有以下几点：

（1）当前 IDS 使用的主要检测技术仍然是模式匹配，模式库的组织简单、不及时、不完整，而且缺乏对未知攻击的检测能力。

（2）随着网络规模的扩大以及异构平台和不同技术的采用，尤其是网络带宽的迅速增长，IDS 的分析处理速度越来越难跟上网络流量，从而造成数据包丢失。

（3）网络攻击方法越来越多，攻击技术及其技巧性日趋复杂，也加重了 IDS 的误报、漏报现象。

2. 拒绝服务攻击

IDS 是失效开放（Fail? Open）的机制，当 IDS 遭受拒绝服务攻击时，这种失效开放的特性使得黑客可以实施攻击而不被发现。

3. 插入和规避

插入攻击和规避攻击是两种逃避 IDS 检测的攻击形式。其中插入攻击可通过定制一些错误的数据包到数据流中，使 IDS 误以为是攻击。规避攻击则相反，可使攻击躲过 IDS 的检测到达目的主机。插入攻击的意图是使 IDS 频繁告警（误警），但实际上并没有攻击，起到迷惑管理员的作用。规避攻击的意图则是真正要逃脱 IDS 的检测，对目标主机发起攻击。黑客经常改变攻击特征来欺骗基于模式匹配的 IDS。

10.4.6 带入侵检测功能的网络体系结构

由前述可知，入侵检测系统能做什么，不能做什么；至于它在网络体系结构的位置，很大程度上取决于使用 IDS 的目的。它既可以放在防火墙前面，部署一个网络 IDS，监视以整个内部网为目标的攻击，又可以在每个子网上都放置网络感应器，监视网络上的一切活动。

10.4.7 入侵检测产品

由于 IDS 的局限性，市场上又出现了 IDP（Intrusion Detection & Prevention）产品。当前的 IDP 产品可以认为是 IDS 的替代品。与 IDS 相比，IDP 最大的特点在于它不但能检测到入侵行为的发生，而且有能力中止入侵活动的进行；并且 IDP 能够从不断更新的模式库中发现各种各样新的入侵方法，从而做出更智能的保护性操作，并减少漏报和误报。

常见的入侵检测产品有：

（1）Cisco System：NetRanger。

（2）Internet Security System：Real Secure。

（3）Intrusion Detection：Kane Security Monitor。

（4）华为：NIP。

（5）启明星辰：SkyBell（天阗，天清）。

（6）天融信：Topsentry，Topidp。

（7）曙光：Founder NIDS。

10.5 全国信息安全技术水平考试项目

全国信息安全技术水平考试（The National Certification of Information Security Engineer，NCSE）是全国信息化工程师考试（The National Certification of Informatization Engineer，NCIE）体系中推出的专业认定考试，是信息产业部电子人才交流中心推出的认定考试。考生通过全国信息安全技术水平考试后，将获得信息产业部电子人才交流中心颁发的相应级别的认定证书。NCIE 保证时刻把握国际脉搏，保持与世界先进水平同步，确保我国 IT 职业教育水平处于国际领先水平。

NCSE 分为四级，前三级认定需要参加相应级别的考试，考试分为知识水平和实践能力两部分。第四级认定要求必须通过三级考试，采用论文答辩，由专家指导委员会评审方式通过。

NCSE 不建议越级认定，这就意味着，要想摘取国家级信息安全技术认定的最高荣誉，认定者应通过三次考试，并通过论文答辩，方可获得 NCSE 的最高等级证书。

10.5.1 NCSE 一级认定（National Certified Associate Information Security Engineer）

NCSE 一级内容及其对应的考试是专门设计来认定一个网络安全专业人员的基本技能。这些技能包括，但不仅限于：主机安全配置，操作系统安全，TCP/IP 的高级知识，网络应用的安全、病毒防范与分析。

认定目标：认定具备基本安全知识和技能的信息安全应用型人才，能够解决日常程序性工作中所遇到的信息安全问题。

认定对象：小型网络系统管理人员，各行政、企事业单位普通员工。

认定内容：

◇ 信息安全基础；

◇ 高级 TCP/IP 分析；

◇ 数据报结构；

◇ 强化 Windows 安全；

◇ 强化 Linux 安全；

◇ 病毒分析与防御；

◇ 网络应用服务；

◇ 攻击技术与防御基础。

10.5.2　NCSE 二级认定（National Certified Information Security Engineer）

NCSE 二级内容及其对应的考试是专门设计来认定一个信息安全专业人员的技能有效性和方案解决能力。

认定目标：认定熟练掌握安全技术的专业工程技术人员，能够针对业已提出的特定企业的信息安全体系，选择合理的安全技术和解决方案予以实现，并具备撰写相应文档和建议书的能力。

认定对象：各行政、企事业单位网络管理员，系统工程师，信息安全审计人员，信息安全工程实施人员。

认定内容：

◇ 信息安全的基本元素；
◇ 密码编码学；
◇ 应用加密技术；
◇ 网络侦查技术审计；
◇ 攻击与渗透技术；
◇ 控制阶段的安全审计；
◇ 系统安全性；
◇ 应用服务的安全性；
◇ 入侵检测系统原理与应用；
◇ 防火墙技术；
◇ 网络边界的设计与实现；
◇ 审计和日志分析；
◇ 事件响应与应急处理；
◇ Intranet 网络安全的规划与实现。

10.5.3　NCSE 三级认定（National Certified Senior Information Security Engineer）

NCSE 三级内容及其对应的考试是专门设计来认定网络安全专业人员的规划与管理技能。

认定目标：认定专业信息安全技术管理人才，掌握各个信息安全技术领域和体系规划，具备专业信息安全技术管理能力，掌握信息安全的各个领域和体系规划知识，具备从信息安全管理层面进行综合性分析和总结的能力。

认定对象：

各行政、企事业单位技术主管，技术总监，信息安全工程管理/监理人员，企业 CSO。

认定内容：

◇ 信息安全管理绪论；
◇ 信息安全风险评估与管理；
◇ 风险管理的实施；

◇ 信息安全管理体系的建立与认定；

◇ 访问控制；

◇ 安全模型与结构；

◇ 通信与网络安全；

◇ 密码学；

◇ PKI 公钥基础设施；

◇ 灾难恢复与业务持续性；

◇ 物理安全；

◇ 操作安全；

◇ 道德标准研究；

◇ 信息安全相关法律法规。

10.5.4　NCSE 四级认定

NCSE 四级是 NCSE 认定体系里最高级别的认定，经过认定的人才为高级信息安全专家。要求具备资深的信息安全理论和技术知识以及优秀的信息安全体系设计、规划和领导能力，能够把握信息安全技术的战略发展方向，在信息安全领域具有突出成绩或杰出贡献。本级别不需要考试，而要求学员进行论文答辩，由工作指导委员会专家进行评审后，确定是否获得本级别的认定。

证书说明：《国家信息安全技术水平考试认证证书》由信息产业部国家信息化工程师认证考试中心统一印制颁发，是国内最具权威的政府级认证证书。获得相应 NCSE 证书的同时，还能获得美国国家通信系统工程师协会——NACSE 颁发的国际认证证书。

如图 10 - 1 ~ 图 10 - 6 所示分别为国家信息安全技术水平考试认证一级、二级、三级证书及相关 NACSE 证书。

图 10 - 1　国家信息安全技术水平考试认证证书一级

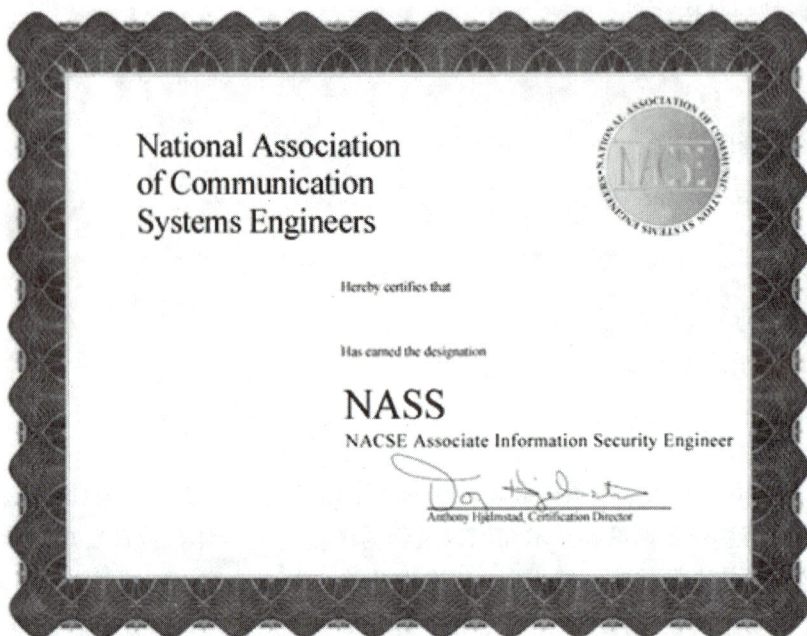

图 10 - 2   与一级同时获得的 NACSE 证书——NASS

图 10 - 3   国家信息安全技术水平考试认证证书二级

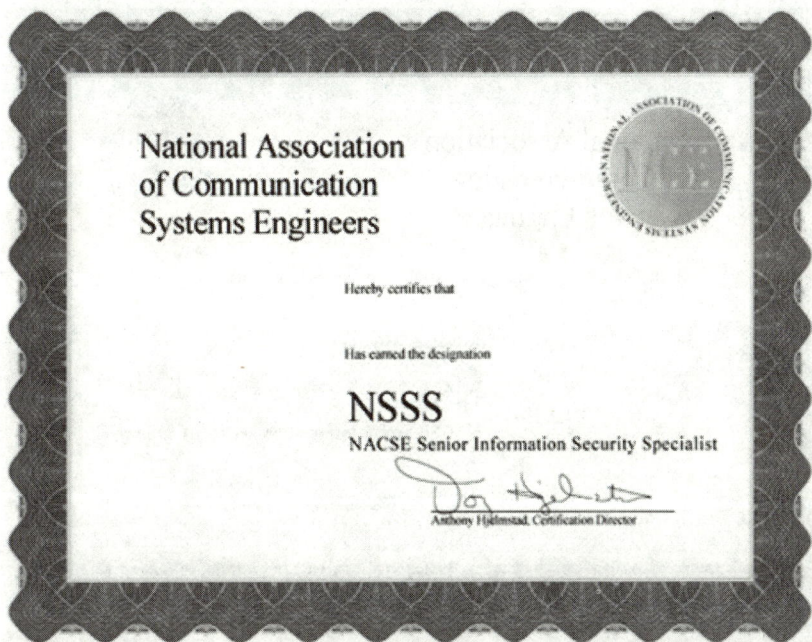

图 10 – 4 与二级同时获得的 NACSE 证书——NSSS

图 10 – 5 国家信息安全技术水平考试认证证书三级

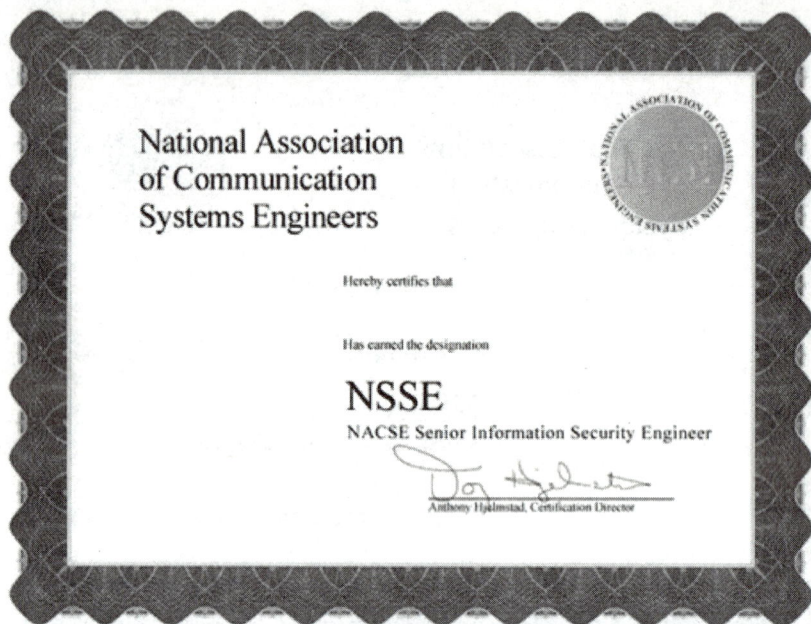

图 10 - 6　与三级同时获得的 NACSE 证书——NSSE

10.5.5　全国信息安全技术水平考试（NCSE）认证题型

一、选择题

IEEE 802.5 令牌环（Token Ring）网中，时延是由＿＿＿（1）＿＿＿决定的。要保证环网的正常运行，环的时延必须有一个最低限度，即＿＿＿（2）＿＿＿。如果达不到这个要求，可以采用的一种办法是通过增加电缆长度，人为地增加时延来解决。

设有某一个令牌环网长度为 400 m，环上有 28 个站点，其数据传输率为 4 Mbit/s，环上信号的传播速度为 200 m/μs，每个站点具有 1 b 时延，则环上可能存在的最小和最大时延分别是＿＿＿（3）＿＿＿b 和＿＿＿（4）＿＿＿b。当始终有一半站点打开工作时，要保证环网的正常运行，至少还要将电缆的长度增加＿＿＿（5）＿＿＿m。

（1）A. 站点时延和信号传话时延　　　　B. 令牌帧长短和数据帧长短

C. 电缆长度和站点个数　　　　　　　　D. 数据传输单和信号传播速度

（2）A. 数据帧长　　　B. 令牌帧长　　　C. 信号传播时延　　D. 站点个数

（3）A. 1　　　B. 8　　　C. 20　　　D. 24

（4）A. 9　　　B. 28　　　C. 36　　　D. 48

（5）A. 50　　　B. 100　　　C. 200　　　D. 400

答案：（1）A（2）B（3）B（4）C（5）B

二、问答题

1. 阅读以下有关网络设备安装与调试的叙述，分析设备配置文件，回答问题 1 至问题 3，把解答填入答题纸的对应栏内。

虚拟局域网（Virtual LAN）是与地理位置无关的局域网的一个广播域，由一个工作站发送的广播信息帧只能发送到具有相同虚拟网号的其他站点，可以形象地认为，VLAN 是在物理局域网中划分出的独立通信区域。在以交换机为核心的交换式局域网络中，VLAN 技术应用广泛，其优势在于控制了网络上的广播风暴，增加了网络的安全性，利于采用集中化的管理控制。其中，基于端口的 VLAN 划分方式较为常见，通过将网络设备的端口划归不同的 VLAN 实现广播帧的隔离。

【问题 1】

请指出现有虚拟局域网络的 4 种划分方式。

【问题 2】

在基于端口的 VLAN 划分中，交换机上的每一个端口允许以哪 3 种模式划入 VLAN 中，并简述它们的含义。

【问题 3】

以下为 Cisco 以太网交换机 Catalyst 2924（ws－c2924xlA，拥有 24 个 10/100 M 自适应端口）的 VLAN 划分命令，请解释【1】～【3】处的标有下划线部分配置命令的含义（"//"后为注释内容）。

```
switch > en //进入特权执行态
switch# config term //进入通用配置状态
switch (config) # interface vlan 1 //配置 vlan 1（ID 为 1 的 VLAN）
【1】(此处有两条下划线)
switch (config-if) # ip address 202. 112. 111. 23 255. 255. 255. 0
switch (config-if) # management
switch (config-if) # exit //退出对 VLAN 的配置状态
...
...
switch (config) # interface fa0/1 //配置第一模块的第 2 个端口
【2】(此处有两条下划线)
switch (config-if) # switchport mode access
switch (config-if) # switchport acess vlan
switch (conflg-if) # exit //退出对端口的配置状态
...
...
switch (config) # interface fa0/2 //配置第一模块的第 3 个端口
【3】(此处有两条下划线)
switch (config-if) # switchport mode multi
switch (config-if) # switchport multi vlan add 2, 3
switch (config-if) # exit //退出对端口的配置状态
```

答案：

【问题 1】：VLAN 的 4 种划分方式分别为：基于端口划分；基于 MAC 地址划分；基于第三层地址划分；基于策略划分（或基于应用划分）。

【问题 2】：端口允许以 3 种方划分 VLAN，分别为：

access 模式，端口仅能属于一个 VLAN，只能接收没有封装的帧。

multi 模式，端口可以同时属于多个 VLAN，只能接收没有封装的帧。

trunk 模式，该端口可以接收包含所属 VLAN 信息的封装帧，允许不同设备的相同 VLAN 通过 trunk 互连。

【问题3】配置命令的含义如下：

【1】设置该设备 VLAN 的 ID 为 1 的 VLAN 为 Management，配置该设备在 Management VLAN 中的 IP 地址。

【2】设置 2 号端口的 VLAN 模式为 access，并将该端口加入 2 号 VLAN。

【3】设置 3 号端口的 VLAN 模式为 multi，并将该端口同时加入 2、3 号 VLAN。

参 考 文 献

［1］王杰. Computer Network Security Theory and Practice ［M］. 北京：高等教育出版社，
2008.

［2］斯托林斯，王张宜. 密码编码学与网络安全——原理与实践（第四版）［M］. 北京：
电子工业出版社，2006.

［3］海吉，田果. 网络安全技术与解决方案（修订版）［M］. 北京：人民邮电出版社，2010.

［4］刘晓辉. 网络安全管理实践（第 2 版）［M］. 北京：电子工业出版社，2009.

［5］蒋建春. 计算机网络信息安全理论与实践教程 ［M］. 陕西：西安电子科技大学出版社，
2005.

［6］国家计算机网络应急技术处理中心（CNCERT/CC），全国网络与信息技术培训项目管
理中心（NTC-MC）. 网络安全应急实践指南 ［M］. 北京：电子工业出版社，2008.